JN033757

[増補新版]

物理なぜなぜ事典

② 場の理論から宇宙まで

江沢 洋・東京物理サークル 編著

日本評論社

はじめに

　これは，『物理なぜなぜ事典』の「場の理論から宇宙まで」篇である．さきの「力学から相対論まで」篇とともに，物理を学ぶ人々の「なぜ？」に正面から答えようとする．単におもしろい話題を集めた本というだけでなく，物理を学ぶ上の大事なポイントにスポットライトをあてた参考書としても役立てていただけるのではないかと期待している．

　すでに「力学から相対論まで」に述べたが，これら二篇とも「なぜ？」を日本全国に散在する友人たち——の高校・中学・小学校の先生方——から提供していただき，答えも書いていただいて，東京物理サークルの面々が編集したものである．ぼくは，そのお手伝いをした．その過程でいろいろの動きも生じたが，こうして最終的に執筆者となった方々のお名前はそれぞれの項目の末尾に記し，さらに巻末にまとめた．

　なお，東京物理サークルは，東京近辺の高校で物理を教える教師たちの研究グループで，定期的に研究会を開いている．アイデアの豊富な，議論の好きな連中だ．実験の腕前も立派である．ぼくは，もうかなり長い間，おつきあいを楽しませていただいている．

　この『なぜ？』は物理の教科書や一般的参考書とちがって，物理の大事な「なぜ？」にスポットライトを当てる．しつこく，入念に考える．

　物理だけでなく，最近の「惑星の運動は地学」式の文部科学省流分類だと化学に入ったり，社会にまわされたりしかねない話題も入っている．「力学から相対論まで」の方では「なぜ物理を学ぶのか」が議論されていたが，この「場の理論から宇宙まで」篇を開くと「物理学者は物理だけをやっていればいいのか」という問いかけがある．「物

理学者」を狭い意味にとらないでほしい．ここでは「物理を学ぶ者」という意味である．「物理だけやっていればいいのか」なんて問題は普通の物理の授業ではとりあげないだろう．でも，物理を職業にする人々にとっては，ときに避けて通れない問題になる．この本は，だから物理を本物の姿に近づける役もする．

「空間にひろがる電磁場の『なぜ？』」の章を見ると「光も波なら，波に押されるように光にも押されるのだろうか」という問いかけがある．これを読んで，真っ先に海の波が頭に浮かんだ．猛々しい海の波を，こんな風に光の圧力に結びつけて考えたことはなかった．これもスポットライトの効用だ．

「力学から相対論まで」篇の方だが，「ローレンツ短縮は（外力で）押し縮めたから起こるわけではない．では，なぜ短くなる？」という項目もある．ローレンツ変換という幾何学に属することだ，と説く本もあるが，それは相対論の読みが浅い．ローレンツは物の大きさも，したがって密度も，硬さや色や屈折率などと同じく物質の原子的な構造を物理学であつかうことによって決定されると考えていたのだ．ローレンツの時代には量子力学は発見されていなかったから，これは彼には見果てぬ夢だったが，彼の思想は今日に生きている．

これなど，その方面のお方には高校物理の教科書の範囲を越えていると言って叱られそうだ．でも，いったん「なぜ？」と思ったら追究せずにはいられないではないか？

裏返して言えば，この本は，皆さんそれぞれの好みに従って自由に読んでくださればよい．わからないまま先に進むのも自由．その場合は，いつかまた二度，三度と立ち戻っていただけたらと思う．やがてパッと視界の開ける日がくるだろう．そのために索引も特別に念入りにつくった．これを利用して，あちこちの項目をつないでみることもおもしろかろう．また索引に目を走らせて「おやっ」と思った項目から拾い読みするという読み方も，また一興かと思う．

この本に「なぜ？」を提供された全国の先生方も，おそらく，そのようにして執拗に疑問を追究されたにちがいない．その中で印象に強く残った「なぜ？」を提供されたのである．珠玉の「なぜ？」だ．ぜ

ひ，役立てて欲しい．

　参考書には，古い本や雑誌も遠慮なしにあげた．古いものは町や村の図書館にゆけばそろっているという時代——文化を大切にする時代がくれば，という願いをこめてしたことである．図書館に要求を出してゆこう．そうしないと図書館が古くなった本を棄ててしまうという困った風潮は改まらないだろう．

　この篇には，「普通の物体の運動とはまったく違う波の『なぜ？』」のなかに西岡佑治さんの「コウモリはなぜ暗闇でも飛べるのか」が入っている．彼は『なぜ？』の企画を始めたころ東京物理サークルのリーダーだったが，若くして亡くなられた．貴重な存在であった彼は，いまもわれわれの心の中に生きている．われわれは，ようやくできあがった『なぜ？』を彼の霊に捧げる．

　最後になったが，この本の完成に努力を惜しまれなかった日本評論社・編集部の亀井哲治郎さん，原稿の整理や編集作業に力を尽くされた永石晶子さん，図版の作製にがんばってくださった何森 要さん，菅谷直子さんに心から感謝する．

　　2000 年 9 月

『なぜ？』編集委員会

江沢　洋

増補版をおくる

『物理なぜなぜ事典』の増補版を出すことになった．増補にいたる経緯は第①巻の「増補版をおくる」に述べた．ここでは，この本が第①巻とともに東京物理サークルを中心として全国の高校教師の共同作業の作品であることだけ書いておこう．

この第②巻に追加された項目は次のとおりである．

○ステルス飛行機はなぜ見えないのか（IX 章）

○人参はなぜ赤いか——朝永振一郎が考えたこと（X 章）

○原子炉ではない容器の中で，なぜ核分裂連鎖反応が起こったのか（XII 章）

○放射線の強さはどう測るか（XII 章）

○宇宙線——霧箱で見える飛跡は何？　何本見える？（XIII 章）

第①巻が身辺の物理から「なぜ？」を引き出したのに対して，第②巻の「なぜ？」には，現代物理学といおうか，高校物理を超えていると言われかねない話題が並んでいる．しかし，恐れることはない．この本のページを紙と鉛筆をもって追ってくれれば分かるとおり，物理は考える人には開かれている．「なぜ」をさがそう．「なぜ」を解こう．

第①巻と同様に日本評論社の佐藤大器さんと筧裕子さんにはたいへんお世話になった．深く感謝したい．

2011 年 3 月　　　　　　　　　　　　　　『なぜ？』編集委員会

江沢　洋

初版から 21 年，第 2 回目の増補・改訂をして

この『物理なぜなぜ事典』全 2 巻は 2000 年の初版から 20 余年，好評を得て刷を重ね，このたび第 2 回の増補・改訂をすることができた．増補した題目は，例によってケンケン・ガクガク皆で討論して選んだ．自ら実験した報告から一般相対論の問題まで多彩だ．お楽しみに！

2021 年 3 月　　　　　　　　　　　　　　『なぜ？』編集委員会

江沢　洋

目次

IX：見えるようで見えなかった
　　光と色の「なぜ？」

X：空間に広がる電磁場の「なぜ？」

XI：本当の姿をのぞかせてきた
　　物質・原子・原子核の「なぜ？」

XII：だまされないための原子力の「なぜ？」

XⅢ：誰もが知りたい宇宙の「なぜ？」

第①巻の内容

Ⅰ：物理の「なぜ？」

II：誰もが悩んだ力の「なぜ？」

III：運動と慣性の「なぜ？」

VI：誤解が多い相対論の「なぜ？」

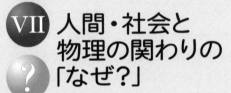

VII 人間・社会と
物理の関わりの
「なぜ?」

70—物理は戦争のおかげで発達した というのは本当か？

●戦争がないと物理は発展しない？

　科学技術は戦争のおかげで発達する，あるいは戦争がないと発達しないとよく言われる．しかしこれは誤りである．もし戦争に使うお金を平和のときに科学に使えば戦争で無駄にしない分だけもっとずっと発展するだろう．戦争でないときには社会がお金を出さないだけなのだ．このことについて坂田昌一は次のように言っている．

　「歴史上，新しいより優秀な兵器をつくる技術の進歩は，往々にして勝利と敗北との決定的な契機となった．したがって科学と技術の発展を求める軍事的要求は平和的な要求に比してはるかに切実であった．これまでの社会体制は，軍事的要求にはつねに費用を惜しまなかったので，平和のための科学に費用を出すよりも，戦争のための科学に費用を投じようとしたのであった．平和のための科学・技術は人類の進歩のために調和のとれた発展を遂げようとする．戦争のための科学・技術は，『アウシュビッツ』となり，『ヒロシマ』となる．したがって科学を進めたとして戦争を賛美するのは誤りであり，人類の進歩のための科学の発展を妨害してきた矛盾を含んだ社会体制こそが糾弾されなければならないのである」[1]

●戦争はどれだけ資源を浪費するか

　莫大な金額が軍備に投入されているのは常識だが，具体的に資源がどれだけ使われているかについては信頼できる統計はあまり見られない．今は休刊となった『自然』1976 年 3 月号は『AMBIO』75 年第 6 号のストックホルム国際平和問題研究所の R. H. Huisken の報告を転載している．ちょっと古いが珍しい資料なので，これを見てみよう．

　まず世界の軍備投入金額だが，第二次大戦前の世界総生産の3％から，1975年では6％に上昇している．

　次にどの程度の資源が軍備に使われているか．アメリカ以外に信頼できる統計がないのでアメリカの例で見ると，1970年にアメリカにおいて軍需が全需要に占める割合は

　　アルミニウム　14.0％　　銅　　13.7％　　鉛　　　　11.0％
　　鉄　　　　　　7.5％　　石油　4.8％　　マンガン　7.5％

などである．銅の軍用は25万トンでこれは中国の全生産量の2倍．極端に多いのはチタンで全需要の40％4800トンが使われている．戦闘機F14，15などは1/3が，偵察機SR71はほとんどがチタンで造られている．最近チタン製品が出回っているのはこの影響だろうか．

　石油消費は米国の例から推定して7〜7.5億バレルと考えられ，これはアフリカ諸国の年間消費の2倍に相当する．

　これだけの量の資源が人間生活に無縁の形で使われている．

●戦争と経済に関する報告

　経済全般ではどうか．「軍縮問題を考えるエコノミストの会ECCARの第2回シンポジウム録」（『軍縮と安全保障の経済学』服部彰編，多賀出版，1995）による新しい報告を見てみよう．

1．ケネス・アロー報告

　戦争中は国民所得の60％以上が軍備の調達や人員の維持に向けられ，その多くは結局急速に破壊される．イラン・イラク戦争は100万人の人命を犠牲にし，湾岸戦争は国連加盟諸国に700億ドルのコストをかけ，イラクのコストは推計さえでていない．戦争は諸国民の生産能力と経済に必要な労働と技能とを壊滅させる．世界全体として総生産の約5％ほどが軍備に向けられている．

　研究開発要員についての軍需材の特質は，1単位あたりの産出高について高い比率すなわち約10倍の多さで要員を使用する（高くつく）．

　西欧先進国では，経済を安定させて深刻な景気後退へと落ち込むのを防ぎうる有効需要の少なくとも1つの重要要因として，軍事支出は役立つものだという考えが，長い間，広く認められていた．実際，米

国や英国では深刻だった 1930 年代の不況が戦争需要の刺激を受けて急速に消滅した．が，いまでは他の形態の政府支出に比べて軍事支出に特別のメリットはない．

2．宮崎勇報告

　軍需産業では市場原理は十分に発揮されない（つまり寡占で無駄遣いが多い）．先進国の ODA（政府開発援助）は軍事費の約 17 分の 1 である．軍縮によって途上国に対する経済援助に転換できる．

3．スタニスラフ・メンシコフ報告

　旧ソ連は国内総生産（GDP）の 20 ％相当を軍事目的に支出してきた．

4．ロバート・J・シュワルツ報告

　国連開発計画の最新の年次報告では世界の軍事支出は 8150 億ドル．これは世界人口の 49 ％の年間収入の総額に相当する．全諸国が軍事支出を年 3 ％減らすだけで，1995 年から 2000 年の間に人的開発のための「配当」が 4600 億ドルも得られる．

　国連推計で環境計画には年間 1250 億ドル必要．また現在世界人口の富める 6 分の 1 が世界の富の 6 分の 5 を占め，10 億人が貧困のまま放置されている．しかも，発展途上国では政府支出の 3 分の 1 は政府債務の支払いに使われ，3 分の 1 は給料の支払いに，残りの 3 分の 1 は社会福祉に使われている．もし軍事に浪費しているこれらの資源を生産的活動に投資すれば持続可能な開発が可能になり，すべての人々が生産的で豊かな生活を送ることができる．

　民需産業は軍需産業に転用されるが，軍需産業で開発された技術は民需産業にあまり役立たない．

5．J.ブラウアー報告

　攻撃と防衛のコストを比較すれば，守る方が安い．

　　　攻撃側　ニミッツ型空母 100〜200 億米ドルに対し，
　　　防衛側　エグゾセミサイルは 25 万〜50 万米ドル．
　　　攻撃側　戦車 100 万〜200 万米ドルに対し，
　　　防衛側　対戦車ミサイルは 1 万〜5 万米ドル．
　　　攻撃側　F 16　3500 万米ドルに対し，
　　　防衛側　対空ミサイルは 10 万米ドル．

●日本の戦争と経済

　日本の軍事技術史については『自然』1954年4月号から1年間にわたる林克也による詳細な分析「日本の軍事技術史」がある．それによれば，昭和1年から敗戦の20年までの間に

　　　国民所得合計　3860億6000万円

　　　政府歳入総計　1165億8994万円

　　　政府支出　1074億6845万円

　　　　　　　　　残り91億2149万円は政府剰余金利益

　　　このうち軍事費　陸軍費68億7247万円

　　　　　　　　　　　海軍費115億3015万円

　　　　　　　　　　　軍需省費28億989万円　合計212億1251万円

　で国民所得の5.5％，歳出決算の19.8％をしめる．

　この他に機密使途の臨時軍事費予算額2221億6500万円が存在し，この決算は1654億1400万円である．

　昭和年間の直接軍事費は一般会計と臨時軍事費合計1945億1851万円である．間接軍事費を加算すれば2000億円をはるかに突破する．これは日本国民が20年間にわたって生活を犠牲にした富の52％に相当し，軍事費を除いた政府支出総計862億5594万円の2.3倍に達する．（広重徹『科学の社会史』，中央公論社，1973も参照）

●日本の軍事費の問題点

　さらに日本の軍事費の内容を林は次のように分析する．

1．古くは明治維新のとき外国から南北戦争・クリミヤ戦争・ナポレオンのロシヤ遠征・プロシャ‐オーストリア戦争の使用済み中古小銃が大量に売り込まれたように，軍事的な必要を手軽に満たすため，ほとんど外国の技術に依存してきた．国際的兵器市場の恰好の餌食であった．

2．軍需産業との腐敗的結びつきが見られる．年間生産能力より発注がはるかに上回る例が数多い．例えば軍需省航空兵器総局は興東特殊工業に航空用ガソリン自動車930台を昭和18年発注し，前渡し金456億円70％を支払ったが，敗戦まで納品わずか32台．三菱重工だ

6

けでも敗戦直前13億円の前渡し金．中島飛行機には資本金3000万円にたいし官設備1億円をつけ，前渡し金2億3400万円にのぼる．つまり湯水のように浪費，特定の企業優遇．

３．技術者を優遇せず無定見に召集し，一兵卒として浪費した．

４．秘密主義と計画の非科学性によりかえって生産力低下を招き，技術の体系化組織化を妨げた．

　つまり目先の軍事優先で，かえって科学と生産技術の結合を妨げ，戦争によって科学が発展するどころか，疎外したという分析である．

　また特定の軍需産業との癒着による腐敗は常に生じている．1998年に防衛庁調達実施本部が，企業と結託して必要経費を高く見積もり，本来企業が国に返還すべき金額を減額して総額35億円の損害を国民に与えた(1999年東京地裁判決)．その見返りに天下りを要求していたのである．これは軍事の閉鎖性にいつもつきまとうといえるだろう．また非科学的な神風特攻隊，基地業務に疲れた人間を駆り立てるために使われたヒロポンなどは科学の悪用の象徴的例である．

　科学とは自然と社会に存在する客観的事実とその論理である．それ自体は善悪もない．しかしそれを技術として応用するとき，社会的な力(意識も含めて)が働く．今世紀に入るとともに技術と産業の関係は急速に緊密となった．以上見てきたとおり技術が軍事と強く結びつき，また企業の利潤のための大量生産とも密接に結びつくにつれ，科学の論理よりも軍事や利潤の論理が優先されるようになった．したがって科学者は科学の技術への応用に際して，人類の一員として，その技術が科学的にどんな結果をもたらすかの見通しをはっきり人々に示すことが重要になっている．

●参考文献……………………
1)　坂田昌一『核時代と人間』，雄渾社，1975．
　坂田は，「ジョン・デスモンド・バナール『科学の社会的機能』，坂田昌一訳，勁草書房，1981」と「武谷三男『戦争と科学』，勁草書房，1976」の記述をまとめる形で述べている．

[伊藤盛夫・上條隆志]

71–物理学者は物理だけをやっていれば
いいのか
アメリカ物理学会での討論───

　物理学者の集まりである物理学会は，社会の重要問題に対してどう
かかわるべきか．これについて米国物理学会で1967年5月から1年
間続いた論争の貴重な記録（Physics Today が舞台となった）の報告
が，今は休刊されたままになっている雑誌『自然』（中央公論社）1969
年3月号に掲載されている．貴重な記録と思うので，その内容のあら
ましをここに再録しよう．

　1967年5月，日本物理学会主催の半導体国際会議に米軍資金が導
入された事実が朝日新聞によってスクープされて，日本物理学会で議
論され，有名な決議[1),2)]となったが，このころアメリカの物理学者シ
ュワルツ（Charles Schwartz）が，ヴェトナム戦争についてアメリカ
物理学会（APS）会員の誌上討論を呼びかける手紙を Physics Today
誌に投稿する．シュワルツは自らがヴェトナム戦争が誤りだという立
場をとることを明らかにしながら「ヴェトナム戦争に関する個人レベ
ル，刊行物上での論争が起こり，数ヶ月以内に我々が何か意義のある
行動をとれるよう切望する」と述べた．
　彼はまた「学会はそのような政治問題にまきこまれるべきではな
い」という当然予想される声に対して，まさにそのことに関して公開
論争を開くことがこの手紙の目的だとして，次のように述べる．
　「手工業的な物理（string and sealing-wax physics）の時代には学会
は会員の共通利益のためのみに存在した」「しかし，第二次大戦以来，
学会の会員数は大幅に増加したが，これは研究に対する政府の援助，
さらに技術的協力を得ようとする産業界の要請が増大した結果として
起こったものである．今や物理学は政府や産業界に緊密に結びつけら
れているのは明白な事実だ」「国家に利益をもたらす役割を引き受け

ることによって我々は大変わりのいい報酬を受けてきた．しかし同時に我々は社会の他の成員に対して，ともに現在の社会を築き上げてきたものとしての義務を負わなければならない．私は今，単に我々の特殊技能を，勤勉にかつ正直に技術面に応用することを約束しようといっているのではなくて，さらに一歩進んで，その真理がどこで見いだされようと，その真理を探求し，それを思い切って言うことによって，社会に奉仕する責任について言及している」「真実を見抜く頭脳と，重大事のきざしを推察する堅忍さをもった我々が立ち上がり，これらの事実をすべての人々に知らせることが我々の義務だ」

そして具体的に彼は次の提案をする．

「第一段階としてヴェトナム戦争についての物理学者の多数意見を反映するため APS または AIP の会員の世論調査を行なうこと」

しかしこの手紙は「米国物理学協会（AIP）とそこから発行する Physics Today 誌は純粋に物理学及び物理学者に寄与するためであり，その目的にそぐわない」との理由で掲載拒否された．なお APS は AIP に加盟する 7 学会のうちの 1 つである．

シュワルツらはあきらめなかった．彼らは APS の中枢部による専断を排し，全会員が運営に参加できる機構にすることを考える．会員 1 ％の署名により規約改正案を提出する．2, 3 週間で署名が集まった．改正案は Physics Today 1967 年 11 月号に掲載された．12 月号には，1968 年 1 月 30 日にシカゴで討論会が行なわれること，数ヶ月後に郵送投票が行われることが告げられている．規約改正案の主要部分は「会員は，あらかじめ提示された一項または数項の決議事項の投票によって，学会に関連するどのような事柄についての意見も表明できる」というものである．

この件については APS 首脳部は終始否定的だった．理事会の否定的見解が投票用紙に添えられた．シュワルツらはこのような理事会が，「公正な判断者」のように振る舞うことに抗議している．

Physics Today 3 月号の両側の意見の紹介を見よう．

反対側

- 単純化されたモデルにしか慣れていない物理学者は複雑な国際政治を扱うには不適格.
- 科学者の政治的発言は今まで多くの人によって築き上げられた科学者の社会的地位を危うくさせる.
- APS は「物理学の進歩と普及」のための物理学者の組織だから政治を論じるのは好ましくない.

賛成側

- 科学技術は必然的に戦争と平和の問題に関して科学と政治の避けがたい関係を作り出した. ヴェトナム戦争により我々は政府の研究開発費の減少及び徴兵による人材不足という直接的な影響も受けている. 我々はこのように好むと好まざるに関わらず, 自己の研究生活上に直接侵入してくる政治的影響に政治的な判断を下す必要があるだけでなく, 事実に即した真実を広く伝える義務を負っている科学者として, また人道的な見地からも, 人を殺したり無力にしてしまう武器や装置の研究開発に異議を申し立てる義務を負っている. この義務を怠ることはナチスの毒ガス使用に抗議の声を上げなかったドイツの科学者の過ちを繰り返すことになる.
- 物理学の進歩と普及の結果も一般の人々の日常生活に反映される. 我々はこの現実に責任をとる必要がある. また APS は国の政治が「物理学の進歩と普及」に打撃をあたえているかどうか判断する義務がある. 提案はこれらの判断をなすにあたって広く会員の参加できる機構を作ることであり, このような議論を避けてきたAPS の慣習を変えることである.

さらに討論は次のように展開する.

反対「そのように拡大解釈すると APS が政治討論の場所と化してしまう」

賛成「改正案は '学会に関連する事柄を' としている」

反対「政府の政策は選挙の結果を反映して決定されるので, 異議があれば個人で国会議員に手紙を書けばよい. 他のメディアでやるべきだ」

賛成「国務省はソヴィエトの学者へのヴィザ発行に圧力をかけた．個人の交流が国家に阻害された．こういうとき物理学会がこういう政治的干渉は好ましくないと政府に忠告できればよい」

反対「政治的な決議をすると少数意見が抹殺される」

賛成「採決までに議論を繰り返すことによって誤解を取り除けるだろう」

　規約改正案は半年にわたる討論の後，1968年5月に郵送投票が開始された．APS史上はじめて55％の会員が投票に参加し，賛成3554，反対9214で否決された．

●参考文献……………………
1）　決議3：「日本物理学会は今後内外を問わず，一切の軍隊からの援助，その他一切の協力関係をもたない」，第33回総会(1967年9月9日)議事録，日本物理学会誌 **23**(1968)250.
2）　決議3を実施するための方針について，日本物理学会誌 **24**(1969)496，日本物理学会編『日本の物理学史』下―資料編，東海大学出版会，1978．資料13-13.
伊達宗行，決議3の取扱い変更について，日本物理学会誌 **50**(1995)696.
会告：決議3にもとづく諸慣行の変更について，*ibid* **50**(1995)765.

［上條隆志］

72−物理と意志の自由

●現在の状態から未来はすべて決まってしまうのか

　例えばボールを投げるとき，はじめの投げ出す位置と速度が分かっていれば，運動の法則によってそれから後はどこをどのように飛ぶか正確に求められる．風が吹いたら？　風も分子の運動だからその分子の状況が分かればやはり計算に取り入れてしまうことができる．同じように，もし現在の世界にあるすべての物の状態(位置と速度)がすべて分かっていれば，その後の状態は，もし相互作用がすべて分かっているとしたらだが，ニュートンの運動方程式で計算できてすべて決まってしまう．いや現在も実は過去の状態によって決まっていたことになる．ラプラス(1749-1827)はこういう[1]．

　「そこで我々は宇宙の現在の状態はそれ以前の状態の結果であり，また続いてくる状態の原因であると考えなければならない．例えばある瞬間において，自然を動かしているすべての力と自然を組み立てている物体の相互的な位置を知ることのできる知性──それらの資料を分析するのに十分なだけ巨大な知性があるとしたら，それは宇宙の最も大きな天体の運動と最も軽い原子の運動を同一の式の中に包み込むことができるだろう．それにとっては不確かなものは何もなく未来も過去も現在と同じものにうつるだろう」

　そうだとしたら世界の未来が不確定なのは単に現在の知識の不足によって起こっているだけで，すべてはもう「決められている」ことにならないか．人間がどうあがこうが，すべては予定通り，いやあがくのも予定通りということになる．では人間の「意志の自由」といえるものは，そもそもどこにもないのか．

●ルクレティウス

　これはある意味で怖ろしいことだ．それに対して，何とか自然の法則自身から自由意志が生ずることを証明しようという試みがなされている．その代表とも言える，エピクロスの原子論を引き継いだルクレティウスの詩を見てみよう[2]．

　「人間の生活が重苦しい迷信によって押しひしがれて，
　見るも無惨に地上に倒れ横たわり，
　その迷信は空の領域から頭をのぞかせて
　死すべき人間らをその怖ろしい姿で上からおびやかしていた時
　1人のギリシア人（エピクロス）がはじめてこれに向かって敢然と
　死すべき者の眼を上げ，これに立ち向かったのである．
　神々の物語も電光も，威圧的な空の轟きも
　彼をおさえなかった」

　物体は原子からできていて原子は空虚の中で運動すること，アトムは重さをもっていて自分から上には動かないという原子論を展開した後，ルクレティウスは一見不思議なことを付け加える．

　「こうしたことにつきあなたに知って欲しいことがある．
　つまり粒子（アトム）が空虚を通ってまっすぐにそれ自身の
　重さのために下に向かって進むとき，時刻も全く確定せず
　場所も確定しないがごくわずか，その進路から
　外れることである．少なくも運動の向きが変わったといえるほどに．
　もし外れないとしたら，すべての粒子は下に向かって，
　ちょうど雨滴のように，深い空虚を通って落ちていき，
　元素（アトム）の衝突も起こらず，衝撃も生ぜず，
　こうして自然は何ものも生み出さなかったであろうに」

　「もしすべての運動がいつもつながり，
　古い運動から新しい運動が一定の順序で生じ，

もしまた元素がその進路からそれることによって，
宿命の掟を破る新しい運動をはじめることなく，
原因が原因に限りなく続くとすれば，
地上の生物のもつ自由な意志はどこからあらわれ
いかにしてこの自由な意志は宿命の手からもぎとられたというのか
人はその意志によってこそ，歓びの導くところに進み
さらにまた時を定めず，所もはっきり定めないで
心の赴くままに運動を逸らすものではないか」

「それゆえに物の種子(アトム)においても認めなくてはならない，
衝撃や重さの他にも何か運動の原因があり，
そのものから私達の意志する能力が生ずることを．
なぜなら無からは何物も生じえないのだから」

「精神自身が万事をなすのに内的強制を持たず，
また征服されたもののように無理強いされることがないのは
所と時を定めないで起こる
元素(アトム)のわずかな逸れのためである」

　ルクレティウスの詩は，ケルヴィン卿，ニュートン，ボイル，マクスウェル，ティンダルも親しんだと言われる．しかし，このわずかな「逸れ」はその「非科学性」のゆえに当時もその後も無視され，あるいは冷笑されてきた．しかしその重要性を理解し論じてきた人達もいる．その代表として寺田寅彦とカール・マルクスをあげよう．

●寺田寅彦

　寺田はルクレティウス「元子論」の概略を説明した後こう述べる[3]．

「この元子の偶然的任意的偏向を一転して自由意志の存在と結びつけようとしている．これが甚だ注目すべき考えである．彼は人間や動物に自由意志なるものの存在を無条件に容認する．さて彼の元子

論に従ってすべての元子が自然法則によって直線落下をつづけるか，あるいは少なくも何らかの確定的法則によって支配されているならば，すべての世界の現象は全然予定的に進行するのみであって，その間になんら「自由」なる意志の現われ得べき余地はないのである．しかし一方で意志の存在を許すとすれば，これはどこから入り込んで来るか．徹底的物質論者である彼はそういう物を物質以外の世界から借用して来るという二元論的態度はどうしてもとれなかった．したがって当然の必要から彼は意志の根元を彼の元子に付与したのである．この考えは一見甚だ非科学的に見えるであろう．当時でもキケロによって児戯視されたものである．しかし今の科学の狙いどころをどこまでも徹底させて生物界の現象にまでも物理学の領土を拡張しようとする場合には，誰でも当然に逢着すべき一つの観念である」

「ルクレティウスを読み，そうしてその解説を筆にしている間に，しばしば私は一種の興奮を感じないではいられなかった」

●カール・マルクス

マルクスの博士論文[4]のテーマは「デモクリトスの自然哲学とエピクロスの自然哲学の差異」である．彼もまた上述の問題に着目して論じている．哲学の博士論文だけに難解であるが，彼は，デモクリトスの原子論が「主観的な感覚的世界」を排し，客観的・実証的な世界のみを問題にしたのに対し，エピクロスは感覚的世界も客観的現象ととらえ偶然性も認めていることを論じている．そして寺田と同じくエピクロスが原子の運動に"方向の偶然的な偏り"を導入しなければならなかったのは意志の自由を擁護するためにデモクリトス的決定論に躊躇せざるを得なかったことを認めた上で，原子の運動の性質は原子自身の性質によって説明されるはずだという議論をしていることに注目する．もし原子自身がその内部に性質をもつとすると「原子」という最終構成単位としての概念に「矛盾」することになる．これは存在と運動発展の源として「矛盾」を見る後の彼の弁証法的唯物論につなが

るものだろう．このことは究極の存在というものはなく常にさらに深い構造が存在するという考え方に通じる．原子の場合は実際にさらに深い段階の電子と原子核という存在があったのだが．

　ともあれ，一見接点の見えない寺田とマルクスがこの問題に重要な関心を寄せたことは興味深く，またこの「物理と意志の自由」という問題はさらなる考察に値する問題である．

補注）　量子力学の不確定性原理と意志の自由の問題

　この問題を現代物理学の量子力学の不確定性と結びつける試みがある．例えば原子の中の電子はあたかも雲のような状態で存在し，その位置を観測するとはじめてひとつの位置に定まるが，その位置は波動関数によって確率的に予言されるのみで一意的に決まっているわけではない．このことから生物的自然の不決定性，さらに自由意志を引き出せないかと考えられた．

　これに対して，量子力学の建設の中心であった E. Schrödinger は文献 5)（これは Nature **138**(1936),13 の抄訳である）で，それが幻想だと語っている．

　「もし朝飯の前に私が喫煙しようかしまいかということ（どうも悪いことだが）が Heisenberg の不確定性原理の事柄であったとするなら，この原理は 2 つの出来事の間に一定の統計（例えば 30：70）を約束するであろうのに，私は決心次第でそれを無効にすることができるからである．もしくは，第二に，私の罪を犯す頻度が Heisenberg の原理で決定せられているのに，私がそれをなすことに対してなぜ地上で私は責任を感ずるのか？　新物理学は St. Augustin のパラドックスを毛ほどの太さほども押しやりはしない．

　私の見解では全類推が誤っている．なぜといえば，自由意志の下における行為の場合に，可能な出来事の多数にあるというのは自己欺瞞であるからである」

　「仮想的に可能な出来事のうちのどれが自由意志のおかげで可能で

あるといわれねばならないのか？　私は言おう，まさに現実に起こる
ところのものだと」

　量子力学においては，物の状態は古典物理と違って波動関数で記述
される．しかし波動関数の時間発展はシュレーディンガー方程式によ
って厳密に決まり，そこに曖昧性は存在しない．その意味で，自然の
法則によって原因から結果が決まることも古典物理学と変わりはない.
たしかに観測の結果は確率的だがその確率も量子力学によって予言で
きるのである(観測のとき「波動関数の収束」が起こるのだが，この
「観測問題」の科学的検討は今も続いている．文献6)など参照してほ
しい)．

　したがってこの問題は量子力学で解決されたわけでなく，やはり今
も考察に値する問題である．

●参考文献……………………

1 ）　ラプラス「確率についての哲学的試論」，湯川秀樹・井上 健編『現代の科学
　　 I 』，世界の名著 65，中央公論社，1973.

2 ）　ルクレティウス『事物の本性について』，藤沢令夫・岩田義一訳，筑摩書房，
　　 世界古典文学全集 21，1983.

3 ）「ルクレチウスと科学」，『寺田寅彦全集 第五巻』，岩波書店，1997.

4 ）『マルクス・エンゲルス全集 第 40 巻 マルクス初期著作集』，大内兵衛・細川
　　 嘉六監訳，大月書店，1975.

5 ）　シュレーディンガー「非決定論と自由意志」，科学，第 6 巻第 9 号，1936，
　　 岩波書店.

6 ）　並木美喜雄『量子力学入門』，岩波新書，1992.

[上條隆志]

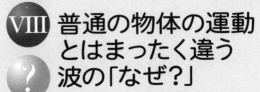

VIII 普通の物体の運動とはまったく違う波の「なぜ?」

73−縦波と横波というときの縦横は 何を意味するのか

　縦波，横波と聞いたら，どんな波を想像されるだろうか？　あるとき，高校3年生の「偏光」の授業で，教師の話がどうもうまく伝わらないと思っていたら，媒質が縦(上下方向)に振動するのが縦波，横(水平方向)に振動するのが横波(図1)と考えている生徒が多数いたということがあった．

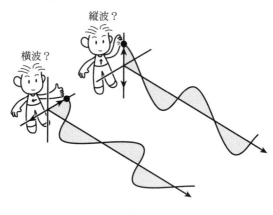

図1

　確かに，日本語の縦には上下方向と長さ方向の2通りの意味がある．縦は上下で横は水平だという考えは当然かもしれない．

　しかし学問上は，物質の一部分を振動させたとき，振動と同じ方向に伝わる波を縦波，振動に垂直な方向に伝わる波を横波，というように使い分けている(図2)．

　英語では横波は transverse wave といい，transverse は「横切る」という意味である．縦波は longitudinal wave といい，longitudinalは「長さ方向の」という意味だ．たとえば船をつくるとき船の長い方向に入れる材木などのように．日本でも魚のしまもようをたてじま，

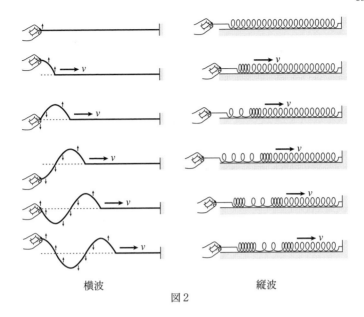

横波 縦波

図2

よこじまというときにこれと同じ区別をしている（図3）．これもよく
まちがえられるのは，やはり日本語のたてよこがうまく合っていない
のだろう．シャツなどのたてじま，よこじまもこれと似ている．

　英米語などではすっきりするのだろうか．それともやはり混乱して
いるのだろうか．

　その点，日本における縦波の別名「疎密波」は，単純かつ明快な言
葉であるといえる．横波についてもこれに相当する言葉があるといい
のだが，よい言葉がなかなか思い浮かばない．

イサキの縦じま

イシダイの横じま

図3

[松本節夫]

実験 ❷

波の伝わり方がよく分かる
波動すだれの作り方

　波はひとつながりの物体のどこかある部分に生じたヒズミが振動となり，次々に隣へ隣へと伝わっていく運動である．この波のふるまいを視覚的につかむために，ウェーブマシーンと呼ばれる装置がいくつも工夫されている．細い鉄棒を水平に並べそれぞれの中心を通る線上に板バネを溶接したシャイブ式ウェーブマシーン，並べた角材を2本の糸でつないで吊したすだれ式ウェーブマシーン，などなど．

　ここでは手軽にできるストロー製ウェーブマシーンのつくり方を紹介し，それを使って波のふるまいのいくつかを調べてみよう．

●用意するもの
　　ストロー(径 6 mm，長さ 22.5 cm，色つきのものがきれいでよい)
　　　25 本，
　　ストロー位置を決める原図(B4判大)，
　　角棒(5 mm角，長さ 45 cm程度) 1 本，
　　ゼムクリップ(なるべく小さなもの)24 個，
　　セロテープ(12 mm幅)

●つくり方
① 　ストローの位置を決める原図を書く(図参照)．これを机の上に平らに置き，四スミをセロテープで簡単に止め，机の上に固定する．
② 　セロテープを長さ約 60 cm に切り，これを原図の中央のセロテープ位置に，粘着面を上にして(原図にセロテープがつかないようにする)，その両端を小さく切ったセロテープ(図の a , b)を用いて固定する．
③ 　原図に示された位置にストローを置くと，ストローはセロテープ

の粘着面に付着する．

④　25本のストローを全部付け終わったら，机からはずして取り上げ，全体にひっくり返し，ストローが下，セロテープが上にくる形にして，両端をそれぞれ角棒に固定する．

⑤　全体を水平に保ち，端のストローを上下に揺らし，波が発生して伝わることを確認する．

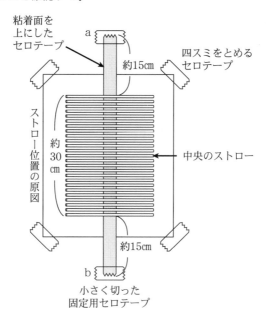

●さて，実験

①　セロテープをピーンと張る力を変えてみる．強く張ると波は速く伝わり，弱く張ると遅く伝わることが分かるだろう．つまり，波を伝える物質が強く引き合い結合しているほど，波の伝わり方は速いのである．

②　端から12本目までのストローの両サイドにクリップを付け，ストローを重くする．クリップを付けた方の端を上下に揺らすと，12本目と13本目との境で波の速さが急に速くなることが分かるだろ

う．つまり，波を伝える物質の密度が大きいほど，波の伝わり方は遅いのである．速さが変わると波は屈折する．ただし，ここでは方向はひとつなので，角度が変わるのは見られない．

③ 今度は，クリップを付けていない側の端を上下に揺らす．伝わっていった波が 12 本目と 13 本目との境で反射され，戻ってくることが分かるだろう（実は ② でも反射は存在している）．同時に，境界を越えて重い方へ伝わる遅い波が存在することも分かるだろう．境界で波の速さが変わるので，もし波が面を伝わるウェーブ マシーンができたら，屈折が起こることになる．

●分かること

波を伝える物質を媒質と呼ぶ．媒質の状態（結合状態や密度）が変われば，波の速さが変わる．逆に，波の速さの違いから媒質の状態を調べることもできる．地球の内部構造を調べるためには，地球自身を媒質とする波，地震波の伝わり方を調べるのである．

私が『ストロー製ウェーブ マシーン』のアイデアを初めて知ったのは，1987 年夏，東京理科大学の「物理を楽しくする実験教材」講習会に出席したときです．ほかにもいろんな改良型があります．

[宮村 博]

74—波が重なると消えることがある.
エネルギーはどうなっているのか

●波の重ね合わせ

波の重ね合わせ

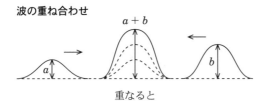

重なると

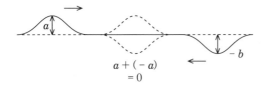

例えば水の上に同時に2ヶ所から波が発生したとする. 2つの波がぶつかって重なり合ったときどんな波ができるだろうか. 波は互いに通り抜けるから, 幽霊みたいに重なっても大きさが変わらないかも知れないとも思えるが, 実際には2つの波の変位をそのまま足しあわせた大きさのものになる. 重ね合わせの原理という.

　そこでこんなことが考えられる. ごく近くに置いた2つの波の発生源(波源という)から同時に振動する波を出す. 2つが同じ振動(同位相という)をして, まったく足並のそろった波を出せば, それはいたる所で強めあって, 振幅が2倍の波になるだろう. また2つがちょうど反対に振動(逆位相という)すれば片方が山のときもう一方は必ず谷になるので, いたるところで打ち消しあい消えてしまう. 実際に電波や音波やいろいろな波でこの重ね合わせの結果を見ることができ, また利用されている.

●エネルギー収支が合わない?

だが,待てよ,である.例えば電波を考えるとそれぞれのアンテナの中で電子を振動させ,エネルギーを送り出している.そこで波のエネルギーを計算してみよう.波のエネルギーは振幅の2乗に

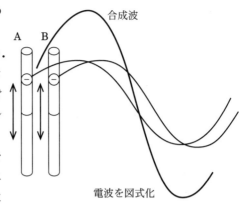

比例していることが分かっている.そうすると2つの波が同位相のとき,波は2倍の大きさになるので,エネルギーは4倍になる.1+1がどうして4になるのか.あと2のエネルギーは誰が出したのか.また逆位相のときはエネルギーが0になる.2つのアンテナで発信するために使ったエネルギーはどこへ行ってしまったのか.エネルギー保存はなりたたないのか.

●波の媒質と復元力による考察と問題の解決

これを解決するために,原点に戻ってみよう.そもそも波とは質量をもった媒質同士が復元力を媒介として相互作用することによって伝わる.そこで簡単な場合として,ひもを手で動かして波を作る場合を考えよう.ひ

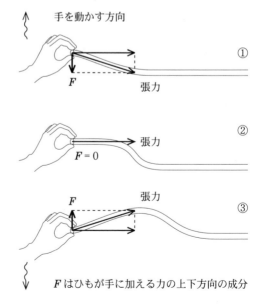

もの末端と手との相互作用を考え，手を動かす方向の成分だけ考えると，手がひもに加えた力と同じだけの反作用をひもが手に加えている．その力 F は図のように張力 T の垂直方向の成分として表わせる．ひもが手からの力を受けて進行波を送り出すにしたがい，ひもが手に加える F の大きさと向きは図のように変化していく．ひもが手に加える力は，ひもが進行する波の運動をすることによって生じたものである．この力 F はあたかも波による抵抗のように感じられるだろう．

●波の反作用

　手がひもに力を及ぼして波を作り，逆にひもは媒質同士の作用によって手に力を及ぼす．これは波自身が波源に及ぼす反作用である．ひもだけでなく電波の場合でも発射される電波はその反作用を電波源に及ぼす．

　そこで問題の場合，つまり波源 A と B が接近していて同時に波を出す場合を考察しよう．いま A の波源が波を出そうとするとき，そこに B の波が重なるので，手は A と B の波から合わせ

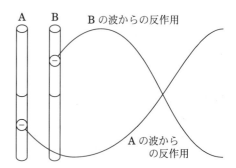

て 2 倍の反作用の力を受けることになる．このため，A は前と同じように波を作っているように見えて実は力が 2 倍(抵抗が 2 倍といっても良いだろう)になっている．さて手がひもに加えた力と移動距離の積が波を送り出すために消費したエネルギーを与える．A は 2 倍の力がいるので 2 倍のエネルギーを消費しているのである．お互い様だから A も 2 倍，B も 2 倍で，結局前と同じように振動させるには全体で 4 倍のエネルギーを投入することになる．これならつじつまが合う．

　ここまでくれば逆位相は簡単．A が手に及ぼす力と，そのとき A にさしかかった B が手に及ぼす力は反対になるので，A の波源を振

動させるのに力はいらない．いや結局何もエネルギーは出ていないことになる．ＡとＢは互いに助け合って虚しく共振することになるだろう．このようにエネルギー保存の原理は波の反作用をきちんと考察すればやっぱり正しいと言えるのである．

　では両方の波源が遠く離れ，波が空間に広がっている場合はどうだろう．こんなときはある場所では山と山が重なっても少しずれた場所では山と谷が重なるというようにばらばらになり，平均すれば，4倍でも0倍でもなく，単純な足し算である2倍になるだろう．

●参考文献………………………
F. S. クローフォード『波動』，バークレー物理学コース3，高橋秀俊監訳，丸善，
　　1991，1993，p.217-222.

[上條隆志]

75—心臓の拍動によって
血管を伝わる波ができる

血液は心臓によって周期的に押し出される．血液はもちろん流れて体中を駆けめぐるが，押し出されたことによる変化は，それより速く波動として伝わっていくはずではないだろうか．

それは実際に存在する．圧力の波が発生し，医学では大動脈脈波と名付けられている．またその速度は PWV と呼ばれ，コルテヴェーグによる表式も与えられている．

そのメカニズムを考えてみよう．ここでは血管が柔らかいため，血液自身の密度変化ではなく血管が膨らんで弾性により元に戻ろうとして，復元力を与えている．いわば中の流体の圧力でできた血管の膨らみが伝わっていくといってよいだろう．その速さは波動の一般的な議論から，媒質の質量にあたる血液の密度の平方根に反比例し，復元力を与える血管の弾性の強さの平方根に比例するだろう．血圧と血管の断面積の関係を見積もって，その速度は $10\,\mathrm{m/s}$ くらいと考えられる．一般に柔らかい管の中に液体が詰まっていればこのような管の波を生ずる．

実際の測定は，心臓と頸動脈と股動脈の 3 カ所で脈を測って，伝播距離を伝播時間で割って速さとする．ある測定によれば 20 代の平均が $6.7\,\mathrm{m/s}$，70 代の平均が $9.2\,\mathrm{m/s}$ という値が得られている．もちろん年をとればとるほど血管の弾性が失なわれて固くなり，波の伝播速度が速くなることになる．速度は血管の半径や血圧など個人的な状況によっても変化するが，この測定がうまくできれば動脈硬化などの診断にも役立つといえる．

●参考文献………………
池上晴夫『健康のためのスポーツ医学』，講談社ブルーバックス，1984．
恒藤敏彦『弾性体と流体』，物理入門コース，岩波書店，1983．　　　　[上條隆志]

76―コウモリはなぜ暗闇でも飛べるのか

●超音波を使う動物

　　T　　山で向こうの山に向かって大声でヤッホーというと，しばらく
してこだまと呼ばれる反響（エコー）が聞こえますね．これを利用すれ
ば山までの距離が測れます．

　　S　　音を出してから戻ってくるまでの時間の半分に音速をかければ
求まります．

　　T　　では，超音波を知っていますか．音は空気の振動が伝わって鼓
膜を振動させることによって聞こえますが，人間が耳で音として聞く
ことのできる可聴域といわれる範囲は，かなり個人差があるものの，
振動数でいって，およそ 16 ヘルツから 20000 ヘルツまでなのです．
超音波は耳に聞こえない 20000 ヘルツ以上の音ですが，実際は 10000
ヘルツ程度の音も超音波として扱われているようです．この超音波を
利用して自分と相手の位置を探っている動物がいるというのを聞いた
ことがありませんか．

　　S　　コウモリではありませんか．

　　T　　陸上ではコウモリ（小コウモリ類），水中ではイルカとかクジラ
などがそうです．これらの動物は自分から超音波を出して，相手にぶ
つかって戻ってきたエコーをとらえて自分と相手の距離をつかんでい
るのです．

　　コウモリは，建物かどこかのすき間などにたくさん群れ住んでいて，
夕方，日没ごろから真っ暗になるまでの間飛び出して，「カチッ」と
いう音をたてて飛び回ります．この音は持続時間が $\frac{1}{100}$ 秒くらいの
短い音波です．通常の飛行中は 1 秒間に数回ずつ口や鼻から出ますが，
もし何かの障害物や餌となる標的があって，そこからエコーが戻って
きたときには，よりくわしく知るために毎秒 100 回くらい音を出しま

す．このエコーを注意深く耳で聞き，それから標的までの距離，方向，接近速度，大きさや種類など多くの情報をたちどころに得てしまうというわけです．これをエコーロケーションといっています．コウモリの使う振動数は種類によっても違いますが，だいたい数万ヘルツあたりが多いようです．

　S　コウモリはどうして超音波のような高い振動数を利用しているのですか．

　T　波には回折という現象があるのを知ってますか．

　S　障害物やすき間の大きさが波の波長と同じくらいか，小さいときはそれらの後ろ側にも波が回りこむという現象です．

　T　コウモリが出す超音波の振動数を5万ヘルツとすると，その波長は常温で $\dfrac{340\mathrm{m/s}}{50000\mathrm{Hz}} = 0.0068\,\mathrm{m}$，約7mmです．500ヘルツの音では波長は0.7mですね．低い振動数の音では回折して戻ってこないが，超音波を使えば小枝や虫のような小さなものでもエコーが戻ってきてそれらの位置を知ることができるというわけです．

　S　さっき位置だけでなく，接近速度も分かると言いましたね．どうして分かるのですか．

　T　ドップラー効果というのを知ってますか．

　S　音源が近付くと音が高く聞こえるというように音源や観測者が動くとき，音が高く聞こえたり低く聞こえたりするということでしょう．

　T　コウモリは飛びながら超音波を出すので，木や石のように動かないものでもコウモリがそれに近づくときには，ドップラー効果によって，元の音よりエコーは高くなって返ってきます．また相手の虫が飛んでいてコウモリに接近しつつあるときも，エコーは高くなります．このドップラー効果によるエコーの振動数の変化をとらえることによって，速度を測っているのです．ちょうどスピードガンの原理と同じです．

　コウモリには周波数の幅の広い音だけを出す種類と，一定の周波数の音の成分をかなり含んだ音を出す種類とがあり，後者の方がドップラー効果を考えやすいので，その代表としてヒゲコウモリを取り上げ

ると，最も強い周波数一定の成分として 61000 ヘルツの音が使われています．音は内耳のフィルターによって振動数ごとに分けられ神経のニューロンに伝えられるのですが，ヒゲコウモリは発達した内耳と，特に 61000 ヘルツの音に同調している非常に鋭いニューロンの興奮野をもっています．これらはたとえばがが近寄るだけでなく，静止して羽ばたいたときの羽の動きによる 6 ヘルツくらいのドップラー効果によるずれまで感じとることができるのです．また，たとえばエコーが 63000 ヘルツになったとすると，自分の出す声を低く下げて 59000 ヘルツくらいにし，エコーを一番敏感な 61000 ヘルツになるように調節します．この調節はエコーが高いときだけするということなので，標的がコウモリの速さ以上で飛びさるときはもういいやというわけですね．

S　イルカの場合はどうですか．

T　イルカは，遊泳中 5 秒間に 1 回くらい超音波パルスを出し，エコーが戻ると頻繁に出すのはコウモリと同じです．超音波は鼻孔の奥で発生させ，頭の球形の部分(メロンという)をレンズとして使い，広がった波を絞りこんで前方にだけまっすぐ進むようにし数十メートル先の標的をキャッチできます．水中では音速が空気中の 4.5 倍ですが，振動数は 2000 ヘルツくらいの可聴音から 20 万ヘルツくらいまでの成分を使っているようです．いま，振動数を 15 万ヘルツとしても水中では波長は $\dfrac{1500\mathrm{m/s}}{150000\mathrm{Hz}} = 0.01\,\mathrm{m}$ ですから，1 cm 以上の障害物や餌の魚からのエコーということになりますね．

●超音波の利用

S　人間が超音波を利用するようになったのはいつごろでしょう．

T　それには 2 つの不幸な出来事がまつわっています．その 1 つは 1912 年に超豪華客船タイタニック号が処女航海の途中で氷山に衝突して沈没した事件です．暗闇や霧のなかでも氷山を見つける方法がないものかということで，研究が始まったといいます．もう 1 つはその 2 年後に始まった第一次世界大戦で，ドイツの海軍が潜水艦をどんどん使い始め無差別攻撃を連合国側に加えたことです．そこで，潜水艦

の出す音，特にエンジンやスクリューの出す音を聞く水中音響装置を開発したり，音波をあてて潜水艦の居場所をつきとめようと研究が進められたのです．その研究の結果，フランスのランジュバン(P. Langevin)によって水晶の圧電効果を利用して超音波を発生し，そのエコーをとらえて潜水艦の居場所をつきとめるような「ソナー」(SOund Navigation And Ranging)という装置もつくられました．実用化を目前に第一次世界大戦は終わりましたが，第二次大戦で再びドイツは潜水艦作戦を展開したので英米艦隊によってソナーは攻撃に使われました．今日も特に潜水艦が他の船を探知する重要な手段として使われています．

　2001年2月にハワイ，オアフ島沖で原潜グリーンヴィルが急浮上して，宇和島水産高校の練習船えひめ丸に衝突沈没させた事故では，グリーンヴィルのソナーがえひめ丸をとらえていたにもかかわらず注意を怠った点が問題になりました．

　S　その他に超音波はどんなところで使われていますか．

　T　ソナーの発展にともなって，水深を測る「音響測深機」，魚の群れを捜す魚群探知機があります．最近では超音波を体にあてて内臓や器官などにぶつかって反射してくるエコーを電気信号に変えて，ブラウン管に写し，様子を見ることのできる超音波診断器もさかんに使われるようになりました．X線撮影の危険や制約がなく，運動の様子も読み取れるので便利ですね．

●参考文献………………………

ドナルド・グリフィン『コウモリと超音波』，能本乙彦訳，河出書房新社，1970.

高木堅志郎『こうもりのヒソヒソ話』，裳華房，1989.

福田義一『振動と波』，評論社，1980

菅乃武男「脳における聴覚情報の表示」，自然，1979年5，6月号，中央公論社.

能本乙彦「超音波研究の現状」，日本物理学会誌 **18**(1963)581. 浅井彰二郎・三浦登「マイクロ波超音波の物性研究への応用」，*ibid.* **21**(1967)425. 和賀井敏夫「超音波診断」，*ibid.* **32**(1977)125. 武田靖「パルス超音波ドップラー効果を用いた回転二重円筒内の流れの測定」，*ibid.* **49**(1994)994-1001.

［西岡佑治］

77—オーケストラの中のヴァイオリンの音を 聞き分けられるのは,なぜ?

●なぜ同じ高さの音でも楽器によって違う音色になるのか

　人間は音を聞くだけでそれがヴァイオリンかフルートかギターか分かる.また演奏者や個々の楽器の音色の違いが分かる.しかし,どのギターでも同じフレットを押さえて弾けば音は同じ高さつまり同じ振動数のはずである.同じ振動数の音波を出しているはずなのに違った「音色」で聞こえるのはどうしてだろうか.弦をはじくと主要な振動は基準振動と呼ばれる振動(これが主な音の高さになる)だが,実はその2倍(1オクターブ上),3倍……倍音という振動も同時に生じている.それらの振動が同時に重なると,生じる音波はそれらを単純に足し合わせたものになり,図1のような複雑な波形になる.この形はも

ギター音の波形

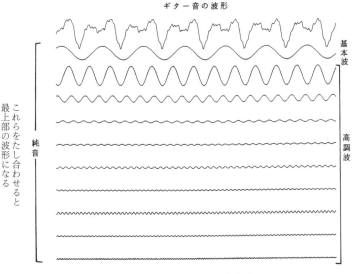

図1　ギター音とその成分音
(山田宗睦他『耳はなんのためにあるか』風人社より転載)

ちろん成分である2倍，3倍……の振動のそれぞれがどれくらいの割合で生じるかによって変化し，その割合は楽器によって，弾き方によって異なるのだ．この波形の違いが音色の違いになる．このことを利用して，機械を用いて1つの音を分解してどんな倍音がどれだけはいっているかを調べる（スペクトル分解）こともできるし，反対にその割合で音を混ぜれば，どんな音でも合成できることになる（以前のシンセサイザーはこれを用いた）．

●なぜオーケストラの演奏の中から楽器を聞き分けられるのか

　音は波だからいくつかの波が重なればそれを足し合わせた1つの波になる．そうだとすればオーケストラを聞くときそれは全楽器の音波が合成された波になるはずだが，人はなぜその中から特定の楽器，例えばヴァイオリンの音を聞きとることができるのか．あるいはたくさんの人々の話し声の合成波の中からなぜ特定の友人の声を聞き分け話を聞き取ることができるのか（そのことを「カクテルパーティー効果」ということもある）．結論からいえばまだわからない．しかしいろいろな探索がなされている．それを記そう．

●人が音を聞くしくみ

　私たちが聞ける音は振動数にして毎秒20回から20000回の範囲の空気の振動である．空気の圧力の変化は外耳によって集められ，鼓膜の振動から，耳小骨という3つの骨（つち骨，きぬた骨，あぶみ骨）の振動をへて蝸牛という器官に伝わる．蝸牛内部のリンパ液が振動するにつれ，そこにある基底膜に膨らみができて膜の上を移動する．移動中最も大きくふくらむ場所が高さと関係していて，その場所は，鼓膜に近い方が20000 Hz，反対側が20 Hzにあたるといい，それによって音を高さで分けるらしい．基底膜には先端に固い毛をもつ神経細胞（有毛細胞）がありそれぞれが聴神経とつながる．有毛細胞には内有毛細胞と外有毛細胞があり，膜に膨らみができると有毛細胞の毛がそれによって折れ曲がり，内有毛細胞は化学変化を起こし，神経信号のパルスを発生させる．外有毛細胞は基底膜の膨らみを鋭く増幅する働き

をする．

●人が音を聞き分ける可能性

　信号が聴覚神経を伝わって脳
に行く．昔は上で述べたように
単純に音は基底膜で各振動数ご
との強さに分解されると考えら
れたが，合成波を振動数に分け
ただけでは，それぞれの音を聞
き分けることにはならない．現
在では聴覚神経を通る信号はも
との音波の特徴を残していて単

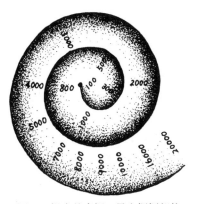

図2　蝸牛基底板の最大振幅部位
（山田宗睦他『耳はなんのために
あるか』風人社より転載）

に周波数成分に分けた信号でないという動物実験があり，未だに論争
が続いている．

　では音を聞き分ける手がかりとして何があるだろう．1つは音源の
位置を知ることだろう．まず左右の耳に入る音波には時間差と強度差
がある．音源が右前方30度の方向とすると左右の耳の間の距離は平
均17 cmだから差は8.5 cm，音速で割れば0.00025秒の時間差と強
度の差がある．しかも左右の耳に入る音波は頭と耳による回折のため，
時間差（位相差）と強度差が音の周波数によって異なる．この周波数特
性は頭部伝達関数と言われる．実際に左右の耳にマイクを埋め込んだ
人間の上半身そっくりの人形を作り，コンサートホールの座席に座ら
せて録音したりしてこの関数を調べている．波長の長い低い音ほど回
折しやすいので，高い音ほど強度が下がる．したがって音の方向が変
化すると耳の音のスペクトル（周波数分布）も変化する．これが音色の
違いとなってもよさそうだが，そうではなく方向の違いとして知覚さ
れるということになる．この辺はむしろ脳による経験を用いた統合作
用ということになるだろうか．また一方で和音はまったく同時に弾か
なくても和音として聞こえるので耳は位相差の情報はほとんど取り込
まないとの説もある．

　このように位置の判定さえ単純な作用でなく，脳の複雑な動きが関

わっている可能性がある．鼓膜の振動パターンは合成波形になるはず
だが，その中から特定の楽器や人だけを聞き分けるのは，方向定位能
力とまた聴覚から脳にいたる総合的情報処理が関わっていると思われ
る．聴覚器官からの信号はより高次な過程でさまざまな特性を手がか
りに音源ごとに再統合されるのであろう．実際オーケストラの中にフ
ルートの音を聞くには，そういう楽器の音が記憶に蓄えられていなけ
ればはなはだ困難である．その中にはその楽器に特徴的な立ち上がり
があるという議論もある．立ち上がりとは弦から胴に移って音の振幅
が大きくなる移行過程で複雑な波ができることを指す．また同一音源
は同時に始まり同時に変化するのだから，合成波の中のそこだけを追
跡していく脳の作用もあると思われる．

●参考文献……………………

ウォーカー『ハテなぜだろうの物理学』，戸田盛和・田中裕訳，培風館，p.39，
　1979．

C.テイラー『音の不思議をさぐる』，佐竹淳・林大訳，大月書店，1998．

エンゲルス『自然の弁証法』，田辺振太郎訳，岩波文庫，1958．

日本音響学会編『音のなんでも小事典』，ブルーバックス，講談社，1996．

山田宗睦他『耳はなんのためにあるか』，風人社，1989．

［猪又英夫］

78—風の音はなぜ出るのか

　風の音がヒューヒューと聞こえることがある．電線や木の枝，そして建物などに，風が当たって音を出している訳だが，なぜ音が出るのだろうか？

　簡単な実験をしてみよう．弁当箱やいちごパックなど簡単な水槽を用意し，水の動きがよく分かるように，少量のチョークの粉などを浮かべる．そして，箸や丸い鉛筆などを水に入れて，ゆっくりと動かしてみよう．鉛筆の後ろに，小さな渦が左右交互に規則正しくできることに気づくだろう．この渦は，1911 年にカルマン(T. von Kárman, 1881〜1963；ハンガリーの科学者)がその性質を研究したのにちなみ，カルマンの渦列と呼ばれている．先程の実験とは逆に，鉛筆が止まっていて，水が流れている場合も同じように渦列ができる(図 1)．柱状

図1　カルマンの渦列

の物体に液体や気体の流れが当たると，後ろに流れが巻き込まれて左右交互に渦が発生するわけである．この渦がヒューヒューと聞こえる風の音の発生源となっている．1 秒間に発生する渦の個数はストルーハル(V. Strouhal)が 1878 年に実験的に見いだした式

$$N = 0.2 \times \frac{V}{D} \quad \left(\begin{array}{l} V：流れの速さ \\ D：円柱や電線の直径 \end{array} \right)$$

で表わされる．N は単位時間あたりの渦の個数で，ヒューヒューと聞こえる風の音の振動数にほかならない．例えば，直径 5 mm の電

線に，秒速 10 m の風が当たっていると，$N = 0.2 \times 10/0.005$ 個/秒より，400 Hz(ヘルツ) となる．実際の風は，速さが一定ではないので，ヒュ〜ウ，ヒュ〜ウと音の高さが変化して聞こえる．

　気象衛星により，地表の雲の様子を赤外線写真で見ることができるようになった．その結果，たいへん珍しい形の雲の列が発見できた．a，b はそれぞれ北海道宗谷岬西海上と九州南西海上の雲の写真であ

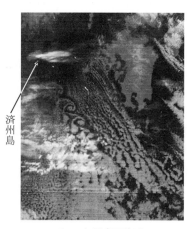

　　　a．北海道宗谷岬西海上　　　　　　　b．九州南西海上

る．宗谷岬の西には利尻島，九州の西には済州島があり，それぞれの島に高い山(利尻山標高 1700 m，ハンナ山標高 1950 m)がありこれらに冬の強い季節風が当たっている．これだけの条件が整えばカルマンの渦列が発生してもなんら不思議はない．観測によると，済州島の場合，風速 10 m/s のとき，渦が約 4 時間半の周期で発生し，渦と渦の間隔はおよそ 100 km になるそうである．ここで試しに，1 秒間に発生する渦の数の式に数値を代入してみよう．つまり，V は風速 10 m/s，D はハンナ山の平均直径 32 km として，

$$N = 0.2 \times \frac{10}{32 \times 1000} \ 個/秒 = 6.25 \times 10^{-5} \ 個/秒$$

周期は $1/N$ なので

$$周期 = \frac{1}{6.25\times10^{-5}}\,秒 = 1.6\times10^4\,秒 = 約\,4\,時間半$$

となり実際の観測とよく一致する．大自然の中でもイチゴパック水槽の中と同じ物理現象が起きているわけである．

風の強い日に，窓を数 cm だけあけると，ヒュウーとかボーといった音が聞こえる．すきま風の音である．この音はスリットトーンと呼ばれ，やはり空気の渦が作る音である（図2）．

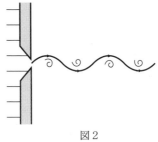

図2

空気の渦が音の発生源になっている楽器に，リコーダーやフルートがある．小さな穴（ウィンドウェイ）から吹き出された空気の流れが，楽器の壁（エッジ）に当たって渦が発生する．この渦も，カルマン渦と似ているが別のものである．楽器の固有振動数と渦の発生個数が一致すると，共鳴して美しい音となるわけである．このようにして出る音をエッジトーンと呼んでいる（図3）．

図3

カルマン渦が音の発生源になっている楽器にエオリアンハープ（Aealianharp）がある．太さや張力の異なる数本の弦をユニゾン（同じ音の高さ）に調弦する．エオリアンハープは，古代中国，インドで知られ，中世にヨーロッパに伝わり，19世紀前半に流行した．名称はギリシアの風の神エーオルス（Aeolus）に由来する．まさに風が奏でるハープである（図4）．

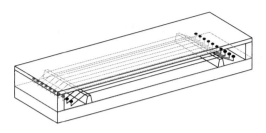

図4　エオリアン・ハープ
(浜松市楽器博物館所蔵楽器図録Ⅱを参考に作図)

●参考文献………………………

山本峰雄「イーオルスの琴」，自然 1947 年 10 月号，中央公論社．

木村竜治『流れの科学』，東海大学出版会，1979．

佐藤 浩『乱流』，共立出版，1982．

『所蔵楽器図録Ⅱ』浜松市楽器博物館，1995．

谷 一郎『流れ学』，岩波全書，1967．

今井 功『流体力学』，裳華房，1973．

[吉倉弘真]

79—地震のとき
建物によって揺れ方が違うのはなぜか

　地下の岩盤の破壊の衝撃が地表面に伝わったものが地震である．破壊は普通は断層によって起こる．衝撃は，岩石中を弾性的な波動として伝わる．これが地震波であり，地表近くで，速度が3〜6 km/s，周期が0.05〜20秒程度（振動数でいうと0.05〜20 Hz）と知られている．地震波は，地表から数十〜数百mの深さで地盤（いわば地表面）に達しそれを揺する．建造物に作用するのはこの地震動であり，その変位，速度，加速度，継続時間などが問題になる．加速度（gal（ガル）= cm/s² を単位として示される[*]）は特に注目され，震度を決定するときの目安になる．速度でなく加速度なのは，ニュートンの運動方程式によって（力）=（質量）×（加速度）だから，加速度と質量が分かれば，そこにかかる力が分かるからである．また，これを重力加速度で割った値を加速度震度（つまり重力の何倍か．記号 k）という．

例　震度3の場合，変位は1 mm，加速度は10 gal程度
　　震度7で100 cm，800 gal，$k = 0.8$（95年1月兵庫県南部地震）

●建物の揺れ方は一様ではない

　地震が起きたときすべてが一様に揺れるかというとそうではない．あるビルが壊れても隣のビルは平気で立っていたり，地面に近い下の方がたくさん揺れるかというと，下の階はあまり揺れないのに，上の方の階が大きく揺れたりする．それはなぜか．

　弾性体は力を加えると変形するが力がなくなれば元に戻る．だから壊れる前の建物は，バネとして振動するだろう．最も簡単なモデルとして，図1のような板バネに目印をつけたものをいくつか用意しよう．

---

[*]　SI単位系では，暫定的に用いる，とされている．

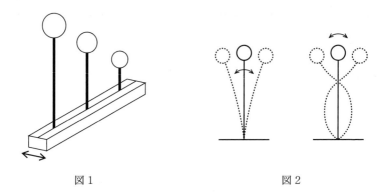

図 1   図 2

下の台を揺すると，全部が揺れるのではなく，揺すり方によってある
ものが揺れ，他は揺れない．また揺れ方も図 2 のようにいろいろであ
る．これらのことは同じ地震でも揺れる建物と揺れない建物があり，
また同じビルでも揺れる場所，揺れない場所があることの基本的なモ
デルである．

　なぜこんなことが起こるのか．弾性体には固有振動数というものが
あり，それに合う振動には共振して大きく振動するが，合わないと振
動は減衰してしまって大きくならないからである．地震で揺れるかど
うかはこの性質と関係する．

　では固有振動数はどのように決まっているのか．それは振動する物
の長さや固さ，それにどの部分が固定されているか(境界条件)による．
例えば質量 m のおもりが弾性定数 k の質量を考えない棒についている
系の固有振動数 f は図 3 の (1) 式で与えられる．また一端を固定され
た板状の弾性体で，密度 ρ，ヤング率 E，長さ l，振動方向の厚さ d
のものでは (2) 式で与えられる (図 3)．

　普通のプラスティックの 30 cm 定規の固有振動数はおよそ 5 Hz く
らいである．実際の建物は，単純ではないが，鉄，コンクリート，木
材などの材質がわかれば，大ざっぱな計算をすることができる．

●建物の固有振動

　では建物はどの程度の振動数に共振するのか．およその目安を示そ

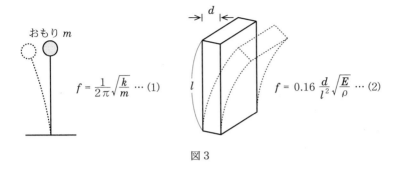

おもり m

$$f = \frac{1}{2\pi}\sqrt{\frac{k}{m}} \cdots (1)$$

$$f = 0.16\frac{d}{l^2}\sqrt{\frac{E}{\rho}} \cdots (2)$$

図3

う．通常の鉄骨構造による高層，超高層ビルに対しては，粗い近似的な式として，Nを階数として，固有周期(固有振動数の逆数) T (秒)は，

$$T = 0.1N \qquad \text{(谷口の公式)} \tag{3}$$

となることが知られている．たとえば，10 階建で，1 秒(1 Hz)，40 階建で 4 秒(0.25 Hz)くらいのものである．このような建物に地震があって，横揺れの周期的な力が加わった場合，地震動の振動数の揺れと同時に建物の固有振動の揺れが励起される．建物が充分に柔らかく強靱に(柔構造に)できていれば，最初のうちは大きく揺れるが，あとはゆっくり減衰していく．建物の重心の揺れの振幅X cm は，地震動の加速度震度 k に対し，おおよそ次式で計算されている．

$$X = 45kT \text{ (cm)} \tag{4}$$

例えば，40 階建てのビルに，神戸の地震の際に市街地で広く測定された $k = 0.3$ の地震動が固有振動の周期でかかると，20 階で往復 1 m，最上階で 2 m 揺れる計算になる．

地震動によっては，基準振動だけでなく，振動数がその整数倍になる 2 次，3 次などの高調振動も励起される．基準振動だけであれば，最上階が大きく揺れるが，振動数 3 倍の波が強く励起されれば中ぐらいの階で大きく揺れることもある(図 2 のように)．

もし，地震動の周期と建造物の周期が一致すると，固有振動が励起され大変なことになる．地震動の周期は，0.05～1 秒が多いので，普通は超高層ビルが共振する可能性より，中・高層ビルや 2 階建くらい

の木造住宅が共振する可能性が多い．木造は柔らかいので，先の式の定数が変わり

$$T = 0.3N \qquad (5)$$

くらいになるといわれているが，そうすると 2 階建で 0.6 秒，3 階建で 0.9 秒くらいになり，地震動の周期に一致することがある．こうなると，建物にかかる加速度も揺れの振幅も，共振のない場合の数倍になる．建物は構造的にも材質からみても，耐えられず，崩壊，倒壊に至るものがでてくる可能性がある．では超高層は安全かといえば，先に計算したような固有振動を含む地震動があればその振幅ははるかに大きく，強度の問題も考えれば大変な被害の危険が考えられる．

●参考文献……………………

梅村魁『耐震構造への道』，技報堂出版，1989.

［塚内恒司］

80−水を入れたコップを持って歩くとき，コップの半径がある値より小さいとこぼれにくい．なぜ？

　簡単のために直方体のかたちをしたコップを考えて，底面の辺の長さを $2L, a$ とし，これに深さ H まで水を入れたとしよう．

　このコップを持って歩くと水が揺れてこぼれるのは，コップの揺れに水の振動が共鳴する場合だろう．

　そこで，コップの大きさと水の振動の振動数の関係をざっとあたってみよう．

　これも簡単のために，コップの中の水が振動しても水面は平らだとしよう．水面の最高点，最低点の高さが底面から測って $H+h, H-h$ となった瞬間を考える（図1）．

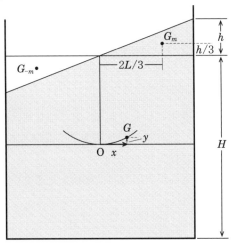

図1　直方体のコップ

　このとき，水の重心は

水平右向きに　$x = \left(\dfrac{2}{3}L - \dfrac{-2}{3}L \right) \dfrac{m}{M}$ 　　　　(1)

鉛直上向きに　$y = \left(\dfrac{1}{3}h - \dfrac{-1}{3}h \right) \dfrac{m}{M}$ 　　　　(2)

だけずれている．ここに

$$m = \frac{1}{2}\rho L h a, \quad M = \rho \cdot 2LHa$$

はそれぞれ変位した水の質量および水全体の質量である．これらを

(1), (2) に代入すれば

$$x = \frac{L}{3H}h, \quad y = \frac{1}{6H}h^2 \tag{3}$$

が得られる.

いま, 微小振動に限れば(h は H や L よりはるかに小さいとする), $|y| \ll |x|$ となるので, 水の重心は専ら水平方向に(左右に)振動すると見てよい.

とはいえ, 水が振動するのは重力のせいである. 水の重心が y だけ上向きに移動すると水の位置のエネルギーは Mgy だけ増す. (3) の第 2 式によれば

$$Mgy = \frac{Mg}{6H}h^2$$

となるが, (3) の第 1 式によって

$$位置のエネルギー: \quad Mgy = \frac{1}{2}\frac{3MgH}{L^2}x^2 \tag{4}$$

と書き直すこともできる. あたかも水は, 重心が水平方向に x だけ移動したために x^2 に比例する位置のエネルギーをもつと言わんばかりの式である!

水の重心が水平方向に移動する速さ(x が変化する速さ)を v とすれば, 水は

$$運動エネルギー: \quad \frac{M}{2}v^2 \tag{5}$$

をもつ.

(5), (4) は, バネ定数

$$k = \frac{3MgH}{L^2} \tag{6}$$

のバネに質量 M をつけた場合の M の運動エネルギーと位置のエネルギーに見えるではないか! バネが x だけ伸び, あるいは縮んだ瞬間の M の速度が v というふうに見ると, $\frac{1}{2}kx^2$ が M の位置のエネルギーになり, $\frac{M}{2}v^2$ が M の運動エネルギーになるからである.

この類比を押し進めれば, バネ定数 k のバネにつけた質量 M の振

動周期の公式

$$T = 2\pi\sqrt{\frac{M}{k}} \tag{7}$$

からコップの中の水の振動周期を推し量ることができる．上で知った関係 (6) を (7) に代入するのだ．こうして

コップの中の水の振動周期： $T = 2\pi\sqrt{\dfrac{L^2}{3gH}}$ (8)

が得られた．

　自分で歩いてみて足を踏み出す周期を測ったら，およそ 0.5 s だった．コップに水を深さ $H = 5\,\text{cm} = 0.05\,\text{m}$ まで入れたとして，水の振動周期がちょうど 0.5 s になるようなコップの大きさ L を出してみよう．(8) から

$$L = \sqrt{3gH}\frac{T}{2\pi} \tag{9}$$

に $H = 0.05\,\text{m}$, $T = 0.5\,\text{s}$ と重力加速度 $g = 9.8\,\text{m/s}^2$ を入れると

$$L = \sqrt{(3\times9.8\,\text{m/s}^2)\times(0.05\,\text{m})}\,\frac{0.5\,\text{s}}{2\times3.14} = 0.097\,\text{m}$$

となる．およそ 10 cm だ．さしわたしにすると 20 cm．コップにしては少し大きすぎるようだが，足を踏み出す周期を 1/4 にしても L は半分にしかならない．水の深さを増すと，コップの大きさ L も増す．

　小さなコップでは共鳴はおこらない，ということの見当はついた．コップや洗面器に水をいれて歩いてみよう．

＊

　なお，次のような考え方によってもほぼ同じ結果が得られる．

　コップ内の水面の運動をモデル化して図 2 のような，T 字形の天秤の運動と考える．天秤の固有振動数はその腕の長さ R と水の深さ L によってきまる．これが，歩く振動数に一致すると共鳴が起こり，天秤の腕は大きく振動することになる．

　つまり，水面が大きく振動し，水がこぼれることになる．

48

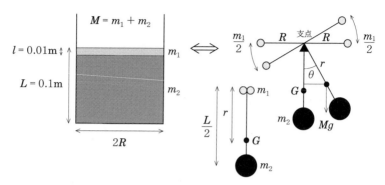

図2 天秤モデル

天秤の慣性モーメント I は

$$I = m_1R^2 + m_2\left(\frac{L}{2}\right)^2 \tag{1}$$

トルク N は，θ は小さいとして

$$N = -Mgr\sin\theta \fallingdotseq -Mgr\theta \tag{2}$$

となる．ただし，r は T 字形の天秤の支点と重心 G との距離で，g は重力加速度である．

よって，運動方程式は

$$I\cdot\frac{d^2\theta}{dt^2} = -Mgr\theta \tag{3}$$

となり，周期 T は

$$T = 2\pi\sqrt{\frac{I}{Mgr}} \tag{4}$$

となる．

(1),(4) より，

$$R^2 = \frac{1}{m_1}\left\{Mgr\left(\frac{T}{2\pi}\right)^2 - m_2\left(\frac{L}{2}\right)^2\right\} \tag{5}$$

激しく振動する水は表面付近の 10 ％ほどの部分，つまり

$$\frac{m_2}{m_1} = 9$$

として，$r = 0.05\,\mathrm{m}$ と見積り，共鳴するときは，天秤の周期と歩く

ときの周期が等しいと考え，周期 T を足を一歩あゆみ出す時間およ
そ 0.5 秒とすれば，(5) より歩く固有振動と水の定常波が共鳴するの
は，前と同じく $R \fallingdotseq 0.09\,\text{m} = 9\,\text{cm}$ のときとなる．

［永井俊彦・江沢 洋］

81—釣り鐘を指で突いて振動させる.
振幅 1 cm にするには何回突けばよいか

巨人で力もちの弁慶は比叡山など諸国に釣り鐘を運んだといわれ,また釣り鐘を指で突いて[1]揺り動かしたことがあるといわれる.

私たちでも,釣り鐘を指で揺らすことができるだろうか? 辛抱づよく何回も突けば,振動がおこせるかもしれない.下端の振幅を1 cm にすることを目標にしよう.最低何回,突けばよいだろうか?

●指で突く力

指はどれだけの力で鐘を突くことができるか? ペットボトルに1 ℓ の水を入れ,人差し指でボトルを上に突き上げる形に支えてみよう.ボトルが倒れないように左手を添える必要はあるが,人差し指で1 ℓ を支えることはできる.2 ℓ にしてみると,人にもよるだろうが,ちょっと苦しい.

1 ℓ の水は,質量 $m = 1 \, \text{kg}$ をもつ.それを下から支える力は,重力の加速度 $g = 9.8 \, \text{m/s}^2$ を用いて

$$F = mg = 1 \, \text{kg} \times 9.8 \, \text{m/s}^2 \simeq 10 \, \text{N}$$

と計算される.これを指が鐘を突く力としよう.

●振子を指で突く

釣り鐘のように大きさのある物体の振動を扱うには準備が要る.まずは,少し乱暴だが,

釣り鐘と同じ質量 M の点状の錘(質点)を長さ l の綱で釣り下げた単振子(図1)

について考えてみよう.この振子の振動周期は

---

1) 相手は釣り鐘だから「撞く」とすべきかもしれない.しかし,これでは指でつく感じでない.「突く」にしよう.

$$T = 2\pi\sqrt{\frac{l}{g}} \tag{1}$$

で与えられる．$l = 1\,\mathrm{m}$ とすれば

$$T = 2\pi\sqrt{\frac{1\,\mathrm{m}}{9.8\,\mathrm{m/s^2}}} \simeq 2\,\mathrm{s}$$

となる．

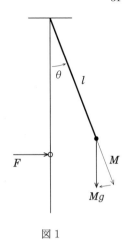

図 1

1 回突いた場合

振子が鉛直に垂れて静止しているとき，力 $F = 10\,\mathrm{N}$ を時間 $\mathit{\Delta}t = 0.5\,\mathrm{s}$ の間だけ加えると，錘の速さは(錘に加えた力積)/(錘の質量)として計算され[2]，$M = 1\,\mathrm{t}$ とすれば

$$v_1 = \frac{F\mathit{\Delta}t}{M} = \frac{10\,\mathrm{N} \times 0.5\,\mathrm{s}}{10^3\,\mathrm{kg}} = 5 \times 10^{-3}\,\mathrm{m/s} \tag{2}$$

となる．これだけの速さで錘は動きだす．$5\,\mathrm{mm/s}$ である．

しかし，錘が動いて吊り綱が鉛直線からはずれると，図 1 から解るように，吊り綱は錘を引き止めようとする．つりあいの位置 $x = 0$ に引き戻そうとする．引き戻しの力は，吊り綱が鉛直線から角 θ だけ振れたとき(図 1)

$$f = -Mg\sin\theta \sim -Mg\theta \tag{3}$$

となる．ただし，θ は小さいとして $\sin\theta \simeq \theta$ の近似をした．

このとき，錘の水平変位は $x = l\sin\theta \simeq l\theta$ である．これを用いて書けば引き戻し力 (3) は

$$f = f(x) = -\frac{Mg}{l}x \tag{4}$$

となる．これは，バネを x だけ引き伸ばしたときの引き戻し力 $f(x) = -kx$ と同じ形をしている．ばね定数 k に当たるのは $\dfrac{Mg}{l}$ である．

バネの場合の位置のエネルギーは $V(x) = \dfrac{1}{2}kx^2$ である．振子の場合

---

2) 力積とは，力と，それがはたらいている時間の積．その力が引き起こす運動量変化に等しい．

に翻訳すれば

$$V(x) = \frac{1}{2}\frac{Mg}{l}x^2$$

となる．その位置での錘の速度を $v(x)$ とすれば，エネルギー保存則

$$\frac{1}{2}Mv(x)^2 + \frac{1}{2}\frac{Mg}{l}x^2 = (\text{一定})$$

が成り立つ．$x = 0$ の瞬間には位置のエネルギーは 0 なので

$$\frac{1}{2}Mv(x)^2 + \frac{1}{2}\frac{Mg}{l}x^2 = \frac{1}{2}Mv(0)^2 \tag{5}$$

が成り立つ．

　錘を指で 1 回突いた場合，$x = 0$ での錘の速度 $v(0)$ は (2) で与えられるので，エネルギー保存則 (5) は

$$\frac{1}{2}Mv(x)^2 + \frac{1}{2}\frac{Mg}{l}x^2 = \frac{1}{2}Mv_1{}^2 \tag{6}$$

となる．

　錘の振動の振幅 A_1 は $v(x) = 0$ となる x にほかならないから

$$A_1 = \sqrt{\frac{l}{g}}v_1 = \frac{T}{2\pi}v_1 \tag{7}$$

と知れる．ここで，もし，一般に (5) から同じ計算をして振幅 A とおいていたら右辺には v_1 の代わりに $v(0)$ が現われただろう．錘の振幅は $x = 0$ を通過する瞬間の速さに比例するのである．このことを，おぼえておこう．

　錘を指で 1 回突いた場合の (7) に戻る．この式は弁慶が鐘を突いた場合にも成り立つのだが，私たちの指では，はじめに計算しておいたとおり $v_1 \simeq 5 \times 10^{-3}\,\mathrm{m/s}$, $T \simeq 2\,\mathrm{s}$ であるから

$$A_1 = \frac{5 \times 10^{-3}\,\mathrm{m/s}}{2\pi} \times 2\,\mathrm{s} \simeq 2 \times 10^{-3}\,\mathrm{m} \tag{8}$$

となる．すなわち，2 mm．これは小さい．私たちが指で 1 回，0.5 s だけ突いたのでは，このくらいしか鐘は揺れない．

共鳴をおこすように繰返し突いた場合

振子の錘が $x = A_1$ まで振れきって，$x = 0$ に戻ってきて(そのとき錘の速度は $-v_1$)，そこを通り過ぎ，反対側に $x = -A_1$ まで振れきって，次に $x = 0$ に戻ったあたりを見はからって——そのとき錘の速度は正の v_1 に戻っている——指で力を正の(速度と同じ)向きに時間 $\varDelta t$ だけ加えると，錘の速度は

$$v_2 = v_1 + \frac{F\varDelta t}{M} = 2\frac{F\varDelta t}{M} = 4 \text{ mm/s} \tag{9}$$

に増える．2倍になるのだ．そうすると，錘の振幅は——$v(0)$ に比例するので——(7)の2倍になる．

$$A_2 = 2A_1 \tag{10}$$

振子の錘が $x = A_2$ まで振れきって，$x = 0$ に戻ってきて(そのとき錘の速度は $-v_2$)，そこを通り過ぎ，反対側に $x = -A_2$ まで振れきって，次に $x = 0$ に戻ったあたりを見はからって——そのとき錘の速度は v_2 に戻っている——指で力を(速度と同じ向きに)時間 $\varDelta t$ だけ加えると，錘の速度は $3v_1$ に増える．振幅も $3A_1$ になる．

これを最初の一突きから数えて n 回くりかえすと，$x = 0$ に戻ってきたときの錘の速度

$$v(0) = v_n = nv_1 \tag{11}$$

に増え，錘の振幅は $v(0)$ に比例するので

$$A_n = nA_1 \tag{12}$$

に増える．このように振幅が突く回数 n に比例して増えるのは，鐘の運動に調子を合わせて——鐘が元の位置に戻って来るたびに速度の向きに——突くからである．鐘が鐘突きに共鳴している．

鐘の振幅(12)が1cmになるまでに鐘を突くべき回数は，共鳴の場合に最も少ない．その回数 n は，(12)から

$$nA_1 = 1 \text{ cm}$$

とし(7)の値を代入して

$$n = \frac{1 \text{ cm}}{A_1} = \frac{1 \text{ cm}}{2 \text{ mm}} = 5 (\text{回}) \tag{13}$$

突いた後であることになる．

●棒状の釣り鐘

　釣り鐘は振子とはちがう．大きさがあり，ずんぐりしている．でも本物の釣り鐘を考える前に，太さのない棒(図2)の振動を調べて腕ならしをしよう．

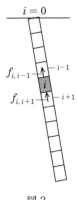

図2

棒の運動方程式

　ニュートンの力学は質点(大きさはないが質量をもつ)の運動を基本としている．だから，棒の運動を扱うには，これを細切れにして質点の集まりとみなす．細切れに上から番号 $i = 1, 2, \cdots, N$ をつけよう．支点の位置に原点をもつ直角座標系をとり(図2)，点 i の座標を (x_i, y_i) とする．原点に番号 $i = 0$ を振って $(x_0, y_0) = (0,0)$ としておくと便利である．質点 i の運動方程式は

$$m_i\frac{d^2x_i}{dt^2} = f_{i,i-1}^x + f_{i,i+1}^x$$
$$m_i\frac{d^2y_i}{dt^2} = f_{i,i-1}^y + f_{i,i+1}^y - m_ig \tag{14}$$

となる．ここに，$f_{i,j}^x, f_{i,j}^y$ は質点 i に質点 j が及ぼす力の x 成分，y 成分である．力は隣り合う2つの質点たちが互いに及ぼしあうもので，作用・反作用の法則

$$(f_{i,j}^x, f_{i,j}^y) = (-f_{j,i}^x, -f_{j,i}^y) \tag{15}$$

が成り立つ．急いで付け加えるが，$(f_{1,0}^x, f_{1,0}^y)$ は質点 $i = 1$ に支点 $j = 0$ が及ぼす力である．また，$(f_{N,N+1}^x, f_{N,N+1}^y) = 0$ とする．

　ここで，うまい工夫がある．

(a) 工夫の第1段

(14)の第2式に x_i を，第1式に y_i をかけて，辺々引くと

$$(左辺) = m_i\left(x_i\frac{d^2y_i}{dt^2} - y_i\frac{d^2x_i}{dt^2}\right) = \frac{d}{dt}m_i\left(x_i\frac{dy_i}{dt} - y_i\frac{dx_i}{dt}\right)$$

および

$$(右辺) = x_i(f_{i,i-1}^y - f_{i+1,i}^y) - y_i(f_{i,i-1}^x - f_{i+1,i}^x) - gm_ix_i$$

となる．ここで作用・反作用の法則(15)を用いた．

これらの式を i について1から N まで総和する．まず右辺でいうと

$$（右辺の和）= x_1(f_{1,0}^y - f_{2,1}^y) + x_2(f_{2,1}^y - f_{3,2}^y) + \cdots + x_N f_{N,N-1}^y$$
$$- (x \rightleftharpoons y) - (m_1 x_1 + m_2 x_2 + \cdots + m_n x_n)g \qquad (16)$$

となる．$f_{N+1,N}^x = 0,\ f_{N+1,N}^y = 0$ に注意．これは $x_0 = 0$ を思い出せば

$$(x_1 - x_0)f_{1,0}^y + (x_2 - x_1)f_{2,1}^y + \cdots + (x_N - x_{N-1})f_{N,N-1}^y - (x \rightleftharpoons y)$$
$$- (m_1 x_1 + m_2 x_2 + \cdots + m_N x_N)g \qquad (17)$$

と変形できる．ところが，質点 i, j が及ぼしあう力の作用線はそれぞれの位置を結ぶ線分に平行なはずだから

$$\frac{f_{i,i+1}^x}{x_i - x_{i+1}} = \frac{f_{i,i+1}^y}{y_i - y_{i+1}}$$

が成り立つ．したがって，(17)の第1行は0となる．うまい工夫の第1段の御利益はこれで，質点が互いに及ぼしあう力という厄介ものが消えて，(16)は

$$（右辺の和）= -(m_1 x_1 + m_2 x_2 + \cdots + m_n x_n)g$$

となる．これは，質点たち全体の重心の x 座標

$$X_G = \frac{m_1 x_1 + m_2 x_2 + \cdots + m_N x_N}{m_1 + m_2 + \cdots + m_N} \qquad (18)$$

を用いれば

$$（右辺の和）= -MgX_G \qquad (M = m_1 + m_2 + \cdots + m_N) \qquad (19)$$

と書くことができる．M は質点たちの全質量，すなわち棒の質量である．

左辺の方の和は，質点の角運動量とよばれる

$$L_i = m_i \frac{d}{dt}\left(x_i \frac{dy_i}{dt} - y_i \frac{dx_i}{dt}\right) \qquad (20)$$

の総和の時間的変化率

$$（左辺の和）= \frac{d}{dt}(L_1 + L_2 + \cdots + L_N) \qquad (21)$$

と書けて，これはこれで美しい結果だが，いまの場合，棒が変形しないことを考えると，もっと簡単になる．

(b) 工夫の第2段

棒が鉛直線となす角を θ とし，棒の支点から質点 i までの距離を r_i とすれば

$$x_i(t) = r_i \sin \theta(t), \quad y_i = -r_i \cos \theta(t)$$

と書ける．r_i は時間によらない．したがって

$$\frac{dx_i}{dt} = r_i \cos \theta \cdot \frac{d\theta}{dt}, \quad \frac{dy_i}{dt} = r_i \sin \theta \cdot \frac{d\theta}{dt}$$

となり，質点の角運動量は

$$L_i = m_i r_i^2 \frac{d\theta}{dt}$$

という簡単な形になる．そして (21) は

$$(\text{左辺の和}) = (m_1 r_1^2 + m_2 r_2^2 + \cdots + m_N r_N^2)\frac{d^2\theta}{dt^2}$$

にまとまってしまう．すなわち

$$(\text{左辺の和}) = I\frac{d^2\theta}{dt^2} \tag{22}$$

ここで

$$I = m_1 r_1^2 + m_2 r_2^2 + \cdots + m_N r_n^2 \tag{23}$$

とおいた．これは，いま棒が変形しないから，時間によらない定数で，棒に固有な量なのである．

実際，棒を N 等分して計算してみると，棒の長さを L，単位長さ当たりの質量を ρ として，$m_i = \rho L/N, r_i = iL/N$ となることに注意すれば

$$I = \frac{\rho L}{N}\left(\frac{L}{N}\right)^2 (1^2 + 2^2 + \cdots N^2) = \frac{\rho L^3}{N^3} \cdot \frac{1}{6} N(N+1)(2N+1)$$

となる．棒は細分するのだから $N \to \infty$ とする．そうすると

$$\frac{1}{6}\frac{N(N+1)(2N+1)}{N^3} = \frac{1}{6}\left(1 + \frac{1}{N}\right)\left(2 + \frac{1}{N}\right) \underset{N \to \infty}{\to} \frac{1}{3}$$

により

$$I = \frac{1}{3}ML^2 \tag{24}$$

を得る．これを棒の慣性モーメントという．詳しくは，質量 M，長さ L の棒の，一端のまわりの慣性モーメントである．これを用いて（左辺の和）＝（右辺の和），すなわち (22)＝(19) を書けば

$$I\frac{d^2\theta}{dt^2} = -Mg\frac{L}{2}\sin\theta \tag{25}$$

となる．ここで，棒の支点から重心までの距離が $L/2$ であることを用い $X_G = \frac{L}{2}\sin\theta$ と書いた．

　これが剛体の棒の運動方程式である．詳しくいうと，一端を固定軸として一平面内で回転する剛体棒の運動方程式である．

　角 θ が小さいならば，$\sin\theta \simeq \theta$ として

$$I\frac{d^2\theta}{dt^2} = -Mg\frac{L}{2}\theta \tag{26}$$

と近似できる．

●棒に等価な振子の長さ

　はじめに考えた振子の運動方程式を書けば

$$M\frac{d^2x}{dt^2} = -Mg\frac{1}{l}x$$

となる．一方，棒の運動方程式 (26) は，$L\theta = x$ とおき，(24) を考慮すれば

$$M\frac{d^2x}{dt^2} = Mg\frac{3}{2L}x$$

と書くことができる．これら2式は

$$l = \frac{2}{3}L \tag{27}$$

とおけば一致するので，この l を長さ L の棒に等価な振子の長さという．この因子 2/3 は，釣鐘を単振子で代用した最初の計算の結論に大きな違いはもたらさない．

　釣り鐘のようなズングリした物体に対しても等価な振子の長さを定義することができる．この場合にも，釣鐘の高さを長さとする単振子

で代用して大きな誤りにはならない．

●パラドックス

棒の振動を考えたときには，棒を細分して質点の集まりと見た．そして，質点 i と $i+1$ が及ぼしあう力の作用線が両者の位置を結ぶ直線に重なることに着目して棒全体の運動方程式 (25) を導いた．

棒が支点を通る直線上にあるのだから，質点 i と $i+1$ が及ぼしあう力は，棒に垂直な成分をもたない．したがって，どの瞬間でも棒に垂直に ξ 軸をとれば

$$m_1\frac{d^2\xi_1}{dt^2} = -m_1g\frac{\xi_1}{r_1}$$

$$m_2\frac{d^2\xi_1}{dt^2} = -m_2g\frac{\xi_2}{r_2}$$

$$\vdots \quad = \quad \vdots \tag{28}$$

$$m_N\frac{d^2\xi_N}{dt^2} = -m_1g\frac{\xi_N}{r_N}$$

が成り立つことになる．質点 i と $i+1$ が及ぼしあう力 $\boldsymbol{f}_{i,i+1}$ が現われるのは棒に沿う η 軸に関する運動方程式の方になる．

これが正しかったら ξ_i の微小振動の振動周期は

$$T_i = 2\pi\sqrt{\frac{r_i}{g}} \qquad (i = 1, 2, \cdots, N)$$

となり，質点ごとにみな違うことになって，棒を直線と見た仮定に矛盾する！　パラドックスである．

実際には，棒は真の直線でありつづけることはできない．もし直線だとしたら質点 m_i の振動周期は m_{i+1} の周期より短いことになるから，棒の団結を保つためには m_{i+1} は m_i を引き止めなければならない．それには，$\boldsymbol{f}_{i,i+1}$ は ξ 成分をもたねばならず，そのために棒は多少ともたわむほかない．棒はたわむが，しかし p. 57 の慣性モーメントや重心の計算結果を目立つほどに変えるにはいたらないということを，剛体棒の仮定は意味しているのである．

[永井俊彦・江沢 洋]

82─つながった振り子が
交互に大きく振れるのはなぜか

● 2つの振り子の不思議な動きは見てるだけで面白い

振り子は，一度動かせば，その振り子に固有の周期（一回往復する時間）でいつまでも動く．振れ始めの大きく振れているときに比べて，

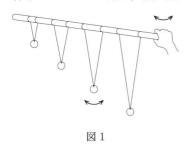

図1

空気の抵抗や摩擦で振動が衰えて動きが遅くなれば周期も遅くならないだろうか．そんなことはない．振れ幅が小さくなって止まりそうになっても周期は変わらない．これを振り子の等時性という．

振り子にその周期と同じ力を加えてやるとどうなるか．力と振り子の運動が同調するので，振り子が動く向きと同じ向きに力を加えるようにすれば，振り子は仕事をされ，エネルギーを吸収してその振幅はどんどん大きくなる．例えば図1のように長さが違い，したがって周期も異なるいくつかの振り子を吊してある周期で棒を揺さぶるとその周期に一致した周期の振り子だけがどんどん大きく揺れ，周期の合わないものはほとんど動かない．これは共鳴と呼ばれる現象だ（心霊術のトリックに使われることがある）．しかし，もし同じ周期の力でも振り子の運動と逆向きに加わると，今度は運動を邪魔するので，振り子が仕事をしてエネルギーを失ない，振れ幅はどんどん小さくなる．前者はエネルギーの共鳴吸収，後者は共鳴放出という．

図2のように周期の等しい2つの振り子を用意し，一本のひもで振り子を連結しておこう．いまBの振り子を止めておいてAを振る．Aはひもを通してBに力を及ぼしBを動かすが，AとBの周期が等しいので共鳴が起こる．このためAはどんどんエネルギーを失っ

て振れ幅が小さくなり，逆にBはエネルギーを吸収してどんどん大きく振れる。面白いのは，ちょっと考えるとAとBの振れ幅が同じになるまで，つまりエネルギーが等しくなったところでエネルギーの移動が止むように思えるが，そうではなくAがエネルギーを全部失って完全に止まるまで移動は続くことだ。Aがとまり，Bだけが動く状態になるとAとBの立場は逆転するので今

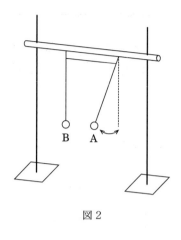

図2

度はBからAへとエネルギーが移動しだす。その後はAからBへ，BからAへと振動はいったり来たりする。この現象は見ていてほんとに面白い。

●なぜエネルギーは行ったり来たりするのか

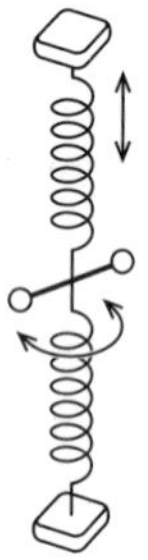

　　　周期(振動数といってもよい)が等しい振り子を2つ何らかの形でつないで相互作用させると，いつもこの現象が見られる。つまり，エネルギーは完全に一方に移りきるまで移動するのである。上下に振動するバネ振り子と，そのバネを中心としたおもりの回転の振動の間でこのような共鳴を起こすこともできる。

　　　さて，なぜどちらも均等にエネルギーを分け合って落ち着くのではなく，完全に相手にエネルギーをやってしまうのだ

図3

ろう？　こう考えることができるだろう。上のA，Bは周期が等しいので，Aが先に動き出せば常にAはBより同じだけ先行していて追い越されることはない。したがってAは止まるまで常にBに先行して振動を大きくするようBに力を加える。Bは逆にAを遅らせるように力を加える。したがって共鳴吸収と共鳴放出が起こり，Aが止まるまで一方的に続く。

● 2 つの振動のうなりと見る見方

上の見方は 2 つの振り子
の共鳴で見る見方だ．実は
もうひとつ，2 つの振り子
の全体を 1 つのものとして
見ることもできる．振り子
(連成振り子と呼ばれる)の
全体の運動を見たときに，
時間がたっても変わらない
振れ方が 2 つある(定常振

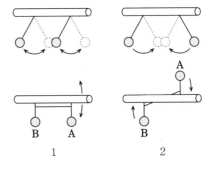

図 4　上から見た図

動あるいは規準モードの振動という)．それは図 4 のように A と B
が一緒に振れる状態 1 と互い違いに反対称に振れる 2 の状態である．
この 2 つの振動はそれぞれ一定の周期をもつが 1 と 2 では若干違って
いる．

さて，実際に任意の連成振り子の運動を求めるには運動方程式(ニ
ュートンの運動方程式)を作って解くことになる．計算は後ろを見て
もらうとして結論からいうと，振れ幅が小さいとすれば，状態 1 と状
態 2 を振れ幅と振れ始めの時間を変えて重ねる(両方の振れを足す)と，
任意の連成振り子の運動を作ることができる．例えば B は静止のま
まで A を釣り合いからずらして放す場合は 1 の状態と 2 の状態を重
ね合わせて出発すると考えればよい．手を放した後の運動はその時刻
の 1 と 2 を重ねればよい．ところが 2 つの振動のそれぞれは時間がた
っても変わらないが，周期が少しずれているので，2 つを重ね合わせ
たものは時間がたつにつれて少しずつ変化する．これは振動数がほん
のわずか違う 2 つの音を同時に聞くのとまったく同じ現象で，すなわ
ちうなりが聞こえる．これと同じで各振り子の振れ幅も大きくなった
り小さくなったりする．これが振動が行ったり来たりすることの別の
表現である．うなりの振動数は 2 つの振動数の差になる．実際に連成
振り子を作ってみてストップウォッチで周期を測ると，1 の振動数と
2 の振動数の差の振動数でエネルギーは AB 間を行ったり来たりする．
面白いので，ぜひ確かめてみよう．

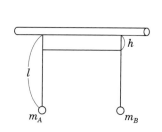 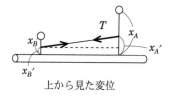

上から見た変位

図 5

●計算

図5のように A, B の振り子の質量と長さはどちらも m, l．変位を x_A, x_B とし，h のところを結んだとする．1つの振り子単独の場合の角振動数を

$$\omega = \frac{2\pi}{\text{周期}}$$

と定義すると，単独で振れている場合のその運動方程式 $ma = F$ は微分を用いて

$$m\ddot{x} = -m\omega^2 x$$

と書ける．

さて，連結したときの相互作用の力を考える．変位が大きくないとして糸の張力は $T = $ 一定としよう．また振り子はほとんど折れまがらないとすれば，h のところの変位を x' として

$$x'_A = \frac{h}{l}x_A, \qquad x'_B = \frac{h}{l}x_B$$

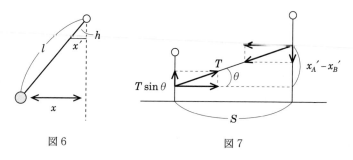

図 6   図 7

と書けるので

$$x'_A - x'_B = \frac{h}{l}(x_A - x_B)$$

ここで振り子の運動方向の力は，θ が小さいとして

$$T \sin \theta \fallingdotseq T \tan \theta = T \cdot \frac{x'_A - x'_B}{S}$$

$$= \frac{T}{S}\frac{h}{l}(x_A - x_B) = k(x_A - x_B)$$

と書ける．$k = \dfrac{Th}{Sl}$ が 2 つの振り子の相互作用の強さを表わす．

これを用いて A, B の運動方程式を書く．

$$\begin{cases} m\ddot{x}_A = -m\omega^2 x_A - k(x_A - x_B) \\ m\ddot{x}_B = -m\omega^2 x_B + k(x_A - x_B) \end{cases}$$

ここで時間がたっても振れ方がかわらない解を

$$\begin{cases} x_A = A \sin Wt \\ x_B = B \sin Wt \end{cases}$$

と仮定しよう．これを代入すると運動方程式は

$$\begin{cases} -mW^2 A \sin Wt = -m\omega^2 A \sin Wt - k(A-B)\sin Wt \\ -mW^2 B \sin Wt = -m\omega^2 B \sin Wt + k(A-B)\sin Wt \end{cases}$$

となる．$\sin$ の係数を等しいとおけば

$$\begin{cases} (m(\omega^2 - W^2)+k)A - kB = 0 \\ -kA + \{m(\omega^2 - W^2)+k\}B = 0 \end{cases}$$

となる．この A, B の連立方程式が 0 でない解をもつ条件は，

$$\{m(\omega^2 - W^2)+k\}^2 - (-k)(-k) = 0$$

である．これをみたす W を求める．

1 つは $W = \omega$（正をとる）であることは簡単にわかる．$W \ne \omega$ の方は

$$m^2(\omega^2 - W^2)^2 = -2km(\omega^2 - W^2)$$

$W \ne \omega$ としたから

$$\omega^2 - W^2 = -2\frac{k}{m}$$

$$\therefore \quad W = \sqrt{\omega^2 + 2 \cdot \frac{k}{m}} \quad （ここでも正をとる）$$

$$（k は相互作用の定数であることに注意しよう）$$

これで 2 通りの定常状態の振動数が求められた.

$W = \omega$ のときは

$$kA - kB = 0 \quad となるので \quad B = A,$$

$W = \sqrt{\omega^2 + 2\dfrac{k}{m}}$ のときは

$$\{m \cdot \left(-2\dfrac{k}{m}\right) + k\}A - kB = 0$$

より

$$-kA - kB = 0 \quad よって \quad B = -A$$

である. したがって

$$\begin{pmatrix} x_A = A \sin W_1 t \\ x_B = A \sin W_1 t \end{pmatrix} \quad と \quad \begin{pmatrix} x_A = A' \sin W_2 t \\ x_B = -A' \sin W_2 t \end{pmatrix}$$

ただし

$$W_1 = \omega, \quad W_2 = \sqrt{\omega^2 + \dfrac{2k}{m}}$$

が 2 つの独立な解で, この 2 つの振幅と位相(時間差)を任意として重ねれば一般の解が得られる.

$$\begin{cases} x_A = a \sin(W_1 t + \alpha) + b \sin(W_2 t + \beta) \\ x_B = a \sin(W_1 t + \alpha) - b \sin(W_2 t + \beta) \end{cases}$$

と書ける. 与えられた初期条件で解を求めればよいが, 物理的に考えよう. 今はじめの状態として

という重ね合わせをとると $\left(上の式で \alpha = \dfrac{\pi}{2}, \quad \beta = \dfrac{\pi}{2} とおく\right)$

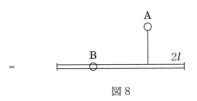

図8

となり，以後の運動は

$$\begin{cases} x_A = l \cos W_1 t + l \cos W_2 t \\ x_B = l \cos W_1 t - l \cos W_2 t \end{cases}$$

で与えられる．よって $\sin A + \sin B = 2 \sin \dfrac{A+B}{2} \cos \dfrac{A-B}{2}$ などにより

$$\begin{cases} x_A = 2l \cos \dfrac{W_1 + W_2}{2} t \cos \dfrac{W_1 - W_2}{2} t \\ x_B = -2l \sin \dfrac{W_1 + W_2}{2} t \sin \dfrac{W_1 - W_2}{2} t \end{cases}$$

これは $\dfrac{W_1 - W_2}{2}$ の角振動数でうなり，すなわちふれが移行することを示す．すなわち $\sin$ または $\cos \dfrac{W_1 + W_2}{2} t$ で細かく振動しながら，振幅が $\sin$ または $\left(\cos \dfrac{W_1 - W_2}{2} t \right) \times 2l$ で x_A と x_B が交互にゆっくり大きくなったり小さくなったりする．

W_1, W_2 についてのグラフを示す．

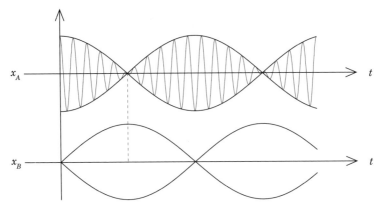

図9

●参考文献……………………

藤原邦男『振動と波動』，サイエンス社，1976.

Physica Etonika「化学の共鳴と物理の共鳴」，自然，中央公論社，1961.

玉木英彦「考えさせるデモンストレーションとビデオ」，日本物理学会誌，vol.48,
　　no 7，1993.

［山口浩人・上條隆志］

83–つりばし(斜張橋)をつくるときに 振動がどのように役立つか

●斜張橋とは

　横浜ベイ・ブリッヂや鶴見つばさ橋のように，主塔から張り出した
ケーブルで，主桁を吊り上げる形式の橋 梁^{きょうりょう}を斜張橋という．完成し
た姿がハープのようにも見えてたいへん美しく，観光名所にもなって
いる．この形式は，船舶の航行が多い港の入り口などで，橋脚を多く
造れない事情があるときに採用される．

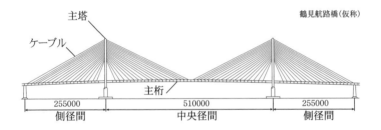

主塔

ケーブル

鶴見航路橋(仮称)

主桁

| 255000 | 510000 | 255000 |
| 側径間 | 中央径間 | 側径間 |

　使われるケーブルは，たとえば直径 7 mm の素線を数百本束ねた
まわりをポリエチレンでコーティングしたもので，鶴見つばさ橋の場
合は最大外径 192 mm（長さ 284 m）から最小外径 149 mm（長さ 84 m）
のものを合計 68 本使用している．ケーブルの両端が主塔と主桁に固
定されて張られるが，このときケーブルにかかる張力は 600 ton 力か
ら 1200 ton 力もの巨大さだという．

●架設と形状管理

　斜張橋の架設は，ケーブルで主桁を吊りながら，隣へ隣へと主桁を
張り出していく方法で行われる．この工法では，ケーブルを張った各
段階において，橋が所定の形状，寸法に正しく架設されているかどう

かを確認していく．もし，誤差が大きい場合はそれを小さくするように橋体を修正し，架設の最終段階では設計どおりの形状，寸法に正しくできあがっているようにする必要がある．これらの作業を形状管理という．

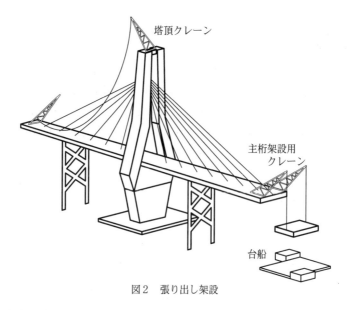

図2　張り出し架設

●主桁の高さを測る

　主桁の各点の高さの測定は，主桁の中に連通管を設置し，管内の気柱の高さを計測することによって行なう．これには可聴音の共鳴現象を利用する．高校物理でやる「気柱共鳴」の実験の応用である．つまり，共鳴振動数は管内の空気の部分の長さで決まるので，管頂に設置したスピーカーとマイクで管の共鳴振動数を検出し，これから管頂と水面間の距離を求める．これらの差から傾きがわかる．

●ケーブルの張力を測る

　ケーブルの張力を測る方法はいろいろある．直接的方法としてはケーブルの定着点にひずみゲージや油圧ジャッキをおいて張力を計測する方法，間接的方法としてはケーブルのサグ(たわみ量)や固有振動数

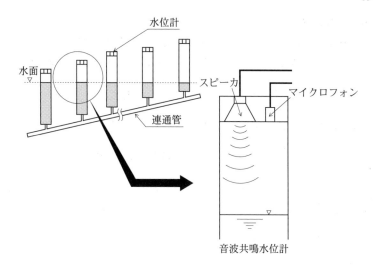

音波共鳴水位計

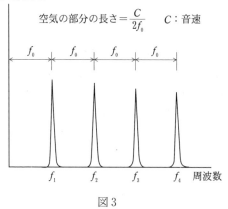

$$空気の部分の長さ = \frac{C}{2f_0} \qquad C : 音速$$

図3

を計測して張力に換算する方法などである．直接的方法は作業性，経費の点で困難が大きい．ケーブルのサグを計測する方法は，フリーハング状態のケーブルが描く懸垂曲線とのずれを測ることになるが，正確に計測することはなかなか難しく，精度の点で問題がある．

　そこで，一般には経費や作業性の面でもっとも簡便な，ケーブルの固有振動数を計測して張力に換算する方法（振動法）が採用される．

●振動法とは

振動法は弦の理論を用いる方法である．高校物理で波動を学んだ人は，弦を伝わる波の速さ V の公式を覚えているだろう．すなわち，

$$V = \sqrt{\frac{T}{\rho}} \quad \text{ただし，} T：張力，\rho：線密度$$

また，弦の定常波の波長 λ_n は次式で表わされる．

$$\lambda_n = \frac{2L}{n} \quad \text{ただし，} L：弦の長さ，n：次数$$

これに，$V = f_n\lambda_n$ の式を組み合わせれば，張力 T と固有振動数 f_n の次の関係式が得られる．

$$T = \frac{4\rho L^2}{n^2} \cdot (f_n)^2$$

L, ρ は既知であるから，f_n が正しく計測されれば，張力は計算により求められる．

●固有振動数 f_n はどのように求めるか

では，固有振動数 f_n をどのように計測するのか．ケーブルは風などによっていつも振動しているから，張力を知りたいケーブルの適当な位置に加速度計を設置して，その位置でのケーブルの振動の加速度を一定時間，計測する．すると図4のような一見不規則な波形が得られる．これをフーリエ解析という数学的手段を用いて基本的な正弦波の和：$A_1 \sin(2\pi f_1 t) + A_2 \sin(2\pi f_2 t) + \cdots\cdots$ に分解する．実際の計算はもちろんコンピューターが実行するのである．求められた正弦波について横軸に振動数 f_n，縦軸に振幅 A_n をとったグラフを描くといくつかのピークを持つ図4が得られる．このピークの位置が固有振動数を与える．

こうして固有振動数が得られれば，さきほどの式から張力が計算できるわけだ．

●ケーブル張力の調整

さて，ケーブルの実際の張力が分かったら，これと設計上の張力と

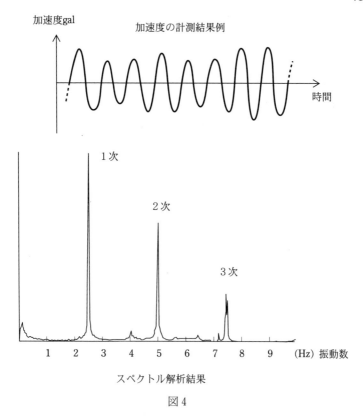

加速度gal

加速度の計測結果例

時間

1次

2次

3次

1　2　3　4　5　6　7　8　9　(Hz) 振動数

スペクトル解析結果

図4

　を比較する．誤差が大きければ，所定の張力になるように調整を行なう．それにはケーブルの定着点間の長さを調整すればよい．主桁側の定着点には調整板が設置されているから，その枚数を変えることによってケーブルの長さを調整する．

　このようにケーブルを一段張るたびに計測を行ない，誤差をチェックして行く．そのつどすべてのケーブルについて張力の調整を行なうのが理想的だが，実際はケーブル本数が多いことから，作業が終了した先端だけのケーブルで調整を行なう．しかし，斜張橋は多数のケーブルで主桁を吊る構造であり，主塔，ケーブル，主桁の3者のバランスの上に成り立っている．したがって，1本のケーブルを引き込めば，他のケーブルの張力，主塔の傾き，主桁の高さすべてに影響する．そ

こで，先端のケーブルの調整板厚を何 mm にすれば，ケーブル張力，主塔の傾き，主桁の高さの誤差すべてがうまく収まるかという最適化計算を行なう．こうして調整板厚を決定し，調整板の入れ替え作業を行ない，再度，計測を行なって誤差量の確認をする．誤差量が満足できる小さな値であれば，その段階でのケーブル架設は完了し，次のケーブル架設に進んでいくのである．

● 「物理は役に立つか？」への 1 つの答え

　さて，どうだろう？　高校で学ぶ物理が生産，建設の現場でそのまま使われている，これは一例だ．「物理なんか実生活に関係ない」と思っていた人は，考えを改める必要がありそうだ．

[小笠原政文]

84−空間の次元によって
どんな違いがあるのか

●空間の次元とはなにか

　我々の生活している空間は3次元である．これは，空間の一点の位置を指定するのに(x, y, z)のように3つの座標が必要だということである．平面上の世界のように2つの座標(x, y)で位置が指定できるのであれば，そこは2次元空間である．また，直線上の世界であれば位置を決めるのに座標1つしか必要としないので，1次元空間となる．よく世界が4次元というのは空間の3つの座標に時間も加えたものだ．物理では次元の概念を拡張して，素粒子の内部空間とか，無限次元の状態空間とかいろいろ出てくるが，ここでは話は直観的な空間の拡がりで考えよう．なお物理量の単位について次元を考えることもあるが，空間の次元とは別なものであり，ここでは触れない．

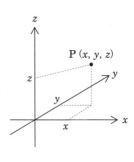

図1

●次元による法則の違い

　想像力をたくましくすれば，我々の3次元世界の物理法則が，次元が異なるとどうなってしまうのかを考察することはできる．まず「光の明るさ」を考える．

　空間の中の1点に電球を置き，これから距離rだけ離れた場所にスクリーンを電球に向けて垂直に配置する．スクリーンの単位面積が単位時間に受け取る光のエネルギー量が明るさを表わす．我々3次元世界の住人は，これが距離rの2乗に反比例することを知っている．どうしてそうなるのだろうか．電球は空間のあらゆる向きに一様に一定の光量を放出する．図2のように電球を中心とした半径rの球面

を考えると，電球から出た光のエネルギーは球面全体に一様に広がるから，球面の単位面積あたりのエネルギーの流れは球面の表面積 $4\pi r^2$ に反比例する．したがって電球からの距離 r の 2 乗に反比例して明るさは減少していく．

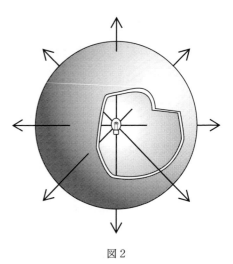

図 2

これがもし 2 次元空間であれば事情は異なる．今度は平面の世界だから，光線は平面上を広がる．電球のまわりに半径 r の円を描き，単位長さあたりの円弧に来る光のエネルギーの流れは，電球からの距離 r に反比例する．

1 次元ではどうか．光は一本の道をどこまでも，どこまでも真っ直ぐに伸びるのであるから，光のエネルギーの流れはどこで測っても同じである．明るさは電球からの距離に無関係に一定である．電気がついていればどこまでいっても明るい．夜道に便利ですね．

一般的に空間が d 次元であれば，上の考察によりエネルギーの流れの強さ密度は距離 r の $d-1$ 乗に反比例する．

●電気力・万有引力

3 次元空間で，ほかに距離 r の 2 乗に反比例するものを探してみると，電気力と重力が思い当たる．

3 次元空間では，点電荷から距離 r だけ離れている点の電場は距離 r の 2 乗に反比例する．これは電荷からは電荷に比例した数の電気力線が出ているとし，ある点での電場の強さは，その点の単位面積あたりを貫く電気力線の数に比例すると考えればよい．電場のこうした関係は先の光のエネルギーの議論と同様にして進めることができ，よく理解できる．すると，もし空間が d 次元であれば，点電荷の作る電

場 E は距離 r の $d-1$ 乗に反比例する.

　万有引力の場合も同様である.ニュートンの万有引力の法則によれば,互いに距離 r だけ離れている質量 m_1, m_2 の物体間に働く重力 F は r の2乗に反比例する.もし d 次元であれば,物体の受ける万有引力も r の $d-1$ 乗に反比例する.そう考えると,いま我々が住んでいる世界がもし3次元空間でなかったとしたら,現象は違ってしまうだろう.地球は太陽のまわりを楕円軌道を描いて公転し,太陽はその楕円の1つの焦点に位置しているが,この関係は万有引力が距離 r の2乗に反比例することから,ニュートンの運動の法則により導かれている.世界がもし2次元,あるいは4次元であれば,万有引力は $1/r$,あるいは $1/r^3$ に比例する.もしそうであれば,ケプラーの法則は成立しない.それどころか,惑星は複雑な軌道を描き,そもそも軌道が閉じることさえ特殊な場合に限られてしまう.

＊

　空間の次元のちがいによって波の伝わり方には一層のちがいが現われる.天井の低い広い部屋は2次元の空間である.そこで手をたたくと,音が尾を引いて,いつまでも残響が聞こえる.3次元の空間では,このようなことはない.次項「空間の次元とホイヘンスの原理」参照.

［右近修治］

85−空間の次元とホイヘンスの原理

　次元の違いは波の伝わり方にも違いを生じさせることが分かっている．次元が奇数のときホイヘンスの原理が成り立ち，偶数では成り立たないという．これはどういうことだろうか．

●ホイヘンスの原理

　まずホイヘンスの原理とは何か．波は粒子と違って空間全体に広がるのが特長だ．いま，時刻 $t = 0$ の瞬間に，空間の各点(各場所)における波の様子がわかっているとしよう．この各点は波によって動かされているので，そこから新たに 2 次波が広がっていき，新たな波はその重ね合わせでできるというのが，この原理のいうところである．したがって空間のある点 P で時刻 t に観測される波は，ちょうどその時刻に P に到着する波，すなわち波の速さが c だとすると P を中心とした半径 $r = ct$ の球面上の各点から来る波(その波は $t = 0$ での様子できまる)の和である．

　これを実際の例で考えてみよう．3 次元の世界で座標の原点で電球をある瞬間パッとつけてすぐ消す．この光は前項に述べたように強度は距離の 2 乗に反比例して弱まるものの，原点から距離 r だけ離れて P にいる人が観測すれば時刻 $t = \dfrac{r}{c}$ に一瞬パッと光ってまた消える光を観測することになる．なぜ光った後すぐ消えるかというと，時刻が $t + \Delta t$ になると，P を中心とした半径 $c(t + \Delta t)$ の球を描いたときその球面の上には $t = 0$ のとき何もなかったからである(つまり到着する波がない)．

　これが 2 次元では異なる．光った後だらだらと光が残る，つまり尾を引くことになる．これを物理的に考えてみよう．2 次元の世界は 3

次元の空間のひとつの方向，たとえば z 軸方向がすべて一様な世界と考えることもできる．そこで原点に点電球を置くかわりに z 軸に沿った無限に長い電灯を考えるのである．これを一瞬パッと光らせて消す．この光を 2 次元の xy 平面上の人が観測したらどうなるか．原点から出た光がまず到着するが，その光のあとから，z 軸上の電灯の各点から出た光のパルスが遅れて次々に到着するので，2 次元ではパルスは一度光り始めるとだらだらといつまでも尾を引くことになる．

　一般に奇数次元の空間では波は尾を引かず，偶数次元では尾を引くことが知られている．したがって先に述べたことからホイヘンスの原理は奇数次元では成り立つが偶数次元では成り立たないことになる．

　しかし上の類推を一次元に適用したらどうだろうか．一次元では yz 平面全体に電灯を均一に分布させ一斉にパッと光らせて消すことになる．それを x 軸上の一次元の世界の人が観察したらやはり平面の各点からの光が遅れて到着し尾を引かないだろうか．実際にはそうならないことが示される．そのためにも今述べたことをもっとくわしくやってみよう．

　波は一般的には波動方程式を満たす．空間の座標を (x, y, z) とし，時刻 t における変位すなわちその点の波の大きさを $f(x, y, z)$ とすると，波動方程式は 3 次元では

$$\frac{\partial^2 f}{\partial x^2} + \frac{\partial^2 f}{\partial y^2} + \frac{\partial^2 f}{\partial z^2} - \frac{1}{c^2}\frac{\partial^2 f}{\partial t^2} = 0 \tag{1}$$

である．時刻 $t = 0$ に原点にある点光源がパッと光ってそこから広がる波はこの方程式のどんな解になるだろう．3 次元空間で原点から広がっていく波は原点からの距離を r として一般に

$$f(x, y, z, t) = \frac{F(r - ct)}{r} \qquad r = \sqrt{x^2 + y^2 + z^2}$$

で表わされる（(1) に代入して確かめられる）．F という形の波が c という速さで空間を広がっていき，遠くに行くにつれて振幅が距離に反比例して減っていくことを意味している．ただし，エネルギーは振幅の 2 乗に比例するので，明るさは距離の 2 乗に反比例して減る．(1)

の「パッと光る解」は

$$f(x, y, z, t) = \frac{\delta(r - ct)}{r}$$

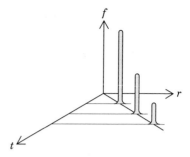

とかけるだろう．δ 関数は幅が 0
高さ無限大で，積分すると(つまり
面積は) 1 になる関数である．この
解は r が ct に等しいところだけ
がパッと光り，速さ c で広がって
いき尾を引かない(図1)．

図1 （江沢洋『量子と場』
ダイヤモンド社より描いた）

　この解を利用して 2 次元の場合を求めてみよう．この場合は点光源
を ずらっと z 軸上に並べて一斉に「パッと光らせ」ればよい．そし
て各点からの光を全部足し合わせる．それは

$$g(x, y, t) = \int_{-\infty}^{\infty} f(x, y, z, t)dz = \int_{-\infty}^{\infty} \frac{\delta(\sqrt{x^2+y^2+z^2} - ct)}{\sqrt{x^2+y^2+z^2}}dz$$

となる．積分を実行するには被積分関数が z の偶関数であることを
利用して積分範囲を 0 から無限大に直し，$u = \sqrt{x^2+y^2+z^2}$ として
$dz = \frac{u}{z}du$ を用いる．そうすると

$$g(x, y, t) = 2\int_{\rho}^{\infty} \frac{1}{\sqrt{u^2-\rho^2}}\delta(u-ct)du \qquad \rho = \sqrt{x^2+y^2}$$

と書ける．この積分の結果は

$$g(x, y, t) = \begin{cases} \dfrac{2}{\sqrt{(ct)^2-\rho^2}} & ct > \rho \\ 0 & ct < \rho \end{cases}$$

となる．この波は図2のような形
で伝わっていく．原点から距離 ρ
のところでは $t=0$ で原点を出た
光が時刻 $\frac{\rho}{c}$ で到着して「パッと
光り」しかしすぐ闇に戻らず，ず
っと尾を引くことになる．

　それでは 1 次元ではどうか．今
度は yz 平面上に一様に分布した

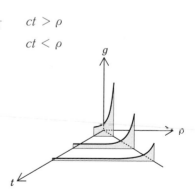

図2 （江沢洋『量子と場』
ダイヤモンド社より描いた）

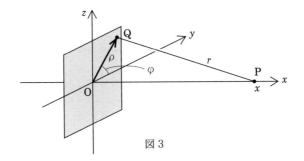

図3

点光源が「パッと光った」としてその波を x 軸上の点で足し合わせる。図3のように座標をとると，このときの波 $h(x, t)$ は

$$h(x, t) = \int_0^\infty \rho d\rho \int_0^{2\pi} d\phi \frac{\delta(r-ct)}{r} = 2\pi \int_0^\infty \frac{\delta(r-ct)}{r} \rho d\rho$$

$$r = \sqrt{x^2 + \rho^2}$$

と書ける。積分変数を r に変えると $\rho d\rho = r dr$ で

$$h(x, t)$$

$$= 2\pi \int_{|x|}^\infty \frac{\delta(r-ct)}{r} r dr = 2\pi \int_{|x|}^\infty \delta(r-ct) dr = \begin{cases} 1 & |x| < ct \\ 0 & |x| > ct \end{cases}$$

$$= 2\pi \{\theta(x+ct) - \theta(x-ct)\}$$

（$\theta(x)$ は，$x > 0$ なら 1, $x < 0$ なら 0 を意味する）

これを図に描くと図4のようになる。これはいったん光が到着したらずっと一定ではないか。2次元と同じように尾をひく？のではないだろうか。そんなことはない。波 $h(x, t)$ のエネルギーは

$$E = \frac{1}{2} \int_a^b \left\{ \frac{1}{c^2} \left| \frac{\partial h}{\partial t} \right|^2 + \left| \frac{\partial h}{\partial x} \right|^2 \right\} dx$$

なので，h に変化がなければ $\partial h/\partial t = 0, \partial h/\partial x = 0$ でエネルギーの移動は見られない。唯一先端の部分だけにエネルギーの流れが存在する。したがって先端部分が速さ c で伝わり，そのあとに尾はひかない。

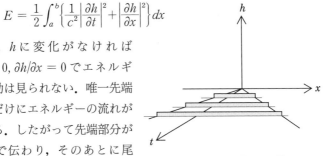

図4（江沢洋『量子と場』ダイヤモンド社より描いた）

●一般解で見るホイヘンスの原理

もっと一般的に波動方程式の解の性質を論じてみる．各次元の波動
方程式は，波を $f(x, y, z)$, $g(x, y)$, $h(x)$ で表わすと，

$$\frac{\partial^2 f}{\partial x^2}+\frac{\partial^2 f}{\partial y^2}+\frac{\partial^2 f}{\partial z^2}-\frac{1}{c^2}\frac{\partial^2 f}{\partial t^2} = 0 \qquad 3 次元 \tag{1}$$

$$\frac{\partial^2 g}{\partial x^2}+\frac{\partial^2 g}{\partial y^2}-\frac{1}{c^2}\frac{\partial^2 g}{\partial t^2} = 0 \qquad 2 次元 \tag{2}$$

$$\frac{\partial^2 h}{\partial x^2}-\frac{1}{c^2}\frac{\partial^2 h}{\partial t^2} = 0 \qquad 1 次元 \tag{3}$$

である．ここでいずれも波の速度は c である．先ほど求めた3つの
解はそれぞれこの方程式の初期条件

$$f(\boldsymbol{r}, t)|_{t=0} = 0, \qquad \frac{\partial}{\partial t}f(\boldsymbol{r}, t)|_{t=0} = \delta(\boldsymbol{r})$$

を満たす解になっていることが確かめられる（g, h も同様）．たとえば

$$f = \frac{\delta(r-ct)}{r}$$

とすると

$$f_{t=0} = \frac{\delta(r)}{r}$$

で，試験関数 φ をとると

$$\int\varphi(\boldsymbol{r})\frac{\delta(r)}{r}r^2drd\Omega = \int\varphi(\boldsymbol{r})r\delta(r)drd\Omega = 0$$

また

$$\frac{\partial f}{\partial t} = \frac{\partial}{\partial t}\frac{\delta(r-ct)}{r} = -c\frac{\delta'(r-ct)}{r} \xrightarrow[t\to0]{} -c\frac{\delta'(r)}{r}$$

で，このときは

$$\int\varphi(\boldsymbol{r})\left\{-c\frac{\delta'(r)}{r}\right\}r^2drd\Omega = -c\int\delta'(r)r\varphi(\boldsymbol{r})drd\Omega$$

$$= c\int\delta(r)\{\varphi(\boldsymbol{r})+r\varphi'(\boldsymbol{r})\}drd\Omega$$

$$= c\int\varphi(0)d\Omega = 4\pi c\varphi(0)$$

になるので，$\left.\dfrac{\partial f}{\partial t}\right|_{t=0}$ は $4\pi c\delta(\boldsymbol{r})$ に等しい．この初期条件が「パッと

光らせる」ことであると思われる.

　上の (1), (2), (3) の方程式の解は次のようになる (参考文献):

(1)　$(x, y, z) = \boldsymbol{r}$ とおいて初期条件を

$$t = 0 \quad \text{で} \quad f(\boldsymbol{r}, 0) = \phi(\boldsymbol{r}), \quad \frac{\partial f}{\partial t}(\boldsymbol{r}, t) = \psi(\boldsymbol{r})$$

とすれば

$$f(\boldsymbol{r}, t) = \frac{1}{4\pi c^2}\Big\{ \frac{\partial}{\partial t}\int_S \frac{\phi(\boldsymbol{r}')}{t}dS' + \int_S \frac{\psi(\boldsymbol{r}')}{t}dS' \Big\}.$$

積分は $\boldsymbol{r} = (x, y, z)$ を中心とする半径 ct の球面 S 上の面積分である.

(2)　2 次元ベクトルを $(x, y) = \boldsymbol{\rho}$ と書いて，初期条件を

$$t = 0 \quad \text{で} \quad g(\boldsymbol{\rho}, 0) = \phi(\boldsymbol{\rho}), \quad \frac{\partial g}{\partial t}(\boldsymbol{\rho}, 0) = \psi(\boldsymbol{\rho})$$

とすれば

$$g(\boldsymbol{\rho}, t) = \frac{1}{2\pi c}\Big\{ \frac{\partial}{\partial t}\int_D \frac{\phi(\boldsymbol{\rho}')}{\sqrt{c^2t^2 - (\boldsymbol{\rho} - \boldsymbol{\rho}')^2}}d\boldsymbol{\rho}' + \int_D \frac{\psi(\boldsymbol{\rho}')}{\sqrt{c^2t^2 - (\boldsymbol{\rho} - \boldsymbol{\rho}')^2}}d\boldsymbol{\rho}' \Big\}.$$

積分は $\boldsymbol{\rho}$ を中心とする半径 ct の円板 D の全体にわたる.

(3)　初期条件を

$$t = 0 \quad \text{で} \quad h(x, 0) = \phi(x), \quad \frac{\partial h}{\partial t}(x, 0) = \psi(x)$$

とすれば

$$h(x, t) = \frac{1}{2}\{\phi(x - ct) + \phi(x + ct)\} + \frac{1}{2c}\int_{x-ct}^{x+ct} \psi(x')dx'.$$

　これらの解を見ると次のことが分かる. 3 次元の場合の解は，問題にしている点 $\boldsymbol{r}$ を中心とする半径 ct の球面上の積分なので (図 5)，$t = 0$ のときこの球面上に存在した量が速さ c で伝わってきて時刻 t のこの場所 $\boldsymbol{r}$ の波になっている. これはある瞬間の波の各点からの影響が重なって後のある時刻の波を形成するという「ホイヘンスの原理」を表わす.

　ところが 2 次元では解の積分は問題にしている点から半径 ct の円盤内すべてを含む. したがって光を原点で急につけて消すと，その光が到着するまでは光らず，到着すると光るがそのあとも影響が消えず

82

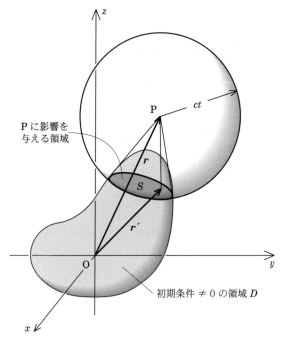

図5　時刻 t には初期値の S 上の積分が P 点に押し寄せる．
　　　S は球面と D との交わり．

尾を引く．このときは円盤内部全体の影響があるので，上の意味のホイヘンスの原理は成り立たない．

　では１次元ではどうか．1, 2 項は形をかえずに c で伝わる波を表わすので問題は第３項だが，原始関数が存在して積分できれば，$G(x+ct)-G(x-ct)$ の形になり，やはり $x=ct$ の境界の値だけで表わせる．したがってやはりホイヘンスの原理が成り立つといえる．

●参考文献………………………
江沢洋『量子と場』，ダイヤモンド社，1976.
俣野博・神保道夫『熱・波動と微分方程式』，岩波講座・現代数学への入門，1996.

［上條隆志］

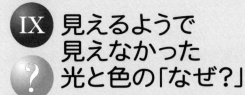

IX 見えるようで見えなかった光と色の「なぜ?」

86—ものに色がつくとはどういうことか

●色とは何か

　「色」とは何だろう．物が見えるのは光が目に入るからである．光は電磁波(電波と呼ばれるのは普通は波長の長い電磁波である．電磁波は波長の違いによっていろいろな呼び方があるがすべて同じものである)と呼ばれる波動の一種で，私たちの目は光という電磁波を受信するアンテナに相当する．

　テレビではラジオ放送が受信できず，AM ラジオでは短波放送やテレビ放送が受信できないように，電磁波の受信機にはそれぞれ受信可能な領域がある．真空中での波長で比べると，AM ラジオで受信できる電波の波長は 1 km から 100 m ぐらい，テレビで受信できる電波だと 10 m から 0.1 m ぐらいである．人間の目ではどうだろうか？人間の目で受信できる電磁波の波長は約 800 nm(ナノメートル，1 nm = 10^{-9}m = 10 億分の 1 m)から 400 nm ぐらいだ．テレビ電波の波長よりはるかに短い．人間の目で受信できるこの領域の電磁波を特に「可視光線」と呼んでいる．

　テレビやラジオの電波は放送局ごとにさらに細かく区分されて，それぞれ波長が異なる．この区分をチャンネルと呼ぶ．可視光線もさらに細分されて「色」となる．波長によって目で受け取った時の感覚が違うのだ．この違いを私たちは色の違いとして認識する．ちなみに波長の長い方が赤で，短い方が紫，その間にいわゆる虹の七色が並んでいる．テレビ電波のチャンネルとは違って，色と色の間に明確な境界はない．色は連続的に変化しており，七色に分ける物理的根拠は特にない．なお，虹の七色の中に「白」はないが，白はあらゆる波長の光が均等に混じり合った混合光である．太陽光線はそのような白色光で，それがプリズムや空気中の水滴により分光されて虹の七色のスペクト

ルに分かれるのである.

　ここで付け加えておくと, 電磁波の速さは, 真空と物質中では異なり, また物質によって変わる. 速さが変わっても振動数は変化しないので, 波長が変わる. 光が水中に入ると波長は $\frac{3}{4}$ 倍になるが, 水に入る前にたとえば赤かった光は水中でも赤い. したがって, 電磁波の分類も波長でなく振動数でする方がいいのだ. 赤い方が振動数が小さい. もちろん真空中の光の波長を用いることを約束しておけば, 色を波長で表わすことに差し支えはない.

　赤よりさらに振動数の小さい電磁波は「見えない」. 人間の目では受信できないのだ. 赤に隣接する見えない光を「赤外線」という. 同様に, 紫より振動数が大きくて見えない光が「紫外線」である. 同じ物を見ても色覚は生物の種類により異なるらしい. ヒトやサル以外の多くの動物は色の区別ができないというし, 蝶など一部の昆虫には紫外線が見えるといわれている.

●一様な物質は原則的には透明

　光がそのまま通り抜ければ透明である. 物質が存在すれば, 光はそのまま通り抜けることができず不透明のように思うかも知れないがもちろんそうではない. 我々の世界で大きい部分を占める空気, 水, それにガラスは透明である. もしこれらが透明でないとしたら我々が暮らすのも大変だ. 物質が一様で光が屈折もせず, 吸収もされなければ, 光はそのまま通り抜けて透明である.

　いや, 水や空気の中にはたくさんの分子が存在するはずだ. 真空の中にそれらの粒々が存在するのだから, そこで光は邪魔され, 散乱されるのではないか. それでも透明に見えるのはなぜか. その答えの1つは分子が光の波長(ここでは見える光のみを問題にする)より, ずっと小さいので(1万分の1くらい)その影響は非常に小さいからである. しかし, 分子は小さくともたくさんあれば影響はつもりつもって大きくならないか. 実際に起こっていることはこうである. 水や空気の分子(それを構成している原子)中には電気を帯びた電子があり, それが電磁波である光によって揺さぶられる(原子核も電気をもつが軽い方

の電子が主に動く）が，電子が動けば電磁波が放出されるので，再び光が放出される．それは周りに広がっていくので，元の光は散乱される．それが重なり合って結局元の光と変わらない方向と振動数のまま伝われば透明である．

　したがって，物質中の光の通過速度は変わるが（これが屈折の原因になる），物質が密であって一様なら多くは透明であるといえる．では色がつくのはどんなときか．それは，①その密度が揺らぐとき（「『空はなぜ青いか』についての，よく見られる説明の誤り」の項参照），②波の分散，③干渉，④金属，⑤物質が特定の振動数の光を吸収する，⑥物質が特定の光を放射するときである．

　付け加えておくと，実はガラスは可視光以外の電磁波にも透明というわけではない．ガラスは紫外線領域に共鳴振動数をもつのでこの部分の電磁波に共鳴して吸収し，不透明になってしまう．この共鳴振動は長い間（1億分の1秒）維持され，その間に隣の原子に衝突したりして熱などに転化する．さらに低い振動数つまり赤外領域になると，電子だけでなく分子全体を振動させて熱などに変わっていくので，赤外にも透明でない．だから物質が透明かどうかは振動数にもよる．いまは可視光に考察を限り，②からはじめる．

②　光の波の分散によるもの

　雨上がりの虹や，ダイヤモンドの表面の虹色の輝きは，そのものの本当の色ではない．光の屈折する方向が波長（色）によってわずかに異なるために，白色光が「色ずれ」を起こしたものだ．プリズムにより白色光がスペクトルに分かれるのと同じ「分散」と呼ばれる現象である．分散とは，波が媒質中を進むとき，その速さが振動数によって異なることをいう．速さの違いが屈折角の違いをもたらす．

③　薄膜での干渉によるもの

　一方，CDやシャボン玉の表面で反射される光が虹のように色付くのは光の「干渉」と呼ばれる現象で，これも，その物体自体の色では

ない．CDの表面は鏡の面のようにあらゆる色の光を反射する．CD
の表面にはピットと呼ばれる極めて小さな窪みが列をなして規則正し
く並んでおり，その各列から反射してきた光の波が少しずつずれて重
なるため，見る角度によって強めあう波長と弱めあう波長ができて色
がつく．波は重なると山と山なら強めあったり，山と谷なら弱めあっ
たりする．波長の違いによって強め合う方向が異なるため色が分かれ
る．シャボン玉の場合もセッケン液は無色透明だが，薄いシャボン膜
の表面と裏面で反射する光の道のりにわずかの差を生じるために強め
あい弱めあいが生じて色がつく．光の波がわずかずつずれて重なると
いうところが重要である．上記の光の波長に匹敵するほどのわずかの
ずれが文字通り明暗を分けるのである．

④ 金属光沢

　金属は正イオンと自由に動ける電子からなる．電磁波がくると，こ
のうち軽い方の電子がその力を受けて動かされる．その結果，正負の
偏りができるので復元力が働きこれによってプラズマ振動と呼ばれる
電子の振動が起こる．この振動数は電子の密度によって違っている．
　ここに電磁波が入ってくると，振動数がプラズマ振動より小さいと
きは電子は振動しながらも全体に外からの力に押し流されていくので
外部からの電磁波を遮断し，反射してしまう．もし振動数がプラズマ
振動より大きければ波はプラズマの中を伝わっていく．プラズマ振動
を下回る振動数の電磁波は全反射され，上回る電磁波は伝わることが
できる．金属のプラズマ振動数は紫外線の領域にあるので可視光を全
反射し，特有の光沢をもつ．一方，大気上層には太陽からの紫外線や
X線を受けて大気の分子が電子とイオンに電離してできた電離層があ
る．ここでは電子の密度が小さいので波長数十m以上の電波が反射
される．それだけではなく太陽など大気圏外からの電磁波も波長数十
m以上の領域は通さないのである．
　もっとも金属も非常に小さい粉にしたものは黒い．銀も現像された
感光フィルムの中の銀粒子の集合体は黒い．窓の無い部屋を鍵穴から
覗くと暗いように，中で反射を繰り返すから，出るときは弱くなって

黒く見える.

⑤ 物質が自分で特定の光を吸収する

　もし物質がすべての波長の光を一様に吸収(無選択吸収)するなら薄墨色に見える. 煤の粒子の懸濁液や半透明の白金箔を透かしてみるときはこれに近い. 物質がある波長を吸収するなら(選択吸収)それによって色がつく. 見える色は吸収されなかった光である(見える光は透過の場合も反射の場合もある). フィルターを通したとき透過光が黄色いならフィルターは青紫を吸収し, 緑のフィルターなら赤と青を吸収している.

　金属は前述のように光を吸収できるが, 絶縁体では何によってこのように光を吸収するのだろうか. 一般的には原子や分子のエネルギーの低い状態はとびとびであって, 光のエネルギーが原子や分子をエネルギーの低い状態から高い状態へ持ち上げるのに十分であれば光は吸収されて, 原子分子はエネルギーの高い状態になる. ところで, 量子力学で明らかにされたのは光は振動数 ν にプランク定数 h をかけたエネルギーをもつ粒子として振る舞うことであり, この $h\nu$ がちょうど2つの状態のエネルギーの差に等しくなければ光の吸収はおこらない. だから原子分子の特定の状態に特定の振動数の光が対応する. もちろんエネルギーの上がった原子分子が下の状態に戻るときは同じ振動数の光子を放出する. 例えば Na は D 線と呼ばれる 589 と 590 nm (ナノメートル)の黄色い特有の光を吸収あるいは放出する.

　金属はエネルギー状態の差がほとんどないのでよく光を吸収反射するのに対し, 絶縁体はエネルギー準位の差が大きく, それに見合うだけのエネルギーをもつ短波長の光だけを吸収し, そうでない光は吸収できないので, 透明であることはごく普通である. 例えば酸素や水素や窒素や食塩の結晶など, 透明な物質は多い.

　では, 原子, 分子によってどんな光が吸収されるのか. 太陽から来る光のうち可視光より振動数の低い赤外線は大気中の水と二酸化炭素分子の回転・振動により吸収される. また, 可視光より振動数の高い紫外線部の吸収は主に酸素分子とオゾン分子の電子のエネルギー準位

間の遷移による．一般に可視光は，分子の回転・振動による赤外線部の吸収と電子遷移による紫外線部の吸収の間に空いた大気の窓を通過できる光といえる．いや逆にいえば，この部分の光を受けて生活するから，生物の色覚がこの部分について発達したともいえるかも知れない．低い振動数の電波は前述のように電離層で反射されるので，地球にとどく太陽の電磁波は $0.3 \sim 3~\mu m$（マイクロメートル，$1~\mu m = 10^{-6}~m$）の範囲のこの可視光の他に，数 cm から数十 m の範囲に窓があるにすぎない．

　固体の場合も似たような状況がある．例えば，食塩の結晶は数十 μm のところからの遠赤外部吸収と，$0.2~\mu m$ 以下の紫外部およびX線の吸収がある．そのしくみはこうである．食塩の結晶は正の Na イオンと負の Cl イオンが規則正しく並んでいる．長い波長で結晶が振動するときは正負が同じ歩調で動くので，電磁波との相互作用は少ないが，隣り合うイオンの間隔が半波長位になると電気的偏りが生じ，電磁波と強く作用する．この振動は先ほどの分子の赤外吸収と同じレベルである．紫外部とX線部の吸収は原子核の近くの K 殻電子を原子から叩き出すエネルギーである．原子核の近くでは電子は強く結びついているので，大きいエネルギーが必要になるのだ．

　しかしそのような食塩の結晶（岩塩）にも色を付けることができる．岩塩の中には Na イオンまたは Cl イオンの抜けた穴がある．岩塩をナトリウム蒸気の中で蒸してやると，結晶面についたナトリウムがイオンと電子に分かれて中に入り込み，電子は Cl イオンがあるはずのところに収まる．その電子は普通の原子中の電子ほど強くは引きつけられていないので簡単に興奮でき，可視光のエネルギーでも電子が吸収できて色が付く．色中心と呼ばれるものである．

⑥　物質が自分で特定の光を出す

　自分で光を出すものには炎の色，白熱電球のフィラメントの色，蛍光灯の色，ネオンサインの色，星の色などがある．発光の機構は，基本的には前項の逆で，原子や分子中の電子が外からの光などを吸収してエネルギーの高い状態に飛び上がり，それがエネルギーの低い状態

に落ちるとき光を発する．2つの状態のエネルギー差が光子のエネルギー $h\nu$ になるので振動数つまり色が決まる．気体中などの個々の原子が出す光はとびとびの線スペクトルと呼ばれるものになり，固体など構成粒子の数が多くなると，スペクトル線が増え密集した輝線の集まりになる．電子が非常に多くなると，エネルギー準位の間隔はますます狭まりほとんど連続になる．これが連続スペクトルであり，光の振動数は連続した帯になる．

電子が光を吸収すれば発光する蛍光は普遍的現象だ．オーロラ，ネオンサイン，夜光塗料，蛍光灯みなそうだ．固体などの中では互いに原子が影響し合うため，周りの状態でエネルギー準位は変わる．例えば光を吸収することによって上がった準位は熱振動のエネルギーを出して下がってしまう．そのため一般には再放出する光は波長が長くなる．ときには熱運動で失なうエネルギーが大きければ蛍光を出さずに準位が交差して戻る．食塩の結晶などは極低温で実験しないと蛍光は見られない．

●参考文献……………………
伏見康治「物理学者の描く世界像　物の色」，科学朝日，1964 年 1 月号〜5 月号，
　朝日新聞社．

[山本明利]

87-ものをはっきり見るための
  目の仕組みは？

●ピントを合わせる2つの方法

　目の仕組みは，よくカメラにたとえて説明される（図1）．実際はカメラに比べてずっと複雑・精巧にできているが，ここではものをはっきり見るための仕組み，すなわちピントの合わせ方について調べてみよう．

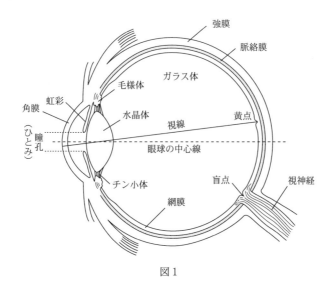

図1

　遠近さまざまなものにピントを合わせるために，カメラではレンズとフィルムの間の距離を変化させるが，これと同じ仕組みをしているのが魚類や両生類の目である（図2）．これらの動物では，水晶体を支える筋肉のはたらきにより水晶体を前後させている．

　これに対して，ヒトを含めた哺乳類では，水晶体と網膜の距離は変えずに，水晶体の厚さ，すなわち焦点距離を変えてピントを合わせて

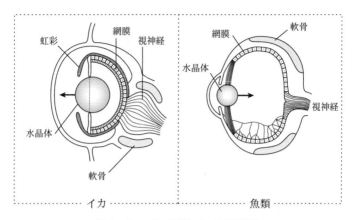

図2　レンズの移動による遠近調節

いる．これは，次のように
考えればよい．

①焦点距離が決まったレ
ンズでは，物体が近づ
くと像はレンズから遠
ざかる(図3)．

②物体までの距離が同じ
とき，焦点距離が短い
レンズほど像はレンズ
の近くにできる(図4)．

したがって，近くのもの
を見るときには焦点距離を
短く(水晶体を厚く)，遠く

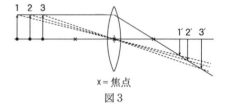

x = 焦点
図3

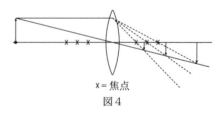

x = 焦点
図4

のものを見るときには焦点距離を長く(水晶体を薄く)すれば，像がい
つも網膜上にできることになる．

●絞りの効果

ところでカメラの場合，「絞り」の役割も重要である．すなわちた
くさん絞るほど，ピントの合う範囲が広がるという効果がある．これ

は目の場合も同じで，近視や遠視の人がものをはっきり見ようとして目を細めることがあるのは，この効果を無意識のうちに利用しているのである．

　近くのものを見る場合，ピントの合う範囲が狭くなるが，ヒトの目ではこのとき，水晶体が厚くなると同時に，瞳孔が小さくなり，はっきり見える範囲を広げている．

　ここでちょっと実験をしてみよう．ヒトの目では近くのものを見るとき，水晶体の焦点距離を短くしていると述べた．焦点距離の短いカメラでは像の大きさが小さくなるが，それと同様に，近くのものにピントを合わせると，ものは小さく見えるようになるはずである．これを感じてみよう．目の直前に針穴（例えばアルミ箔に針で穴を開けたもの）をおくと（図5），景色は薄暗くはなるが，前後の広い範囲がはっきり見えるようになる．そうしておいて，針穴自身（目のすぐ近く）を見るようにしてみよう．針穴と向こう側の景色全体が縮む（小さく見える）ことがわかる．

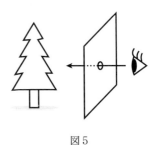

図5

●水中ではっきり見るには？

　水中で目を開いても，ぼんやりとしか見えない．これは水と角膜の屈折率の差が小さいため，目に入射した光がほとんど屈折しないためである．水中メガネをかけるとはっきり見えるようになるが，このときは光が空気から目に入射するようになるためである．

　それでは水中の生物の目はどうなっているのか．そのヒントは，煮魚，焼き魚の目玉の形にある．加熱された目玉は，タンパク質が変性したために不透明になっているが，ほとんど球形をしている．すなわち，水晶体の曲率を極端に大きくすることで，わずかな屈折率の違いでも，きちんと像を結ぶようにしているのである．

　さらに面白いのは，水陸両用の目である．カメ，ラッコ，ウの目は，通常は空気中でピントが合うようになっている．そして水に潜ったと

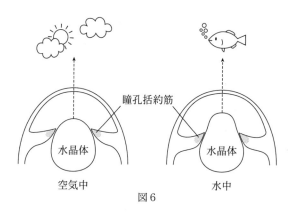

図6

きは，強力な瞳孔括約筋
によって水晶体の前半部
の曲率を極端に大きくし，
環境の屈折率の変化に対
応している（図6）．また，
水面すれすれに泳ぐヨツ
メウオでは，水晶体が球
形をしておらず，空気中
から入った光も水中から
入った光もともにうまく
屈折させて，どちらにも
ピントが合うようになっている（図7）．

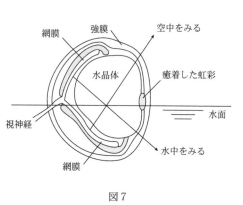

図7

●参考文献……………………
村上元彦『どうしてものが見えるのか』，岩波新書，1995.

[松本節夫]

じゃまをするとかえってよく通るという光の奇妙な性質

　光は横波である．光は電磁波で，その電場，磁場の方向は進行方向に垂直である．すなわち，光の電気力線も磁力線も光の進行方向に垂直なのである．

　この方向を見るものに偏光板というものがあり，簡単に手にいれることができる．偏光板の物質には方向性があり，ひとつの方向に振動する光しか通さない(図1)．何かに反射した光は偏光が多いので偏光板を使うとカットできる．水面のぎらぎらや黒板が光って見えないときなど偏光板は有効だ．

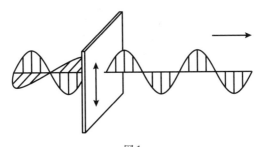

図1

　さて，この偏光板を2枚互いに垂直に重ねたらどう見えるか．1枚目で残った光は2枚目を通れないので光は全く通れない．2枚通して見てみると，なるほど真っ暗である(図2)．

　それではこの2枚の間にもう1枚偏光板を入れたらどうなるかやってみよう．もともと見えないところへもう1枚入れたって見えるはずがないと思わなかっただろうか．しかしこれは3枚目の方向によって光を通すようになるのである．なぜ，間の物質によっていま

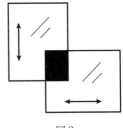

図2

まで通らなかった光が通るようになるのか．これは図3のように光の
電磁場を平行四辺形の法則で分解しその成分が通ると解釈できる．こ
のような法則が成り立つということは，光の電場，磁場がベクトルな
のだから当然だ．

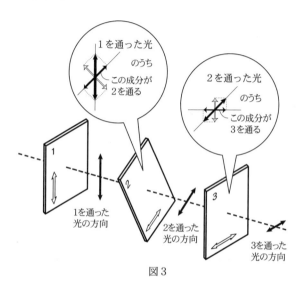

図3

［上條隆志］

88−「滑らかで白く光るもの」とは どういうものか

　透明ガラスは文字どおり透明で，建築中の建造物ではわざと印をつけて破損を防いでいる．しかし，よく見ると景色やこちらを見ている自分の姿が映っているのに気がつく．ガラスの一方の面に銀を沈着させて，ほぼすべての光を反射するようにしたものが鏡である．鏡の表面のように平らな境界面では光の反射の法則が成り立ち，実物そっくりの像を映し出す．この鏡面反射は，境界面の凹凸（おうとつ）が光の波長380〜770 nm (1 nm = 10⁻⁹ m) に比べて十分小さいときに起こる（図1）．

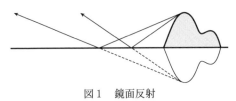

図1　鏡面反射

　光をよく透過させる透明ガラスは，鏡やレンズやプリズムといった光学器械には欠かせない材料として使われている．いま，透明ガラスに衝撃を与えて，割れ目が入った場合を想定してみよう．割れ目の部分は白く不透明になる．向こう側からの光の透過が抑えられたのであるが，割れ目部分が厚くなったから起こったことではない．割れ目部分の表面の凹凸は肉眼でもわかるくらいである．境界面の凹凸が光の波長と同程度かそれより大きいときは，反射光はさまざまな方向に進む（図2）．このような反射を乱反射という．割れ目がどの方向から見ても不透明に見えるのは乱反射のためである．

　透明ガラスの割れ目が「白く」見えるのはなぜだろう．透明であるということは，あらゆる光を透過させるということである．可視光をほぼ全部含んでいる光は白色に見える．太陽光はほぼ白色光と見なす

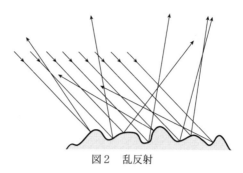

図2　乱反射

ことができる．太陽光がいわゆる七色の光を含んでいることは虹を見れば納得がいく．特定の色の光を吸収するということがない透明ガラスによって乱反射された光は，可視光をほぼ全部含んでいるから白く見えるのである．赤の絵具が赤く見えるのは，可視光中の赤の部分だけを主に反射するからであり，白の絵具が白く見えるのは，可視光をほぼ全部反射するからである．

　割れ目の入った透明ガラスにさらに衝撃を加えて，粉々になった場合を考えてみよう．ガラスの粉は白く見える．ちょうど砂糖や食塩のようだ．実は，砂糖や食塩を拡大して見ると，透明な粒であることがわかる．砂糖や食塩が白く見えるのは乱反射のためである．ゆっくり成長させた表面の滑らかな結晶は肉眼でもほぼ透明に見える．これを細かく砕くのは，透明ガラスに割れ目を入れて粉々にすることに相当する．氷のかたまりは透き通っているが，かき氷は白くなっている．

　白いものとは，ほとんどが小さい透明な粒で光を乱反射している．静かな湖面に映る山々は，ちょうど鏡に映し出されたように逆立ちしている（図1）．こちらが動くにつれて湖面の山々も姿を変える．このことは光の反射の法則から理解される．一方，嵐で波立った水面や滝つぼの水面はどこから見ても白く見える．雪の結晶は上空の温度や湿度によってさまざまに変化する．白さの代名詞にもなっている雪の結晶の正体は透明な氷である．

　滑らかに見えても白く光るものがある．このページの紙面がそうである．紙の表面は一見滑らかに見えるが，拡大してみればでこぼこしている（図2）．この紙面は縦から見ても，そして，文字は読みにくく

なるけれど横から見ても，同じように白く見える．それは，紙面に当たった白色光が吸収されることなくさまざまな方向に乱反射されるからである．

[長﨑健二]

███ **実験❹** ███████████████████

赤い夕日と青い空を実験で作る

●空の青さ

　太陽の光はほぼ白色(黄色に近い)であるが，プリズムに通してみると波長が長い順に赤・橙・黄・緑・青・藍・紫などの色の光が含まれていることがわかる．これらの光を可視光(人間の目で識別できる光)という．色は波長の違いであり，すべての色が混ざると白色になる．大気中に差し込んだ可視光は，空気中の分子によって散乱されるが，特に波長の短い光(青・紫系統)が強く散乱され，つまり進行方向を外れてまわりに広がる．晴れた日に四方八方から私たちの目に飛び込んでくるのは青系統の散乱光であり，これがあの青空の正体なのだ．もし，地球に大気がなかったら散乱光がないので空は真っ暗になるだろう．この散乱現象はレイリー散乱とよばれているものである．

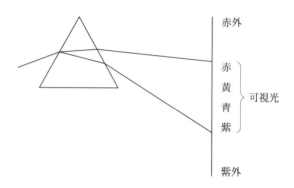

●夕日はなぜ赤いか

　夕日とはいうまでもなく日の入り近くの太陽を直接見たときの光である．朝・夕は，太陽の高度が低いために，太陽の光は大気中を昼間に比べて長い距離通過することになる．この道程で青や緑の光を散乱によって失い，散乱が比較的弱い赤い光が多く残る．これが，朝焼け

や夕焼けの原因である.

●海の色

海水は波長の長い光(赤外線, 赤橙系統)を強く吸収する. したがって, 海の中で見る透過光は青〜緑色に見える.

海の反射光がなぜ青いかについてははっきりとしたことはわかっていない. 海水中には泥やプランクトンさらには硫黄化合物などの多数の粒子が存在しているが, これらの粒子のうち, 可視光の波長程度かそれ以下の粒径の物質による散乱光を海面上で見ると青く見えるという説がある. 実際は, 泥やプランクトンそのものの色などが混ざり合って海の色は複雑なものになっている.

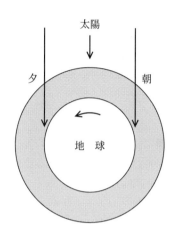

●水槽で青空と夕日をつくってみよう

水の入った大きな水槽にスライドランプ(ハロゲンランプ)の光をあてながら, 牛乳を少量加えてみよう. まったく牛乳を加えないときは, 水の色はわずかに緑色であるが, 牛乳を加えていくと散乱光は青く, 透過光は赤く(光源のフィラメントを見てみよう)なっていく. 牛乳は, 直径 $0.5 \sim 1.0 \times 10^{-6}$ m ほどの脂肪球である. ハロゲンランプは, 太陽光と同様に紫〜赤の可視光を含んでいる. この中で青い光が脂肪球のために散乱されている. 牛乳を加えすぎると, 脂肪球が互いに衝突して次第に大きな粒になり, すべての光を散乱させてしまい, 散乱光, 透過光とも白くなる.(次ページの図)

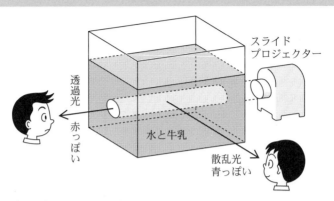

●たばこの煙を見てみよう

たばこを燃やして出る煙は炭化水素化合物で，直径 $0.1 \sim 0.2 \times 10^{-6}$ m 程度のきれいな球形をしている．これにスライドランプの光をあてて見てみよう．スライドランプがなければ，蛍光灯の下で見てもよい．最初は青く見えるが，粒子が衝突により大きくなるにつれて，白くなっていく．ちなみに，人が体に吸い込んだのち吐き出された煙を見ると白っぽく見えるが，これは体の中でタバコの粒子を核にして水滴がつき，大きな粒子になったためである．

●参考文献……………………

『レオナルド・ダ・ヴィンチの手記(下)』，杉浦明平訳，岩波文庫．

ダ・ヴィンチはこの中で，青いのは空気自身の色ではなく，水蒸気の色だと述べ，薄い煙が黒い背景のとき青く見えることも書いている．

『クストー海の百科 4 海はなぜ青い』，三宅泰雄監修，平凡社，1975．

石津嘉昭（日本たばこ産業(株)）「たばこの煙と室内換気」，『クリーンテクノロジー』，1992 年 3 月号，日本工業出版社．

[渡邉雅人]

89–「空はなぜ青いか」についての,
よく見られる説明の誤り

●よく見られる「空が青い」ことの説明

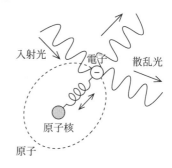

　太陽から来る光は白色,すなわちいろいろな色の光を含んだものである.光の色の違いは波長の違いによる.赤は波長が 6×10^{-7}m くらいなのに対して,青は 4×10^{-7}m くらいである.前項に述べられているように,空が青いのは,太陽光の内の青い成分が途中でまわりに散らばるためと考えられる.したがって通り抜ける光は赤い成分が多く,夕日や朝日のように長い距離の大気を通り抜けた直接光は赤く見えることになる.

　何が光を散らすのか.光は空気中を通ってくるのだから空気中の気体の分子がその主人公であると考えられる.では光と分子の相互作用を考えてみよう.光は電磁波であるので電気的な力を及ぼす.このとき分子(それを構成する原子)内では軽い電子が光によって揺すぶられ原子内で振動する.電子は原子核に近似的にバネで結ばれたように拘束されているので,これは振り子の強制振動に近い.その結果,何が起こるか.電荷が振動すれば電波を発射するので,原子は今度は二次的な電波を発射し,それはまわりに広がる.これが散乱だ.光を受けた原子からは次々に電波が出て,各原子からの光ともとからの電波の一部も一緒に重なり合って,新たに空気中を進んでいく電波または光を形成する.

　さて,この原子によって散乱されて出てくる光の強さは波長によって異なり,電磁気学による計算の結果は波長の4乗に反比例する(電荷が加速運動すると,電磁波が発生するが,その強度は加速度の2乗

に比例することが電磁気学からわかる．電子が単振動しているとすれ
ばその加速度は角振動数 ω（これは $\dfrac{2\pi}{周期}$ に等しい）の 2 乗に比例する
ことが力学から分かるから，結局，強度は ω の 4 乗に比例する．周
期すなわち一振動の時間とそこから生じる波の波長は反比例するから，
強度は波長の 4 乗に反比例する）．したがって赤よりも青の散乱の強
度が $\dfrac{6}{4}$ の 4 乗倍になる．これで青い光の方が空気で強く散乱される
ことがわかり，空の青い理由がわかった．めでたし，めでたし．

●この説明の間違い

　多くの本ではこのような説明がなされている．しかしこれは間違っ
ている．例えば前項の実験の説明として「水中に散在する牛乳の脂肪
粒が大気の分子の役目をする」と書かれている本がある．それに対し
て当然こんな疑問が湧かないだろうか．何でそんな大きなものが分子
に当たるのか．いやむしろ周囲にある水こそ分子ではないか．先の説
明なら水分子で十分散乱は起こるはずで，牛乳を混ぜなくても水だけ
で横から見たら青く見えるはずではないか．もちろん水だけでは見て
もこうはならない．いやそれは量的な違いで，空気の場合は距離が長
いから関与する分子数がもっと多いのだと反論が出るかも知れない．
しかし例えば 1 気圧は水 10 m にあたるのだから，それでは水 10 m な
ら空と比べるほど青くなるだろうか．そうではあるまい．それに，そ
れでは牛乳を混ぜるとなぜ青くなるかを説明し得ない．何が間違って
いるのか．

●空の青さは密度のゆらぎで起こる

　例えば水やガラスの中を進む光を考えてみよう．表面での屈折を別
にして考えると，内部では光の速度は変化するが，まわりに散乱され
てしまうことなく，まっすぐ進む．しかしこの光は物質内の分子・原
子で散乱された光が重なり合ってできたもののはずである．ではどう
して「普通」の光のように進むのか．十分に大きな一様な媒質に光が
入射すると，媒質の中のたくさんの分子の電子はみな強制振動を受け
てさまざまな方向に二次的な光の放射を行なう．もしも入射光の波長

が物質中の分子間隔より大きいときは，1つの波の中に含まれるたくさんの原子の電子の振動がほぼ揃って一定の位相関係をもつために，それらの原子からでる二次波は強い干渉を起こし，最初の光の入射方向以外に散乱された光は干渉で消しあってしまう．ある振動変位をする電子にたいし，同じ波長内に必ず反対の変位をしている電子があり，打ち消すと考えてもよい．結局，光は入射方向に，媒質の外部とは違う速度で進んで行くことになるが，横に大きく逸れることはない．

そうすると，空気と違って水やガラスの中で横方向に強い散乱が起こらないのは，波長に比べてたくさんの分子が密集しているからで，その効果は一様に規則正しく分布していれば，強まるだろう．では具体的にどのくらいの分子があるのか．まず空気でいうと標準状態で 6×10^{23} 個の分子が $22.4 l$ の体積を占めるから，$1 \, \mathrm{cm}^3$ あたり 2.6×10^{19} 個の分子があり，この一辺あたり 3×10^6 個の分子が並ぶことになる．ここで青の波長 $5 \times 10^{-7} \mathrm{m}$ を考えれば，1波長の中に約150個の分子が並ぶことになる．これに対して水ではどうか．水分子 6×10^{23} 個が $18 \, \mathrm{g}$ だから，$1 \, \mathrm{g}$ あたり分子 3.3×10^{22} 個となり，これが水 $1 \, \mathrm{cm}^3$ を占める．さっきと同じように青の1波長あたりの長さに並ぶ分子を考えれば，約750個になる．これで見ると空気中では分子間隔が約5倍になっている．この他に空気の例えば窒素の分子が2個なのに比べて水が3個でできていること，また地上より上に上がれば気圧が下がってもっと分子がまばらになることを考えれば，分子間隔はほぼ10倍(上空ではもっと減る)と見積もってもよいだろう．体積ならもちろん1000倍以上気体の方がまばらである．数が違うのはもちろんだが，固体，液体と違う気体の大きい特色は，分子の間隔が分子の大きさに対して大きくなることによって，分子が自由に動けてその密度が場所場所で変動することである．密度の不均一が大きくなれば，各分子のつくる二次波は規則正しく重なり合わないので，今までの道筋から曲がった波が大きく残り，つまり横への散乱波が強くなる．これが気体で散乱が大きくなる原因だ．つまり，空が青く見えるのは空気の密度が揺らぐからである．空気で散乱が大きく，水で大きくないのは，分子が散乱するというよりは分子の密度のゆらぎが原因であるというこ

とになる．そう考えれば，水に牛乳などを混ぜることによって横から青く見えるのは，牛乳が分子の役をするというより，そこに不均一性をつくり出したというべきことになる．逆に空の青さから分子の密度やゆらぎを推察することもできるだろう．

●一般的には屈折率の変化で考えることができる

巨視的に見れば，光の散乱は光が物質中で曲げられる現象である．それは屈折が次々に起こることである．屈折率は先に見たように原子内の電子の運動に由来するものだが，それは物質の密度によって変化する．気体の内部では分子の自由な運動によって，全体ではほぼ均一でも微視的な密度は激しく揺らぎ，その結果，屈折率も空間的に激しく変化し，その影響は小さい波長ほど大きい．屈折率のゆらぎを用いた計算でも先の電子と同じく，散乱強度が波長の4乗に反比例する結果が得られる（参考文献1),2)参照）．つまりこういうことだ．物質の中に密度のゆらぎがあると，屈折率が場所場所で変化をしている．そのため入射した光は次々に屈折し，それが散乱になる．屈折は屈折率が変化する面で起こるからだ．そしてその効果は変動をまともに受ける波長の小さな光ほど大きいので青いほど大きい．これが空の青さの説明である．

●参考文献……………………

1) J. D. Jackson: *Classical Electrodynamics,* John Wiley & Sons, 第2版, 1975.
2) 伏見康治，『確率論及統計論』，河出書房，1942.

［上條隆志］

90—物体の温度は出す光の色でわかるのか

●物体の色から温度が分かるのか

　物体は熱をまわりに放射する．これを熱輻射というが，その正体は電磁波であり，光もそこに含まれる．温度があまり高くないうちは目に見えない赤外線の形で放射するが，温度が高くなり500℃を越すあたりから赤熱して，赤い光を出すようになる．さらに温度を上げると，物体は白熱していく．『理科年表』によると1100℃で橙黄熱，1300℃で白熱となっている．

　このとき光は1つの波長だけではなく，いろいろの色，つまりいろいろな波長が混ざっているが，温度によって，波長ごとのエネルギー分布(強度分布)が変化して，そのとき見える物体の色の波長のエネルギーが優勢になっている．そうであればこの色，つまり物体の出す電磁波の波長ごとのエネルギー分布を測定すれば物体の温度が求められるのではないだろうか．出てくる光を調べて温度が測定できるなら便利である．特に溶鉱炉などの内部温度を知るのに役に立つ．

●熱輻射の研究と工業の結びつき

　熱輻射の研究は前世紀末のドイツにおいて盛んになった．1870〜71の普仏戦争は50億フランの償金とアルサス・ロレーヌの豊富な鉄鉱産地をもたらし，ドイツ帝国の成立によって商工業の障害であった封建制が撤廃されたことで，鉄血宰相ビスマルク(1815-98)の改革以来驚異的生産力の躍進を見る．中でも工業技術，特に製鉄・製鋼の冶金，金属電気化学の発展が著しい．これはさらに原料資源，市場開発のための軍需工業，帝国主義へもつながっていくのだが，それはさておき，冶金工業の熔解，鍛錬，焼き入れの高温作業加熱技術は，高温度測定したがって熱輻射研究の最も実際的な動機を与えた．電気工業の灼熱

108

電灯・炭素線フィラメントの輻射の分布研究も関連がある．

　このような背景のもとに19世紀後半から20世紀初頭にかけて，欧米各国に研究機関の創設拡張がさかんに行なわれた．ベルリンのドイツ国立物理工学研究所設立に際し，土地及び建物の寄付を申し出たウェルナー・フォン・ジーメンスが政府にあてた書簡で次のように述べている：

　　「諸民族の角逐闘争においては，新たな軌道を最初にとらえそれに基づく工業部門を最初に発展させた国が決定的優勢を占めることになる．こうした新軌道を新たに創り，もしくは新たに生命を与えるものはほとんど例外なく新たな自然科学的発見であり時にはそれもきわめて目立たぬものであることもまれではない．新しい自然科学的発見が技術的に利用しうるかどうかは通例それを完全に組織的に仕上げてからすなわち長い年月を経てから初めて判明することが多い．ゆえに科学的進歩を物質的効用によって左右せしむべきでない」

　建物は1887年にでき，このころから実験物理学の著名な研究の大半は政府や財団の支持による研究所でなされることが多くなる．

●黒体輻射の導入

　それでは実際に熱い物体の色を観測することによってその温度を測定することができるだろうか．物体は輻射を一方で吸収し，また一方で放射する．エネルギーを外から貰い，また放出するわけである．どれだけ吸収し放出するかは，温度と輻射の波長と物質の物理的・化学的性質によって異なる．だから一般的には波長ごとのエネルギー分布を測定しても物質によって異なり，それで温度を決定するわけにはいかない．しかしある条件を設定すると物質によらず温度を決定することができる．それはどんな場合か．

　熱輻射を吸収し放射することのできる物質を入れた，外との熱のやりとりを遮断した空洞（空箱を考えればよい）を作る．もちろん壁自身が吸収放射しても良い．これを熱してある温度まで上げて保てばどうなるだろうか．空洞内は輻射が飛び交うが閉じこめられているので平

衡状態になる(熱平衡).つまり空洞にはいろいろな振動数(波長の代わりに振動数を用いる)の輻射で満ちており平衡状態なので一定のエネルギー分布を保っている.振動数が ν と $\nu+d\nu$ の間にある輻射について単位面積を単位時間に通り抜けるエネルギー密度を $R(\nu)d\nu$ で表わそう.この値は振動数と温度によって(そしてもし空洞を満たしている媒質があればそれにも依存して)決まる.さて,これと物質との間のやりとりを考える.同じ振動数範囲 ν, $\nu+d\nu$ について物質の単位体積から単位時間あたりある方向に単位面積あたり射出される輻射エネルギーを $E(\nu)d\nu$ とする.これを射出能と呼ぼう.一方回りから単位時間あたり R の輻射が入ってくるがそのうち $A(\nu)$ という割合が物質に吸収され残りは反射するとしよう.A を吸収能と呼ぶ.さて平衡状態であるから吸収と放出は等しいはずで

$$R(\nu)A(\nu) = E(\nu)$$

が成り立つ.したがって

$$R(\nu) = \frac{E(\nu)}{A(\nu)}.$$

ここで左辺は空洞内の輻射の密度であり,空洞内の媒質と温度だけで決まる.右辺の分子,分母は物質によるはずである.しかしもし同じ空洞内にいくつかの物質があったとすると,左辺は同じとすれば右辺の比は物質によらず振動数と温度だけで決まることを表わす.

右辺が物質によらず温度と振動数で決まることをはじめて示したのはキルヒホフ(Gustav Kirchhoff 1824-87)で,彼は太陽スペクトルの研究から始めて,いろいろな物質が発する光の波長の分布,スペクトルを調べ,1859,60 年の論文で「同一温度では同一波長の輻射線に対して,発散率の吸収率に対する比はすべての物体において同一である」ことを証明した.彼は次にこの論文の中ですべての投射光線を完全に吸収する理想的物体を定義し黒体と名づけた.それはこういうことだ.来る光をすべて吸収するとすれば先の式で $A=1$ となるので黒体の射出能 E は,空洞内の輻射 R に等しく温度と波長だけで決まり,すべての黒体に共通である.したがってこの理想的な物質の出す輻射はそれを調べれば温度を決定できるのである.これではじめて色

で温度を決めることができるようになった.

　この黒体概念が現在まで重要な役割を果たすことになる. すべての理論的法則は黒体の輻射について定式化された. 同時に上の過程から分かるように, この黒体の出す輻射の波長ごとのエネルギー分布は, 同一温度の物体に囲まれた閉じた空洞と同等なのだから純粋な「黒体」のかわりに空洞から出てくる光を調べればよい. このことは実際的な測定手段を与え, 理論的にも実験的にも重要な意義をもつ.

●黒体条件を無視して失敗

　ところがこの命題が 30 年以上も学界の常識とならなかった. 熱輻射の研究はドイツで盛んになるが, その中で J. シュテファンの「全輻射密度が絶対温度の 4 乗に比例する」という関係(1879 年)が有名になった. 今日は忘れられてしまったが, 当時これに反する実験結果が続々発表される. これはこれらの研究者の実験がすべて黒体でない一般の固体について, それを自覚せずにやったためである. ただ 1 人意識せずに黒体に近い条件で実験したシュネーベリが 4 乗式を確認したのみである. 事実 4 乗式は黒体のみに理論的に導かれる式なので, シュテファンのように白金や, はなはだしきはガラスのようなものにまで成り立つように見えたのは実験の不正確による偶然に他ならない.

　理論面では 4 乗則を黒体について証明したのはボルツマンで, 彼は 1884 年に黒体輻射をあたかも分子の飛び回る完全気体のように扱っている. これはアインシュタインの光量子仮説につながる.

　それらは輻射の全量についての式だが, 波長ごとのエネルギー分布つまりスペクトルの研究ではウィーンが 1893 年に熱力学を応用して空洞分布式を導いた. これは完全に反射する壁に囲まれた箱に輻射を閉じこめ壁をゆっくりと動かすことから, 什事とドップラー効果の計算により求められた. これはある温度エネルギー分布から出発して圧縮することにより, より高温の黒体輻射を実現できることを指す. このことは宇宙が初めの高温状態から膨張して温度が下がって絶対 3 度になっても黒体輻射の状態を保っていることを説明するし, 逆に初期の宇宙が高温状態で熱平衡状態であったということでもある.

●黒体による正しい測定

黒体輻射の本当の測定は1895年にルムマー（O. Lummer），ウィーンによってなされた．国立研究所で1887年から研究をはじめるが，はじめは黒体に近づけるため白金の表面に金属酸化物を塗ったりするが成功しない．課題を解決したのが1895年の共同論文で，等温度の壁にかこまれた空洞に小さい穴をあけ輻射を取り出し調べることに成功した．ウィーンらは実際に球状空洞で穴による誤差まで計算して実験した．これには十分正確なボロメーターと温度の安定した熱源が必要だった．1898年には電気炉を採用している．

しかしまもなくベルリンの王立磁器製作所で新たに製作された耐火物を輻射空洞として採用されるに及び，1600℃まで黒体輻射が供される．その結果ウィーンの理論公式とのずれが発見され，やがてプランクの量子論の発見へと続く．

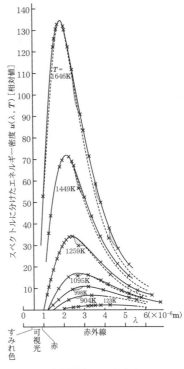

空洞輻射のスペクトル

スペクトルに分けたエネルギー密度 $u(\lambda, T)$ を絶対温度 T ごとに波長の関数として示す（ルンマー–プリングスハイム, 1899）.

×……観測値（灰色の部分は空気中の CO_2 と H_2O による吸収のための欠損）

実線……プランクの公式による

点線……ウィーンの公式による

江沢 洋『現代物理学』（朝倉書店）より転載

●参考文献……………………

天野清『量子力学史』，中央公論社，自然選書，p.5-43, 1973.

　彼は1945.4.13の東京大空襲で爆弾を受けて没した．

天野清『熱輻射論と量子論の起源』，大日本出版，1943.

［上條隆志］

91-ステルス飛行機はなぜ見えないのか

●ステルス機とは何か

ステルス(stealth)とは盗む(steal)からきた言葉で，隠密にとか，こそこそと人目を盗んでとかという意味である．この名を冠した戦闘機・爆撃機などの飛行機さらには軍艦が最近造られているが，それは相手に気づかれにくい見つかりにくいという意味である．

暗闇でも遠くから飛行機を発見し，位置を確定する主要な手段は，第2次世界大戦ころから実用化されたレーダーである．レーダーは電波を発信し，対象にぶつかってはね返ってくる反射波を観測して，対象の位置や距離を測ることができる．ステルス機とは主としてレーダーに捉えられにくい飛行機である(レーダーは現在ではいろいろな波長のものが存在するが，通常主として用いてきたのは波長が数 cm のマイクロ波である)．

レーダーは電波を送り，反射波をとらえるわけだから，木材のような電波を反射しない素材を用いればいいわけだが，実際には，一部に木材を使えるとしても(第2次大戦の頃は木材の飛行機もかなり用いられた)，高速で急旋回もする現在の飛行機はやはり金属を使わざるをえない*)．そこでステルス性を実現するために主として2つの手段が取られている．

1. レーダー基地からきた電波を，基地に向かって戻るような反射をしないように外形を作る．
2. 来た電波を吸収して熱に変えてしまうような塗料，表面材料を用

---

*) ただし，現在では非金属の強度の高い材料が開発されているのでかなりの割合で金属ではない材料も使われるようになった．それもステルス性を高める要因の1つであろう．ラプター(後述)では24%が非金属といわれる[2]．

いる．

　これらを現在(2010)の代表的ステルス機 F 22 ラプター(Raptor＝猛禽類の意)を中心に見ていこう．ただし軍事機密として詳しいデータは公表されていない．ここでは主として 2 つの文献[1],[2] を参考にした．

●機体を平面で構成する

　レーダーの電磁波は，光が鏡の面で反射するように，機体表面で反射する(波長が機体の大きさ以上のあまり長い波長の波は考えない)．図1のように鏡の面が曲面の場合と平面の場合を比べてみると，平面の方が強い密度の光を良く反射するが，その平面が電波と垂直でないかぎりは来た方向へ反射することはない．鏡にライトを当てれば光線の反射する方からは明るく見えるが，違う方向から見れば鏡は暗い．

　一方，凸面の場合は機体がどの方向を向いたとしても必ず入射方向に垂直な面ができて，そこからの反射が常に発射した基地に届く．また互いに直交するような面が組み合わさっていれば，来た方向に電磁波を反射する(直交する 3 つの鏡が組み合わされていればどんな方向から来た光も必ず元の方向に戻る)．

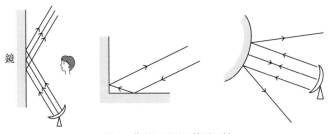

鏡

図1　曲面と平面の鏡面反射

　したがって機体をできるだけ平面で構成し，また平面同士が垂直でなく互いに斜めに交差していることが来た電波を別の方向にそらすのに有効である．それもできるだけ同じ方向に揃えてあれば，偶然その面が電波と垂直になって大量に反射する瞬間があっても，実際にはほ

とんどの場合は電波が来た方向とは別の方向に反射し，レーダー基地がそれをとらえることは難しい．

図2はF117ステルス攻撃機（1983年就役，2008年退役）の写真であるが，特に正面から撮った写真図3からわかるように驚異的に平面から構成されている．ただしこうなると表面の形がなめらかな流線でなくなり，空気の流れにとって渦ができやすく不安定になるだろう．現代

図2　ほとんど平面で構成されたF117
（提供：アメリカ空軍）

のコンピューターを用いた制御技術があってこのような形が可能になったと言えそうだ（F117は事故で7機が墜落している）．後述のラプターは安全のために互いに独立な4つのコンピューターを備えていて，ピトー管などのセンサーから送られてくるデータを基にして最適制御を決める．4つのコンピューターの結果が一致しない場合は多数決で決めている．

F117は地上を攻撃することを主任務にしていたが，飛行機同士の

図3　F117の正面図（提供：アメリカ空軍）

戦闘を主としてその後開発されたのがラプターで，図4はその写真である．操縦性を良くするためか，機体は完全な平面ではなく扁平なそろばんの玉のような形になっている．また翼の前縁後縁などからの反射も来た方向とは違う方向へ反射を揃えるため，主翼，尾翼，空気取

り入れ口の前縁の後退角（飛行機の縦の主軸に垂直な方向からの角）が約 42° に揃えてあり，他の部分もできるだけ角度を揃えている．反射波を同一方向に揃えると，ちょうどその方向では強く観測されるだろうが，全体として補捉される確率は減るだろう．

図4　飛行中の **F22** ラプター（提供：アメリカ空軍）

図5　**F22** ラプター正面（提供：アメリカ空軍）

　正面からの写真，図5を見ても，横から来るレーダー電波をその方向とは違う方向に反射するようになっているのがよく分かる．

　操縦席（コックピット）の窓ガラス（風防＝キャノピー）はポリカーボネイト製だが，金の薄膜でコーティングし，電波が入りにくく，また，反射波が出にくくなっていて，操縦席付近の金属部品の反射のレーダーへの影響を避けている．キャノピーの側面も機体と滑らかに接続されていて，反射を同じ角度にし，また互いに角度を持って交わる面などを作らないようにしていることが図5からわかる．

　また，機体全体の外形だけでなく機体の部分の継ぎ目をぴったりと合わせて凹凸をなくし，アンテナやセンサーも胴体内に埋め込み，ミ

サイルなどの武装も外に出さず，胴体の両脇と下部に内蔵されている．20 mm バルカン砲もふだんは蓋がしてある．

またジェット・エンジンの空気取り入れ口からエンジンのファンに続くダクトも，正面からの電波がまっすぐエンジン・ファンにあたらないように曲げてあり，中に入った電波も反射を繰り返して減衰するようにしている．

赤外線による追跡を防ぐために排気の温度を下げる工夫をし，また飛行機雲を出しにくいように翼端の形状を工夫しているといわれている[2)]．

●電波を吸収する塗料やパネルで蔽う

電波吸収体の実用化は 1940 年代に始まり，はじめは電波がカーボンやグラファイトなどの導電性物質に入ると電流が生じるが(金属表面では抵抗がほとんど 0 なので結果として表面電流だけで反射されてしまう)，その電流がジュール熱に変わって減衰することを利用した．

1960 年代には電波吸収の材料としてフェライトが注目された．フェライトに電磁波が入ると磁化している分子が揺り動かされ，それが結晶の熱振動に変わって電磁場のエネルギーから熱のエネルギーへ変わる．これを利用したのがフェライト電波吸収体だ．都市の高層ビルで電波障害を防ぐために開発され，飛行場付近の建物や海にかかる大きな橋などでのレーダーの誤認を防ぐために用いられている．

これらの塗料がステルス機に用いられた．初期のものはかなり頻繁に塗り直す必要があったが，素材の改良で剝がれにくくなり，また最近は塗るのでなくパネルにして貼り付ける方法も使われている．これだと張り替えればよい．

●ステルス機を見つけるには

このようなステルス機をレーダーで探知するにはどうしたらよいか．発信した電波は別の方向に反射されているのだから，地域一帯にいくつものレーダーを分布させておき，連絡をとりながら観測するのが 1 つの方法である．もうひとつは波長が長いレーダーが考えられて

いる．波長が機体と同じくらいの大きさであれば機体全体がアンテナのようになるという考えだ[3]．

　ステルス機は今までに撃墜されたことがあるだろうか．実は 1999 年に旧ユーゴスラヴィアで F 117 が 1 機，対空ミサイルで撃墜されている[3]．どのようにかは明らかにされていない．

●参考文献………………
1)『月刊 航空情報』，酣燈社，2010 年 7 月号(No.802)．
2)『F-22 ラプター』，世界の名機シリーズ，イカロス出版(2008)．
3)『月刊　軍事研究』，ジャパンミリタリーレビュー，2009 年 11 月号 pp.36-47．

[児玉照男]

X 空間に広がる電磁場の「なぜ?」

92—場は実在か

●場とは何か

いま，すなわち一時刻に空間のあらゆる場所場所に何か物理的な量が分布する．それを場という．例えば地球上の各地点で刻々にその場所の気圧が決まる．気圧の場である．また川のすべての場所でそれぞれ刻々にそこの流れの速さが決まる．流れの速度の場である．それは対象となる空間全体に満ちていて，しかも隣どうしが無関係な方が希であろうから，変化を波として隣に伝える性質をもつであろう．場と波は結びついている．

●場という見方はなぜ必要か

物質どうしが互いに相手と相互作用をする．その相互作用の基本は今のところ，重力，電磁力，弱い力，強い力の4つであることが知られていて，それらは互いに空間を隔てて作用している．いや，力を勉強した人は他に摩擦力とか張力，抗力とか接触力があるじゃないかというかも知れない．しかしそれらはミクロに見れば原子どうしの，つまり量子力学的な効果を含んだ電磁気力などであり，結局さきの四者に帰着する．

そのうちの重力をとってみれば，ニュートンが用いていたのは，離れた2つの物体が，各時刻に，その瞬間の2物体間の距離によって決まる引力で引き合うというものである．しかしなぜ直接に接触もしてない物体どうしが力を及ぼすことができるのか．じつはニュートンもそれには引っかかっていたようだ．直接に接触しあうものが互いに相互作用を及ぼすと考える方が自然ではないか．

またアインシュタインの相対論によれば，ある人にとって同時であっても他の人から見たら同時ではないということが起こる．そうだと

すると，ニュートンのように同時に及ぼしあう重力というものは意味を失なう．時間・空間の各点で接触するもののみが定まった相互作用を及ぼしあうとすればその問題は起こらない．接触相互作用の方が有望である．そのときは物体が離れて力を及ぼすなら何かがその間の空間に存在し，それが拡がって物体に直接接触して作用を及ぼすのでなければならない．

　相対論の要請はもう1つある．それはどんなものでも光速より速くは伝わらないことだ．物体どうしの相互作用も例外ではない．

　力が光速以上では伝わらないとすれば，力が具体的にどう伝わるかまで記述しなければならない．だからある質点が動いたときその周りの空間がどう変化してどう伝わるか波動現象としてのプロセスまでないと相対論と矛盾する．遠くまで及ぶ力があればそれを伝える実体（波動）がある．それが場である．

●電磁場と重力場

　相互作用の場をはじめて考えたのはファラデーである．ファラデーは「電磁気現象は電気や磁気をもつ物体が引き起こす周囲の空間の状態変化に他ならない」と考え，空間に広がる電気力線や磁力線を考えて，いろいろな現象を見事に説明した．

　場を表わすには力線が便利だ．磁力線は図のようになり，磁石どうしの作用は

　　1．力線は長さを縮めようとしている

　　2．隣り合う力線は反発する

という力線どうしの作用で理解できる．

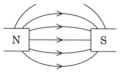

　では場はすべて同じように力線で表現できるのだろうか．重力を力線で表わすことができるだろうか．そこに小さな質量を置いたとき働く力の向きを場の向きとすれば，次のように描けるだろう．ただし重力は磁力と違っ

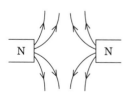

て引力しかないから磁力線どうしの作用のようにはうまくイメージを作れない．例えば「隣り合う力線は引き合う」としなければならない

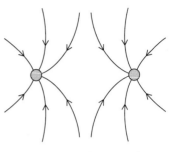

場合も出てくるだろう．この力線は電場や磁場の力線と違ってややとらえにくい．しかし，どんな場も力線で表わすことはできるだろうと思われる．実体としての場の表現である．

　肝心なことは，電荷や磁極，質量どうしが直接作用し合うのではなくて，このような場を通してお互いに作用を及ぼすということである．

●物質も場

　現代の場の量子論では電子などの素粒子も場で表わされる．素粒子は空間に広がった場からいろんな場所で発生消滅を繰り返す．そのあたりのことは文献[1]を読んで欲しい．例えばこんな「たとえ」が上がっている．素粒子の場は広告塔や電光ニュースのように電球がぎっしり並んでいるものとおなじようなもので，電球を次々に光らせることによってその上を文字が動く．つまり電球の「場」の上に1つの光点を走らせることができる．これが粒子が「動く」ことに他ならない．いわばある点で生まれ，次にそこは消滅して隣が点く．このように生成消滅を繰り返して粒子は動く．この光点1つ1つに名前を付けることはできないのだから，もしふたつの光点が交差したらどちらがその後どちらへ行ったかは無意味だ．また電光板のあちこちに光った素粒子ができたとしても，それはどれも互いに区別できない．そのことは我々の世界にあるすべての例えば電子に個性がないことを説明してもいるだろう．もとは1つの場なのだから，私の体の中の電子もあなたの電子も同じものなのである．

　場の理論はこのように拡がり，現代の物理の基本構造を成す．君もいろんな本を読んでみないか．

●参考文献…………………

1）　朝永振一郎『量子力学と私』，江沢 洋編，岩波文庫，1997．

[上條隆志]

93−磁力線の数は
　　数えることができるだろうか

●電場の様子は力線で表わされる

　電荷つまり電気をもっているもの同士は力を及ぼしあう．この力は電荷どうしが直接引っ張ったり，斥けあったりするのではなく，電荷のまわりの空間が変化し，電荷はその空間から力を受けるのである．これがファラデーが見いだした電場である．電場の様子を目に見えるように描いたのが電気力線である．まわりに影響を与えないような小さな正の帯電粒子を電場に置き，それがその場所で受ける力の向きに少しずつ動かしていくと，粒子は電気力線（力線）を描く．力線の接線は接点での電場の方向を表わす．力線に電場の向きを示す矢印をつけると，力線は正電気から出て負電気に入る．力線は電場の空間を埋め尽くすが，ふつう図に示すのはもちろんその断面図である．視覚化するには例えばサラダ油にカラーパウダーをまぜて強い電場を加える．こうするとパウダーは力線を描いて並ぶので電場のおおよそを見ることができる．

●力線の密度で電場の大きさが分かる

　上の定義により，正電気から力線がわき出し（図1），負電気に吸い込まれる．力線の密度が大きいほど電場の力は強く，まばらなほど弱い．これは電荷から出る力線の数は電荷に比例し，途中でとぎれることなく正から

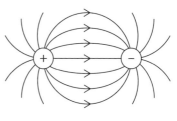

図1

負まで続くとすれば，図形的にもうまく表わすことができる．

●力線の数は数えられるか

　先の実験のようにすれば力線が目に見え数えることもできそうである．しかしもちろん空間に力線があるところとないところがあるわけではなく，力線は文字どおり空間を埋めつくしているので，力線の「数」というより「密度」が電場の強さに比例するというべきである．一定の量を束にして基本の単位を決めればその何倍かで「力線の数」を定義することはできる．しかし電気量が例えば 1.732 倍のときは困りはしないか．ところが原子の構造を考えると困らない！　物質は原子の集まりで，原子は電子と原子核からできている．電子の電気量を負の素電荷といい，$-e$ で表わす．核の電気量は(陽子数 ＝ 原子内の電子数)×(正の素電荷)に等しく，原子の電気の総量は 0 である．電子が 1 個離れると原子は $+e$ に帯電し，電子が 2 個付着すると原子は $-2e$ に帯電する．物質の帯電は各原子の帯電の総和なので，どんな帯電体でもその電気量は素電荷の整数倍である．したがって，力線の総数をこの整数にとれば，力線を数えることができる．しかし，これも実際に目に見えるわけではない．

●磁力線

　電流の流れる導線や磁石のまわりには磁場ができている．そこに紙を置き，鉄粉をまいてたたくと曲線を描いて並ぶ．これが磁力線である(図2)．鉄粉でなく小磁針を並べてもよい．小磁針の S 極から N 極に向かう向きを磁場の向きと定める．

　電流磁場の力線は電流に垂直な面内で電流を囲むループになる．蚊とり線香のように出発点がある渦巻で

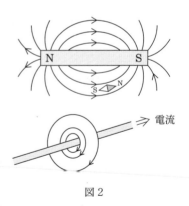

図2

はなく，バウムクーヘンのように自分で閉じてしまう曲線で，わき口も吸い口もないのである(図2)．向きの関係は，電流の向きに右ネジを進めるときネジを回す向きである(右ネジの法則)．長い直線電流の

つくる磁場の大きさは，電流が2倍になれば2倍になり，電流からの距離が2倍になれば1/2になって，(電流)÷(距離)で決まる(アンペールの法則)．磁力線の密度はこれに比例するように描く．

●磁力線の数を考える

ファラデーは磁力線というものが空間に実在し砂鉄をまいたときの模様はその様子が見えているのだと考えた．ファラデーはさらに磁力線は極で終わるのではなく磁石の中も突き抜け，終わりもはじまりもない輪ゴムのようになっていると考えた．もちろん砂鉄が並んだ線は実際の磁力線ではない．磁力線は空間に連続的に分布していてその密度が問題であるのでその本数を数えるのは電気力線と同じく，あくまで仮想的なものであるように思える．ところが実際に磁力線を見て数えることもできるのである．

●磁力線の本数が目で見える

図3の例はコバルトの微粒子だが同心円状の縞が見える．この縞が磁力線でかつ縞と縞の間には $h/e=$ 1000兆分の4ウェーバーという一定の微少磁束が流れている．ここで h はプランク定数，e は素電荷つまり電子の電荷だ．これは地球磁場でいうと磁場に垂直な一辺10ミクロンの正方形を貫く磁束にあたる．物質内部の磁力線が見えているのである．もちろん先に述べたようにこれは磁力線そのものではなく，内部が

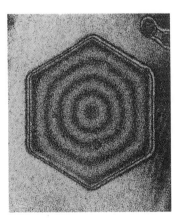

図3　(外村彰『ゲージ場を見る』講談社より)

h/e の磁束になるように区切ったものということになる．

なぜこれが見えるのか．これは電子線ホログラフィーという技術で外村彰氏らによって開発された(以下は外村彰『ゲージ場を見る』，講談社ブルーバックス，1997．による)．基本的には次のようになる．

まず磁力線があれば動いている電子はローレンツ力を受けて曲げられる．電子は波であるからこれは電子の波面が曲げられることに相当する．この波面と曲げられていない波面を重ねれば干渉して等高線のような干渉縞が生じる（図4）．計算を行なうと2本の等高線の間には一定の磁束 h/e が流れている（電子が h/e の磁力線を囲むと一波長変化する）．

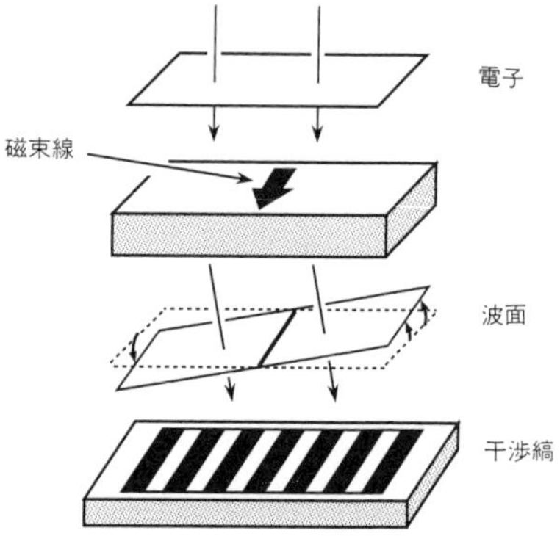

図4　磁石に入射した電子の波．入射電子は磁束線によって直角方向に曲げられる．一方，電子の波面は磁束線を軸にして回転する．回転された波面に破線で示した平面波を重ねると，干渉縞が生じる．（外村 彰『量子力学を見る』岩波書店より転載）

図5は身近な磁気テープの磁力線である．テープの材料や磁気ヘッドの配置などで0.1ミクロンという単位長の高密度記録ができている．

磁力線を見るためには電子の波の波面がきれいに揃っていないとう

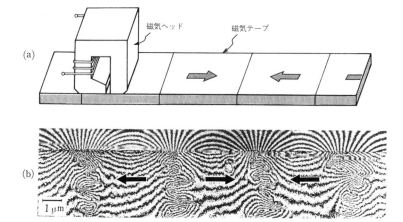

図5　磁気テープ．(a)磁気記録の方法．(b)磁気テープに記録された磁束線．（外村 彰『量子力学を見る』岩波書店より転載）

まくできない．外村らは針の先を 0.1 ミクロン(髪の毛の 1000 分の
1)まで尖らせたタングステンの針に数キロボルトの電圧をかけて，た
くさんの平行な電子線を得ることに成功した．この波面の揃った波を
用い，物体で乱された電子波と基準となる電子波(参照波)を重ねて干
渉縞を記録し，ホログラムを作り参照波を当てて再現するのである．
物理学は磁力線を見ることも可能にしたのである．

●参考文献……………………

外村 彰『量子力学を見る』，岩波書店，岩波科学ライブラリー 28，1994 年のイギ
  リスでの王立研究所の金曜講話の記録である．
外村 彰『ゲージ場を見る――電子波が拓くミクロの世界』，講談社ブルーバック
  ス，1997．

[藤崎達雄]

94−地球は電磁石？

●地球は永久磁石か？

地表には磁場があり，地球上で磁針をつり下げると南北を向くことは1000年以上も前から知られており，航海などに利用されていた．このことについては，ギルバート(1540-1603)による先駆的な研究がある．最初は，大きな永久磁石が地球の中心にあると思われていたが，電

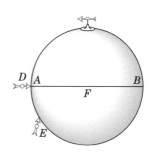

(W.ギルバート『磁石(および電気)論』仮説社の図をもとに描いた)

磁石が知られるようになると，地球の磁石(地磁気)の原因は何か？という疑問が生まれてきた．

地球上では磁石のN極が北，S極が南を指す．地球のまわりに図のような磁力線(磁場)があるからで，地球磁石のS極が北に，N極が南にあることになる．磁北極と磁南極が地球のどこにあるかを調べると地理上の北極，南極からはかなりずれている．現在の磁北極は北緯79度，西経71度付近，磁南極は南緯79度，東経109度付近の地下にあると観測されている．また，その位置も，少しずつ移動している．有名なのは西方移動で，特に17世紀には年に0.2〜0.3度移動している．極の位置だけでな

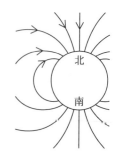

く，磁気の強さも変化している．これらの変化は地球内部に原因する部分と，地球の周りをとりまく荷電粒子の運動による部分とに分けられる．長い周期の変化は前者，短い周期の変化の多くは後者を原因と

するものである.

　では，地球磁気の過去における変化を調べるにはどうしたらよいだろうか．磁石の性質のうちの1つとして，鉄のように磁石になりやすい物質は温度が高くなると，その磁気をなくす性質がある．例えば鉄でいうと770℃で，これをキュリー温度という．もちろんこれは鉄が融ける温度1535℃よりずっと低い．また，一度高温になってから，融けている鉄が冷えて固まるとき，小さい鉄の結晶ができ，それは弱い磁石になる．その小さな結晶は，そのとき置かれている場所の磁場の向きと同じ向きに磁化されるので，これを利用すれば過去の地球磁場の変化を知ることができる．

　世界のあちらこちらで地球磁場の向きを調べた結果，それは随分不規則であることがわかってきた．なかには，磁北極，磁南極が1か所でないことを示唆するようなデータも数多くあった．

　さらに，太平洋，大西洋にある海嶺と呼ばれる帯状の地域の岩石の磁化の向きを調べたら面白いことがわかってきた．海嶺付近は地震が多く，岩石は比較的新しく，玄武岩質の岩石でできている．この岩石の磁化を調べた結果，バーコードのように互い違いに逆転している縞模様が観測された．

海底の地殻の磁化をあらわす模型図（岩波『科学の事典』より転載）
中央の海嶺から海底がひろがるありさまで，黒は現在の地球磁場と同じ方向の磁化を，白はそれと逆向きの磁化を示す．

　図のように海嶺の中心を対称軸にしたように磁気の向きが逆転している．この理由について，多くの人がいろいろと考えていた．このころヴェーゲナー（独）は，大陸移動説(1912)をとなえていた．これは，海洋底が海嶺から湧き出して広がり，それによって大陸が移動するというものである．湧き出した岩石が固まるとき，その時点での地球磁場の方向に磁化すると考えられる．世界中の磁気の向きを調べること

で，大陸の移動方向，速度が決定され，大陸の移動経路も正確にわかるようになった．溶岩，岩石がテープレコーダーのテープのように湧き出し点の磁場の記録を残している．

海嶺から海洋底が湧き出る速さから，地球磁場の変化のようすがわかってきた．その結果，数十万年のオーダーで地球磁場が逆転していることもわかった．この逆転は周期的ではなく，かなりランダムに起こっている．現在も 100 年で 5 ％程度地磁気が減少しており，この割合で減少が続くと 2000 年後には地磁気がなくなる？

さらに，古い火山などは，岩石が固まったときの磁場のようすなどから，噴火したときがいつごろかなども解明されるようになった．

さて，地球磁場が逆転することから，もはや地球の磁石は永久磁石ではないことはわかる．では，電磁石か？　もし電磁石とすれば，電流はどうして流れるのか？　逆転はどうして起こるのか？　疑問はいくつも湧いてくる．

ラーモア(英)により太陽磁場の成因として提唱されたダイナモ理論(1919)がエルザッサー(米)，ブラード(英)らにより地磁気の成因に適用された(1949)．図のような構造の導体を考え，円盤が軸の周りに回転しているとする．いま最初に矢印の向きの磁場が存在したとすると，円盤は磁束線を横切って運動するので軸から外に向かう電流が誘導される．この電流はブ

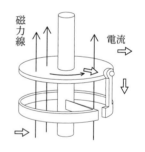

円板ダイナモ (Bullard による)
(坪井忠二『地球物理学』
岩波全書より転載)

ラシを経て円形の電線を流れ，この電流は周りに磁場を生じ，それは初めと同じ向きになる．こうして磁場は再帰的に維持される．しかしそれはもちろん円盤が回転しているから保たれているのである．ではこのような回転運動が地球内にあるのか？　地震波の伝わり方などから，地球の中心部は主として重く沈み込んだ鉄で，地球が冷えていく

に従って，中心に固体の内核が成長し，その周りに液体の外核が形成された．外核は鉄の他に軽い元素も含んでいる．外核は電流を通す流体であるのでここに起こる運動が磁場を作るだろう．中心部の方がより温度が高いので，対流がおこり，物質が移動している．この対流に，地球自転の影響，さらに最近わかった内核の回転（１年に１度）などが流れを形成し，磁場を作り出していると思われる．

　このようなことから，地球磁場の性質がかなり説明できるが，磁石の向きが逆転する周期，磁場の大きさなどの変化など，まだまだ理論的に十分解明できていない．

　現在，太陽系の他の惑星の磁場が調べられている．上の理論が適用できるとすれば，それは磁場をもつ星の内部に流体の部分があることを意味するだろう．

　惑星だけでなく，太陽にも磁場がある．太陽の磁場は電流を流しやすいプラズマ（電離流体）の働きでできていると説明されている．太陽の場合温度が高く，流体の流れる速さが大きく複雑なので磁場のようすも時間変化も複雑になっている．

●参考文献……………………
坪井忠二『地球物理学』，岩波全書，1966.
『世界大百科事典』，平凡社
『地球科学 13』，岩波講座，1983.
小嶋稔『地球史』岩波新書，1979.
本蔵義守他『地球惑星科学 10　地球内部ダイナミックス』，岩波講座，1997，p. 231-264.

[藤田八洲彦・田中 尚]

95–どんなものでも磁石になるのだろうか

　「磁石にくっつく物質は？」と聞かれてまず思い浮かぶのは，「鉄」ではないだろうか．「くっつかない物質は？」「ゴム，プラスチック……」というように日常の物質を磁石に「くっつく」，「くっつかない」という性質で分けている．では磁石にくっつくとはどういうことか？　みなさんご存じの通り，磁石にはN極とS極があり，同じ極どうしは反発し，違う極どうしは引き合う．だから，磁石に物質がくっつくということは，磁石を物質に近づけると，その物質がN, S極をもつ磁石になることを意味している．実際，磁石に引っ張られている鉄もまた磁石になっていることは簡単に確かめられる．このように物質が磁石の性質をもつようになることを「磁化する」という．それでは磁化するのは鉄だけであろうか．結論からいえば，どんなものでも磁石になりうる．その理由は物質の磁性は，原子内に必ず存在する電子によって主に生じるからである[1].

●反磁性と常磁性

　実際にはどのように磁性が現われるか．鉄やニッケルなど(強磁性体という)と比べて他の物質の磁性は非常に弱いが，磁石への反応は2種類に分かれる．磁石にくっつく物質と，反発する物質である．前者を常磁性体といい，その顕著な例としてはマンガン，ナトリウム，クロム，白金，アルミニウム，酸素がある．後者を反磁性体といい，それが顕著な例は，アンチモン，ビスマス，銅，水素，二酸化炭素，水などが挙げられる．これを読んで，日常生活に欠かすことのできない，また，常温で気体である「酸素」が磁石にくっつくの？　なんて思ったかもしれない．酸素が磁石にくっつくことは，ちょっとした器具と物質があれば簡単に確かめることができる．ここにその方法を示

しておこう．① 液体窒素をデュワー瓶(魔法瓶)に入れる．② その中に試験管を浸す．③ その試験管の中に気体の酸素を送り込む．……すると，試験管の中に薄い水色の液体が溜まってくる．これが液体酸素である．④ 液体の入った試験管を液体窒素から取り出し，磁石に近づける．……すると，試験管と磁石が「カチン！」と音を立てて引き合うのである．なんと，酸素は磁石にくっつくのである[2]．

●電子と磁性

では，電子によってなぜ磁性が生じるのか．原子内では，核のまわりを電子が回っている．太陽系の惑星のように電子が公転しているのだ．電気をもったものが動いていくので，ちょうど円形コイルの電流になり，電磁石にな

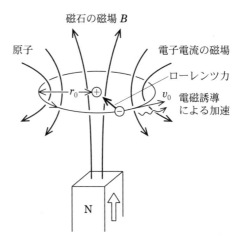

るだろう．電流のまわりには右回りの磁場ができて全体として図のような磁場ができるのである．ここに別の磁石のN極を図の下から近づけたらどうなるか．電磁気のレンツの法則によれば，磁束の変化を妨げるように変化が生じるのでこの「コイル」に磁束の変化に比例する起電力が生じる．図の場合には電子は加速され，近づく磁石に反発する磁場を作るようになる．これが反磁性である．すべての原子で見られる現象である．

この反磁性の大きさを計算してみよう[3]．ここでは電子が円軌道を描くとして進める．磁場の変化で加速されれば軌道半径も大きくなるだろう．しかし同時に磁場からローレンツ力も受けるはずで，その向きは中心向き，すなわち半径を小さくするように働く．

まず，ファラデーの電磁誘導の法則「回路に生じる起電力＝回路内の磁束変化」によって電子のエネルギーがどれだけ変化するかを求め

よう．ここで回路というのは円運動している電子の軌道を指す．エネルギーをもらえば，軌道半径が大きくなるだろうが，それはゆっくり変わるだろうから，それに比べて速く回転している電子の軌道は1周くらいでは閉じていると考えていいだろう．電子の電荷を e，質量 m，速さを v，軌道半径を r として，磁場をかけたことによって生じる軌道に沿った方向の電場を E とすると，電磁誘導の法則は

$$2\pi r E = \frac{d(\pi r^2 B)}{dt} = 2\pi r \frac{dr}{dt} B + \pi r^2 \frac{dB}{dt}$$

と書ける．したがって

$$E = B \frac{dr}{dt} + \frac{1}{2} r \frac{dB}{dt}.$$

電子はこれによって加速される．ここで半径の変化はゆっくりで，また B は原子にとっては小さい量だとすれば，それらの積である第1項は無視できる．磁束が0から B になるまでの時間を t とすれば，電場によって電子になされる仕事は

$$W = \int_0^t eEv dt = \int_0^t \frac{1}{2} er \frac{dB}{dt} v dt$$

ここで，r, v の変化はゆっくりだとすると，r にも v にもはじめの値 r_0, v_0 を用いて，

$$W = \frac{1}{2} e r_0 v_0 B$$

となる．図のような場合はこれだけエネルギーが増加する．その結果，半径が $r_0 + \Delta r$ に速さが $v_0 + \Delta v$ になったとすると，エネルギー保存則は――電子になされる仕事 W を考慮して

$$\frac{1}{2} m(v_0 + \Delta v)^2 - \frac{Ze^2}{4\pi\varepsilon_0(r_0 + \Delta r)} = \frac{1}{2} m v_0^2 - \frac{Ze^2}{4\pi\varepsilon_0 r_0} + \frac{1}{2} e r_0 v_0 B$$

となる．両辺に $(r_0 + \Delta r)$ をかけ，$B, \Delta r, \Delta v$ の2次以上を省略すると，

$$m v_0 \Delta v + \frac{Ze^2}{4\pi\varepsilon_0 r_0^2} \Delta r = \frac{1}{2} e r_0 v_0 B$$

が得られる．

　一方，磁場をかけたとき，運動している電子はローレンツ力 evB を受ける．それはこの場合，図のように中心向きになる．磁場がない

とき，原子核が Ze の電荷を持ち静止し，それを中心とする半径 r_0 の円周上を電荷 $-e$ の電子が速さ v_0 で回っているとすると，クーロン力が向心力となり，

$$\frac{mv_0^2}{r_0} = \frac{Ze^2}{4\pi\varepsilon_0 r_0^2}$$

が成り立つ．ここに磁場が加わって半径が $r_0+\Delta r$，速さが $v_0+\Delta v$ の円運動になったとすれば，

$$\frac{m(v_0+\Delta v)^2}{r_0+\Delta r} = \frac{Ze^2}{4\pi\varepsilon_0(r_0+\Delta r)^2} + e(v_0+\Delta v)B$$

が成り立つ．分母を払って展開し，

$$m(v_0^2+2v_0\Delta v+\Delta v^2)(r_0+\Delta r)$$
$$= \frac{Ze^2}{4\pi\varepsilon_0} + ev_0B(r_0^2+2r_0\Delta r+\Delta r^2) + eB\Delta v(r_0^2+2r_0\Delta r+\Delta r^2)$$

$\Delta r, \Delta v, B$ は微小だから，それらの 2 次以上を無視し，

$$\frac{mv_0^2}{r_0} = \frac{Ze^2}{4\pi\varepsilon_0 r_0^2}$$

も用いると，

$$\frac{Ze^2}{4\pi\varepsilon_0 r_0^2}\Delta r + 2mv_0\Delta v = ev_0 r_0 B$$

これと先のエネルギー保存の式を比べると，

$$\Delta r = 0 \qquad \Delta v = \frac{er_0 B}{2m}$$

であることが分かる．したがって電子が磁場で加速されても軌道半径は変わらないのである．

電子が速くなることによって，電流は増加することになる．電流は単位時間あたり通過する電気量だから，（電子の電荷）・（速さの増加）÷（円周）に等しい．したがって，電流の変化は

$$\Delta I = e\times\frac{\Delta v}{2\pi r_0} = e\times\frac{1}{2\pi r_0}\frac{er_0 B}{2m} = \frac{e^2 B}{4\pi m}$$

これによって生じる磁気モーメントの増加分は（増加電流）×（面積）に等しく，

$$\mu = \pi r_0^2\frac{e^2 B}{4\pi m} = \frac{e^2 r_0^2 B}{4m}$$

である．その向きは外からかけた磁場に反対である．

物質の帯磁率は1原子あたりなら $\mu/B = \chi$ で定義される．これを水素の場合に計算してみよう．ここで電子の電荷 $e = 1.602 \times 10^{-19}$C，質量 $m = 9.1 \times 10^{-31}$ kg．r_0 として水素原子の半径 0.53×10^{-10} m をとる．モルあたりにするため 6.02×10^{23} をかけると 1.2×10^{-5} が得られる．

『物理定数表』(朝倉書店, 1969)によると，水素の反磁性帯磁率として 2.4×10^{-5} である．オーダーはほぼよさそうである．

ところで，もともとこのように原子内で電子が回っていれば，原子自体が電磁石になっているので，それは外から磁石を近づければ，引きつけられるだろう．ただし外からの磁場の力を受けて，原子磁石がみんなそれと同じ方向をむこうとすると，分子の乱雑な熱運動がこの磁石の整列を邪魔しようとするので，結局その兼ね合いで決まる磁化が現われる．これは外部の磁場と同じ方向なので，これが常磁性であろう．

●この説明には問題がある

ところが，このように原子内で回る電子によって常磁性を説明しようとすると問題が生じる．上に見たように磁石を近づけると電子の速さが変わり，この結果反磁性を示す．これは今の常磁性をうち消す向きである．じつは熱平衡状態で電子の速さとして温度 T に対する期待値をとると，反磁性と常磁性は互いにうち消しあって原子の集まりは磁性を示さないということがファン・リューエンによって一般的に証明された．ファン・リューエンの定理と呼ばれる．これは電子が原子核のまわりを公転し分子電流をつくるという古典的描像の限界である．

●量子力学的説明

このように反磁性は古典的に理解できるものの，磁性全体は古典的描像によっては理解できない．量子力学によってはじめて十分な説明ができる．では量子力学ではどのように理解できるかというと，主と

して電子がスピンをもつという事実によっ
てである．また電子が公転するときの角運
動量ベクトルの大きさも方向もとびとびの
値をとる（本当は軌道ではなく雲になるこ
とは「電子は雲のようなものか」の項参

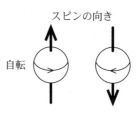

照）．スピンは電子が自転をしているようにいうが，純粋に量子力学
的効果であり，これによって電子自身も磁石になっている．すべての
物質にある電子自身が磁石なのになぜ普通は磁石ではないのかという
と，まず電子の数が偶数の多くの物質では電子がペアを組んでおり，
それがスピンの向きも，軌道運動もいわば逆になって磁場をうち消し
合っている．このため普段は磁性を示さない．磁石を近づけると前述
のように反磁性だけが生じる．一方，電子がペアを組めない原子では
スピンと電子の公転の磁石の総和が0ではなく，原子自身が磁石にな
っている．これらの原子磁石は，普段は原子の無秩序な熱運動でバラ
バラの方向を向いているが，外から磁石を近づけるとその磁場と同じ
向きに整列しようとするので，外の磁場と向きのそろった磁石になり
常磁性を示す．したがって温度による影響を受けやすい．またこのと
きも反磁性の変化も生じるが，常磁性の大きさがそれに勝る．

　またこのとき，原子の磁性同士が互いに強く作用して，強い磁石に
なり，外の磁場を取り去っても残るのが鉄などの強磁性といえる．

●参考文献……………………
1）［Physica Etonica］「電気と磁気のニューモード」，自然，1960 年 7 月号，
　中央公論社．
2）田沼静一「磁石にひっぱられた液体酸素」，自然，1966 年 11 月号，グラヴ
　ィア，中央公論社．
3）江沢 洋『現代物理学』，朝倉書店，1998．

［高橋利幸］

96−電流のまわりの磁力線を鏡に写したら？

●エルステッドの実験

エルステッドの実験とはこうだ．まっすぐに電線を張り，直流を流す．よく知られているように，この電流のまわりには，右回りに磁場ができるので，電流の下に磁石をおくと図1のように回転して電線と直角になる．

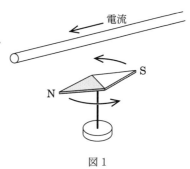

図1

有名な話だが，なぜ右回りなのだろう．実験の結果だからといわずに考えてみようではないか．はじめの状態で電流も磁針もまわりの空間も左右対称である．そうだとすれば特に右か左かを選ぶ理由はないように思えるのだが．電場や重力は対称なのに，なぜ磁場でだけ対称性が破れるのか．世界は対称ではないのか．『力学の発展史』で有名なエルンスト・マッハは少年時代にこの実験を知ってショックを受けたと伝えられる．

●鏡に映す

これは次のように問題を設定すればよりはっきりする．この実験を鏡に映すのである(図2)．その

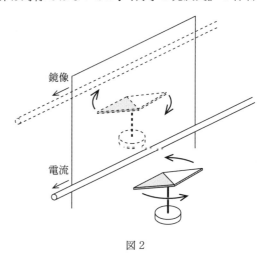

図2

鏡の中の世界では明らかに電流に対し磁針は現実と反対向きになる．力学や電気の法則は鏡に映した世界でも変わらず成り立つのに，磁気だけは現実と鏡の中の世界の法則が異なるように見える．このことは理解できるのだろうか．

●磁石は電流によるものだと考えれば……

もし磁石はすべて電流によるものだと考えれば，理解することは可能である．第89項で考えたような円形の原子電流によって磁針が磁石であると考えれば，鏡に映したときその円電流も反対向きになるので磁針の動きは現実の磁気の法則によって理解できる

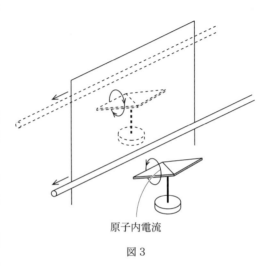

原子内電流

図3

ことになる(電子のスピンを考えてもその回転の向きを考えればよい)（図3）．

この問題は磁場というものを考える上で重要な問題の1つである．

●参考文献………………

Physica Etonika「電気と磁気のニュー・モード」,『自然』, 1960年3月号, 中央公論社.

江沢洋「パリティの問題」,『右と左——対称と非対称の世界』, サイエンス社, 1980.

［上條隆志］

97–電流のまわりには磁場ができる
電流と一緒に動く人に磁場は見えるか

●電場と磁場は見る人によって変わる

　正負の電荷は引き合い，同種の電荷は反発する．磁石のN極とS極も同じように相互作用する．この力は直接に物体どうしが相互作用するのでなく，物体のまわりの空間に生じる場によっておよぼされる．電気を持ったものに力を及ぼすのが電場で，電流や磁石(磁石も小さな電流の集まりと考えられているから，これも電流といえる)に力を及ぼす場を磁場という．どちらも力線によって表示されるが，空間全体に分布して，場所場所で大きさと向きをもつので，それぞれベクトル $\boldsymbol{E}$ と $\boldsymbol{B}$ で表わされる．この2つはまったく別なものに思えるが，実は見る人によって電場が見えたり磁場が見えたりする．電場と磁場の区別は観測する座標系によるのである．

　例をあげよう．いま，静止した磁石があるとする．そこへ静止した電荷 e を置いても磁場だけで電場はないから，力は働かない．したがって静止したままである．しかしこれを $-\boldsymbol{v}$ で運動する人が見るとすると，磁石による磁場 ($\boldsymbol{B}$ とする)があり，今度は電荷も $\boldsymbol{v}$ で動いているのだからローレンツ力が働く．その大きさは $e\boldsymbol{v}\times\boldsymbol{B}$ で $\boldsymbol{v}$ と $\boldsymbol{B}$ に垂直である．

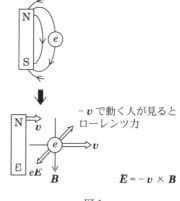

$-\boldsymbol{v}$ で動く人が見るとローレンツ力

$\bar{\boldsymbol{E}} = -\boldsymbol{v}\times\boldsymbol{B}$

図1

それにも関わらず，見る人が変わっても電荷の状態は本質的に変わりはないはずだから，電荷は等速直線運動する．そのことはそこに電場が生じ，電場による力 $e\boldsymbol{E}$ がこれをうち消していることを意味する．

よって $-v$ で運動する人には $E = -v \times B$ の電場があらわれていなければならない. 観測者が動くことによって電場が現われたのである.

●電場と磁場のローレンツ変換

それではある観測者と, 彼に対して動いている観測者とで電場と磁場の見え方はどのように変わるのか. アインシュタインの特殊相対性理論によって2つの座標系の間の時間と座標の変換が定まる. それをローレンツ変換という (「相対論でいう浦島効果は本当か」の項参照). 相対性理論の要求するところは, どちらの座標系でも物理の法則が同じ形になることである. それはローレンツ変換によって電磁場の基礎方程式であるマクスウェルの方程式を書き換えてもまったく同じ形に書けることを意味する. このことから電場と磁場が次のように変換することが出てくるのである.

1つの座標系 O-xyz で見た電磁場を E, B としよう. この座標系に対して x 方向に速さ v で動く座標系 O'-$x'y'z'$ からそれを見ると, ちがった電磁場 E', B' に見えるのだ. それは次の式で与えられる.

$$E'_x = E_x \qquad E'_y = \frac{E_y - vB_z}{\sqrt{1 - \dfrac{v^2}{c^2}}} \qquad E'_z = \frac{E_z + vB_y}{\sqrt{1 - \dfrac{v^2}{c^2}}}$$

$$B'_x = B_x \qquad B'_y = \frac{B_y + \dfrac{v}{c^2}E_z}{\sqrt{1 - \dfrac{v^2}{c^2}}} \qquad B'_z = \frac{B_z - \dfrac{v}{c^2}E_y}{\sqrt{1 - \dfrac{v^2}{c^2}}}$$

●電場・磁場の変換の例

例えば無限大の大きさと考えてよい2枚の平面が図2のように正と負に帯電して向かい合っている. これに対して静止している座標系から見た電場は z 方向に E_z のみであり磁場 B はない. さて, これに対して x 方向に速度 v で動く座標系から見た場は,

$$E'_x = E'_y = 0, \qquad E'_z = \frac{E_z}{\sqrt{1 - \dfrac{v^2}{c^2}}}$$

$$B'_x = B'_z = 0$$

$$B'_y = -\frac{\dfrac{V}{c^2}E_z}{\sqrt{1-\dfrac{v^2}{c^2}}}$$

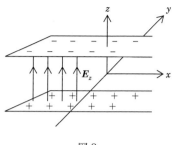

となり，磁場が見えている．そして

図2

$$\boldsymbol{B}' = -\frac{\boldsymbol{v}}{c^2}\times\boldsymbol{E}'$$

が成り立っている．なお，ここで注意して見てほしいのは，電場も E'_z になって大きくなった，すなわち電気力線の密度が上がっていることである．これはローレンツ短縮で進行方向に縮んだとも見なせる．

　ついでに述べておこう．単独の電荷は静止しているとき電場はまわりに一様に広がるが，$\boldsymbol{v}$ で動くときに変換すると，いま述べたように力線は上に「立ってくる」（図3）．

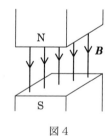

図3

図4

　同様に，図4のような一様な磁場を $\boldsymbol{v}$ で動く系から見ると，

$$\boldsymbol{E}' = \boldsymbol{v}\times\boldsymbol{B}'$$

という電場が新たに見える．したがってはじめにあげた例の $-\boldsymbol{v}\times\boldsymbol{B}$ の $\boldsymbol{B}$ は変換後の $\boldsymbol{B}'$ にとるのが正しいことが分かった．

　さて，いま述べたことは電荷や磁石は動かさず「見る人が動く」という立場で述べた．しかしもちろんお気づきだろうが，これらは見る人は止まっていて，磁石や電荷が動いても同じである．したがって「動く磁場は電場を，動く電場は磁場を生じる」とも言える．

●電流の磁場はどう見えるか

　電流のもっとも基本的なモデルを考えよう．まず，一直線上に同じ密度で並んでいる正電荷の列を考える．そのまわりには電場 *E* ができている．対称性からわかるように，電気力線は直線に垂直で，放射状である．電荷が止まっているときもちろん磁場はない．

　この電荷に対して一定の速さで動く人がこれを見ると，先ほどの例から電気力線と垂直に，つまりこの列を取り巻く渦のように磁場ができる．いいかえると，電荷は一定の速さで走って電流になるから，電流を囲んで磁場 *B* ができるということになる(図5)．

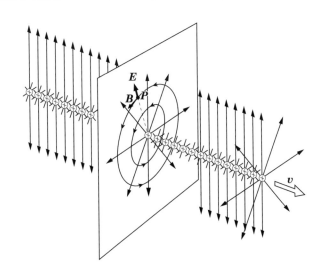

図5　(江沢洋著『量子と場』より転載)

●導線の電流では

　上の例では電流と一緒に動く人には磁場は見えない．しかし導線に電流が流れる場合は，電流といっしょに動く人が見ても磁力線が見える！　なぜだろうか．

　通常の導線内では自由電子が動く．しかしこれは電流の向きと逆になるので，以下では導線中で正の電荷が動くと置き換えよう．電流は

まわりに渦の磁場を作っているが，通常の導線は，電流として動く正電荷をちょうど打ち消すだけの負電荷を含み，全体として中性になっている．

いま，σ_0 の正の線密度の電荷が v で動き，それを中和する同じ密度の負電荷が存在する電流を考える．注目すべきは正電荷が動き，負電荷が止まっている系で正負の電荷の線密度が互いに等しいということである．このときはまわりに電場はなく，電流の横に電荷 e を置いてもそれは静止したままで力をうけない．これを電流に沿って $\boldsymbol{v}$ で動く座標系で見ると，正の電荷は止まって負電荷と電流の横にある電荷 e は左へ動く．電流はやはり右向きで磁場があるので運動する点電荷に $e\boldsymbol{v}\times\boldsymbol{B}$ の力が働く．しかし，もともと静止していたのだから力は働かないはずである．

相対論のローレンツ収縮を思い出そう．正電荷は動いていたときの方が長さが縮んでいて，負電荷の方は動く系では運動するので縮む．電荷は保存することを前提とすると，静止系での正負の密度を σ_0, $-\sigma_0$，動いている系では σ_1, $-\sigma_2$ とすると $\sigma_0 > \sigma_1$, $\sigma_2 > \sigma_0$ で結局 $\sigma_1 - \sigma_2 < 0$ となり，動く系ではまわりに電場があらわれることになる．これが磁場の力をうち消すのである．ローレンツ収縮を考えると

$$\sigma_0 = \frac{\sigma_1}{\sqrt{1 - \dfrac{v^2}{c^2}}} \qquad \sigma_2 = \frac{\sigma_0}{\sqrt{1 - \dfrac{v^2}{c^2}}}$$

となり，動いている系での電流の強さは $I' = \sigma_2 v$，電荷の線密度は

$$\sigma = \sigma_1 - \sigma_2 = \sigma_2\left(1 - \frac{v^2}{c^2}\right) - \sigma_2 = -\frac{v^2}{c^2}\sigma_2$$

である．これで計算をしてみよう．ガウスの定理を用いて電流まわりの電場を求めると

$$2\pi r E' = \frac{\sigma}{\varepsilon_0}$$

これに電流の式 $I' = \sigma_2 v$ を用いると，r 方向の電場は

$$E' = -\frac{I'v}{2\pi\varepsilon_0 c^2 r}$$

となる．この力と磁場の力 $e\boldsymbol{v} \times \boldsymbol{B}'$ が釣り合うためには，磁場は電流に垂直な平面内で右ねじの方向で

$$evB' = \frac{eI'v}{2\pi\varepsilon_0 c^2 r}$$

から

$$B' = \frac{\mu_0 I'}{2\pi r}$$

となる．これだけの磁場が生じているわけである．ここで $\varepsilon_0 \mu_0 = \dfrac{1}{c^2}$ を用いた．この B' は電流 I' のつくる磁場としてアンペールの法則に合っている！

●参考文献‥‥‥‥‥‥‥‥‥‥

小谷正雄『電磁気学』，岩波講座・現代物理学，岩波書店，1955，p 16-17.

パノフスキー『バークレー物理学コース・電磁気学』高橋秀俊訳，丸善，1979.

江沢 洋『現代物理学』，朝倉書店，1998.

J. D. Jackson, *Classical Electrodynamics,* John Wiley and Sons, 1975.

ロゲルギスト「アポロ 8 号とドンブリ鉢」，自然，1969 年 3 月号，中央公論社．
　　「動く力線は……」という考え方に関する注意.

[藤崎達雄]

98–乾電池はなぜ1.5ボルトなのか

●電池とは何か

　いま，一本の導線に電流を流したいとする．導線の中の電気の流れとはすなわち電子の流れなのであるから，電子を動かし続ければよい．どうすればよいか？　片方から次々と電子を供給してやり，もう一方では電子を吸いとっていくことである(図1)．

電子⊖を
次々と供給

電子⊖が動く　→

電子⊖を
奪いとる

図1

　このようなしかけを化学反応を利用して実現しているのが電池である．

●イオン化傾向の差を利用した例

　さて，その電子はどこからもってくればよいのだろうか？　ほとんどの原子は，適当な相手が近くにいると，電子をもらったり，放出したりして(量子力学でいう重ね合わせの意味で少なくとも部分的には)イオンになることが多い．その方が安定だからだ．金属は，もともと自然界にはほとんど存在していなかったのであり，半ばイオンのような状態で化合物を作っていた(地球の大部分を占める岩石がそうである)．そして，人間がそこに電子を付加させて，現在みる金属というものを作ってきたのである．「(部分的)イオン化」は，適当な相手さえいればよく起こることなの

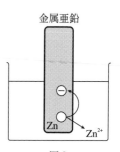

金属亜鉛

Zn
Zn^{2+}

図2

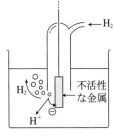

図3

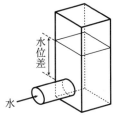

図4

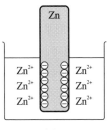

図5

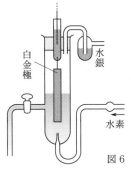

図6

である.

　金属の亜鉛 Zn を $ZnSO_4$ の溶液に浸す(図2).これは「半電池」と呼ばれ,もう一つの適当な半電池につなぐと,亜鉛原子は電子⊖を金属中に残して,自分自身は亜鉛イオン Zn^{2+} になって水中に溶け出す.これは金属でなくても同じで,たとえば水素ガス H_2 が水素イオンを含む溶液に接すると,やはり相手の半電池しだいで一部は水素イオン H^+ になる.このとき放出された電子は近くに金属があればそこに貯まる(図3).

　この「イオン化」はいつまでも起こりつづけるかというとそうではなく,ある程度の量の電子⊖が金属中に貯まってくると,電子どうしはマイナスの電気をもっているために反発しあっているので,飛び出す傾向が強くなり,液の中のイオンと反応して,元の中性原子にもどるということが多くなる.その結果,2つの傾向が釣り合って平衡状態になってしまう(このあたりのことを水にたとえてみると,図4のように容器に水を注入すると次第に水位が上昇し,それにともない入口での逆流の水圧が大きくなってきて,外の水圧が一定ならばあるところで釣り合ってしまう,ということと同じになる.この水位差が電気では「電位差」である).

　このとき,金属中は「電子過剰の状態」(つまりマイナス),液中は「電子不足の状態」(つまりプラス)であり,両者の間には電位差が生じている(亜鉛を例にとったものを図5に示す).これは電池の片割れである.

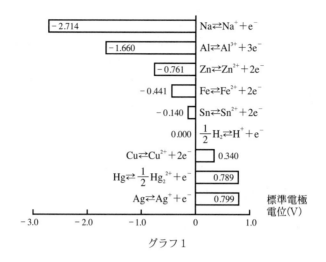

グラフ1

「半電池」とよんだのは，このためであった．中性だったものが，お互いに引きあうプラスの電気とマイナスの電気に分けられた形をしているので，電気的なエネルギーをもつ．この"溶液に対する電極の"電位は，イオン濃度を1モル/lにきめて，図6の標準水素電極(水素イオン，1モル/l)の場合との相対値として言い表わされる．すなわち，Zn を $ZnSO_4$ 溶液に浸した電極の場合，この溶液を標準水素電極の水素イオン溶液と伝導性の塩橋(例えば塩酸)で結び Zn の(水素電極の)白金極に対する電位差で表す(図7)．その数値をグラフ1に示す(『科学の事典』，p.447による)．それが負で絶対値が大きいほど原子はイオン化しやすい．これを「イオン化傾向が大きい」という．

こうして金属中に貯まる電子が図1の電子の供給源になる．

● 組合せで電圧が決まる

さて，このイオン化傾向の異なる2種類のシステム——たとえば Zn を $ZnSO_4$ 溶液に浸したものと，銅 Cu を $CuSO_4$ 溶液に浸したものをとり，溶液どうしを伝導性の塩橋(たとえば KCl)でつないで同電位にすると，各部分の電位は図9のようになり，Cu と Zn の間に電位差が生じる．すなわち

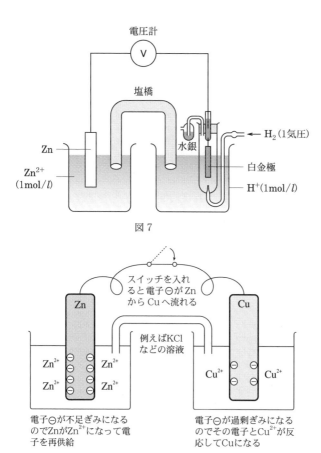

図 7

図 8

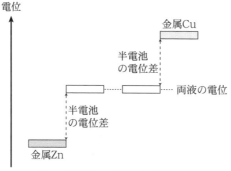

図9 □はそれぞれの電位を表す

(Cu の Zn に対する電位)

$$= (\text{Cu の電極電位}) - (\text{Zn の電極電位})$$

$$= 0.340\ \text{V} - (-0.761\ \text{V})$$

$$= 1.101\ \text{V}$$

という結果が得られる．これがダニエル電池である．Cu と Zn を導線で結べば Cu から Zn に向かう電流が流れる．

　実際のダニエル電池の電圧は 1.07 V とされている．計算値より小さいが，この差は $CuSO_4$, $ZnSO_4$ のそれぞれと両者をつなぐ液との間に電位差があるためだ．これは液間電位差とよばれる．

　一般に，電池の起電力は，半電池の組み合わせできまる．

● 乾電池では

　ふつう使われている乾電池は「マンガン電池」である（図 10）．

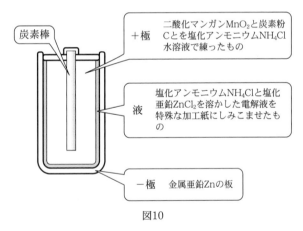

炭素棒

+ 極　二酸化マンガンMnO_2と炭素粉 C とを塩化アンモニウムNH_4Cl 水溶液で練ったもの

液　塩化アンモニウムNH_4Clと塩化亜鉛$ZnCl_2$を溶かした電解液を特殊な加工紙にしみこませたもの

− 極　金属亜鉛Znの板

図10

　マイナス極にはやはり亜鉛 Zn が使われていて（半電池の電位差が大きいものほどよいが，あまり大きすぎると活性すぎて扱いが大変になる（たとえば Na）．安定して使用できて安価なものとなると，やはり亜鉛ということになるだろう），ここに電子が貯まり，電子の供給源となる．一方，プラス極には二酸化マンガンという化合物が使われ，これが炭素棒の中の電子と反応して，電子を奪いとる働きをしている．亜鉛側の半電池では 0.761 V の電位差をつくっているが，MnO_2 側の

標準電極電位のデータは見当たらない．そのため，「乾電池はなぜ1.5ボルトなのか」という問いに，いま定量的に答えることはできない．しかし，電圧(起電力)を生み出す機構は上に述べたものと同じである．マンガン電池の電圧は $1.5\,V \sim 1.7\,V$ である．

　おそらく，原料が安価で，製法もやさしく，使いやすい，ということのほか，起電力の安定性，製品の品質の安定性(バラツキのなさ)などの利点のため，このタイプの電池が普及したのだろう．現在，学校などにある $3\,V$ や $6\,V$ の箱形の乾電池も，結局はこの $1.5\,V$ のマンガン電池をつなげて，このような起電力にしているのである．

●単1と単2と単3は何が違う？

　電池とは，当然のことながら，その中に電気が貯まっているものではない．マイナス極から電子が取り出されると，その減った分に応じてイオン化の化学反応が起こり，電子が供給されていく．したがって，この化学反応にあずかる物質がなくなったとき，この電池の寿命がつきた，ということになる．乾電池でいえば，亜鉛 Zn はたくさんあるので，二酸化マンガン MnO_2 がなくなったときが寿命である．当然，二酸化マンガンがたくさんあれば寿命を延ばすことができる．それはつまり大きな乾電池にする，ということである．単1，単2，単3，……とあるが，どれも同じ材料なので起電力はみな $1.5\,V$ となるが，二酸化マンガンは大きな乾電池ほど多いので単1が最も寿命が長い，ということになる．

●参考文献……………………

飯野徹雄ほか編『科学の事典』，第3版，岩波書店，1993．「酸化と還元」および「電池と電気分解」の項．前者の表1と後者の表1とでは電位の定義が違い，そのため±の符号が反対になっていることに注意．われわれは，前者に従った．

長倉三郎ほか編『理化学辞典』，第5版，岩波書店，1998．「水素電極」の項の図にならって図6は描いた．

［浦辺悦夫］

99−電池を2つ並べても
電圧が2倍にならないのはなぜ？

●電圧とは何か

1.5Vの電池を直列につなぐと3Vになるが，並列につなぐと1.5Vのままである．「2つつないだのになぜ2倍にならないか」という疑問が出るのは，電圧というものを電気を押し出す力のように考えているからである．例えばポンプを2台並べて水をくみ出せば，2倍の水量になる．それと類推しているからである．

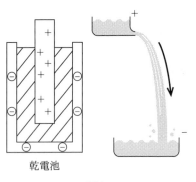

乾電池

図1

しかし電圧はそういうものではない．電圧は「電位差」ともいうが，電子を「押し出す力」ではなくて，電気的な高さの差ともいうべき，「状態の差」だからである．

電池では化学的変化によってマイナス極に電子を送り込み，正極から電子をとる．このためにマイナス極は電子過剰，プラス極は電子不足になる．この無理矢理分けた2つの極を導線でつなげば，電子同士は互いに反発しているので，過剰なマイナス極から不足のプラス極の方へ流れてこの密度の不均衡をなくそうとする．電子はプラス極に移動するのだ(電流の向きは普通プラス極からマイナス極に向かう，という．電子の流れと反対なのは歴史的にそう決めてしまったからである)．いわば汲み上げて高いところに持ち上げた水がもとの貯水池に戻るように．ただし実際の高度差でなく，このプラスとマイナスの過剰と不足の状態によって生じる差ということになる．このときの差が電圧になる．電池はこのエネルギー差がいつも一定になるように，流

れた分の電子を補充して維持している. 電池を回路につないだとき, 流れる電流の大きさはこの「高さの差」に比例し, 間を結ぶ導線など回路の要素の抵抗の大きさに反比例する. したがって電池を何個並列にしても「高さ」すなわち電子の過剰状態は変わらないので電流は変わらない(図2).

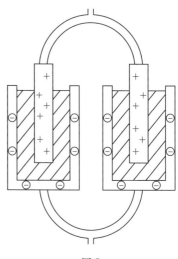

●並列はどんなところに使われているか

　乾電池を並列にして使うことはめったにないだろう. しかし, なかなか交換ができないようなとき, あるいは異変があって1つだめになっても他の電池が代わって危険を防ぐ目的で使われる.

図2

●直列につなぐと

　直列につなぐとその電位差はそれぞれの電位差を加えたものになり「高さの差」が加えられていく. これを電子の状態で見たらどうだろうか. 今まで1個の電池Aでマイナス極の電子過剰とプラス極の電子の不足による電圧がちょうどVボルトになるように保たれていたとする. この電池のプラス極ともう1つの電池Bのマイナス極をつないだら, Bのマイナス極の電子が流れ込んでAのプラス極の不足を減少させてしまう. これに対し, A, Bではプラスとマイナスの高さの差を維持するため化

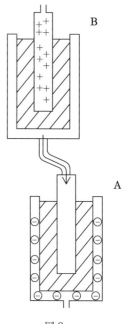

図3

学反応を進めて，もっとプラスから電子を奪い，マイナス極に電子を増やす．その結果各電池では両極の電位差が保たれ，Ｂのプラス極の電子の不足とＡのマイナス極の電子の過剰による電位差は両方の電位差の和になる．

［浦辺悦夫］

100–「百人おどし」とは何か

●静電気とは何か

　冬の乾燥した季節に，ビリッと電気のショックを受けた経験は誰にでもあるだろう．これが「静電気」といわれる現象であるが，どうしてこんなことがおこるのか．

　物質はすべて原子からできている．だからどんな物質でも，原子が見えるほど拡大したとすると，マイナスの電気をもったたくさんの電子が飛び回るのが見え，その中にプラスの電気をもつ原子核が見えるはずである（図1）．

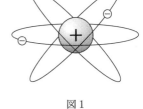

図1

　さて，2種類の物質を触れ合わせたとする．異なる物質であれば，電子の引きつけやすさには多少とも違いがあるので，電子は必ずどちらかに移動する．そして電子をもらった方はマイナスに，失なった方はプラスに帯電する（図2）．

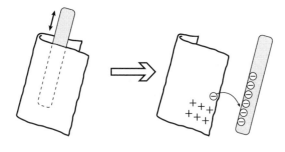

図2

　たとえば，ウールのセーターの上に着ていたナイロンのジャンパーを脱ぐと，ジャンパーはセーターから電子を大量に奪っていく．この

図3

ため，この状態で水道の蛇口にでもさわると，電子を奪われてプラスに帯電したセーターめがけて，大量に電子が流れ込んでくる．これが例の「ビリッ！」である（図3）．ところで夏はビリッとこない．これは，夏には帯電しやすい服を着ていないだけではない．湿度が高く汗もかくため，衣服もその他のものも電気を流しやすく，多少の電子の移動がおこってもすぐに元にもどってしまうためである．これは金属が電気を流しやすく，摩擦で電子を奪われて帯電しても，すぐにまわりから電子をもらって元にもどってしまうのと同じである．

● 「百人おどし」をやってみよう

　江戸時代，平賀源内は「エレキテル」という静電気発生装置をつくった．そしてこれでつくった電気をため，それにさわってビリッ！という実験をしたという．そして大勢の人が直列に手をつないでためた電気に触れると，みんながいっせいにビリッとショックを受けたことから，これを「百人おどし」と呼んだ．

　実験室で「百人おどし」をするときは，普通バン・デ・グラーフ起電機とライデンびんを用いるが，そのときの手順をまとめておこう．

　①　クラス全員が手をつないで輪になり，両端の人はライデンびんにさわる準備をする．

びんにさわる人

　②　バン・デ・グラーフ起電機の球形の部分とライデンびんの中心の金属棒を放電叉でつないで，ライデンびんに電気をためる．

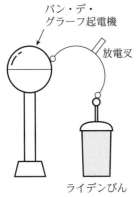

バン・デ・
グラーフ起電機

放電叉

ライデンびん

バチッ！

③ ライデンびんの内
外を放電叉で一瞬シ
ョートさせ，一度放
電させる．
④ 手をつないだ一端
の人がライデンびん
を持ち，他端の人が
金属棒に触れると，
電気ショックが走る．

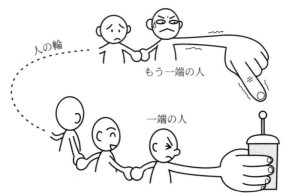

人の輪

もう一端の人

一端の人

　（注意）バン・デ・グラーフ起電機の調子がよく，しかも空気が乾
燥しているときは，かなりの高電圧になるので，③を省略するとショ
ックが強すぎて危険である．また心臓病の人，ペースメーカーをつけ
ている人などはやめた方がよい．また，人をおどかしたり，こわがら
せたりする道具に使うなどは絶対あってはならないことだ．

●参考文献……………………
『エレキテル全書ほか』，菊池俊彦解説，江戸科学古典叢書，恒星出版，1978.
塚谷晃弘・益井邦夫『平賀源内——その思想と行動』，評論社，1979；芳賀 徹
　『平賀源内』，朝日新聞社，1981；平野威馬雄『平賀源内——甦る江戸のレオナ
　ルド・ダ・ヴィンチ』ちくま文庫，筑摩書房，1989.

［吉埜和雄］

ファラデーと地磁気

1831 年にファラデーは電磁誘導を発見したことを宣言する．磁石が及ぼす作用は空間にひろがり，それは鉄粉をまいたときにみられるような磁力線として存在する．その磁力線を"電気を伝えることができる導線"が横切るとき（単位時間に横切る磁力線の数に比例して電場すなわち電気の力が生じることが後で分かったが），電流が生じるというものだ．

ファラデーの想像力はさらに飛躍する．「地球も磁石なのだから同じ効果が生じるはずだ．」これについてファラデーが予想し実験し考察したのが，ベイカー講義といわれる1832 年に朗読された論文である．

彼は自分が磁石の磁力線で起こすことができた電磁誘導の現象が，磁石なしで，すなわち地球の磁力線だ

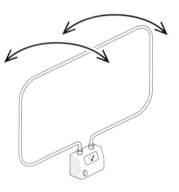

けで起こることを期待した．そのうち一番簡単かつ明瞭な実験を取り上げてみよう．彼の用いたのは長さ 8 フィート太さ 1/20 インチの銅線である．1 インチ = 2.54 cm，1 フット = 30.5 cm を用いて換算すれば長さ 2.4 m，太さ 1.2 mm になる．この銅線を長方形にし，両端を検流計に結ぶ．そして図のように検流計の上で矩形の部分を左右に動かすと，線は地球の磁力線を横切りただちに電流が流れる．

●私たちの実験

我々はほぼ同じ寸法のホルマル線（エナメル線の太いやつだ）を用意した．しかし学校で使うような検流計を使って実験を行なうと，電流

はほとんど感知できない．ファラデーはどんな検流計を使ったのだろうか．論文の途中で「検流計または磁針」と言い換えているのをみると，むしろ細い磁針のようなものだったのかも知れない．いずれにしても彼と同じ実験を今やってみると，その技術の精妙さには舌を巻くばかりだ．

しかし現代には強い味方がある．学校用品にもある増幅器つき検流計というやつだ．これは非常に弱い電流も拾うことができ，これにファラデーと同じ針金(ホルマル線)をつなぐとただちに地磁気による電流が検出できた．

これを用いると，例えば次のような実験もできる．

① 電源コードを何mか用意し，それで縄飛びをすると電流が生じる．

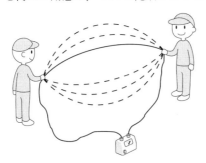

② 演示実験でよく使う電気ブランコがあるが，あのコイルを検流計につなぎ，磁石を取り去ったあとでもブランコがふれるたびに電流が生じる(地磁気の磁力線を横切るからだ)．

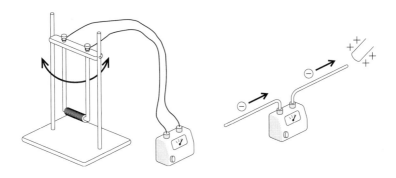

　この検流計はあまりにすぐれものなので，例えば，前ページ下の図のように帯電体を近づけるだけで金属中の電荷の移動を電流として検出できる．

　さて，ここで地球の磁力線は南から北へ向かっているからコイルの方向が問題であると思われるかも知れない．しかし実は，私達の周りでは地磁気は偏角6度西，伏角50度くらいである．つまり水平から50度も下向きなのである．だからむしろ導線を上から下に横切ると考えて良いので，方角はそれほど問題にならない．

　普通ならこれで満足するところだが，ファラデーの創造性はさらにこんなことまで考える．

　もしもイギリスからフランスまでのドーバー海峡を横切って，行きは水中で，帰りは海底をずうっとつなぐ閉回路を考えたとすると，海底の方は静止していて海水の方は水が海峡を上り下りするたびに地磁気を横切るはずだ．したがってここに電流が生じるのではないか．彼はこれをウォーターブリッジで実験している．すなわち橋の欄干に960フィートの銅線を伸ばし両端に金属板をつけて水中にたらした．回路を構成する水の部分が潮汐の干満に従って移動するとき電流が観測できないか，と考えたのである．結果として3日たっても不規則なふれしか得られなかったが，なんと壮大な想像力だろう．

　ファラデーのアイデアはとどまるところを知らない．地磁気が普通の磁石と同じに電流を誘導することがかくも明瞭ならば，と彼は考える，これを使って発電できないだろうか．彼はそれまで研究していたアラゴの円盤を使う．実験に用いていた直径12インチ＝30.5cm，厚さ1/5インチ＝5mmの銅の円盤を水平面内で回す．板を反時計周りに回転させると，上から下に貫く地磁気は縁から中心へ電流を誘導する．中心軸と周縁の接点を検流計で結ぶと電流が確認できる．

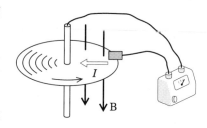

●実験

　これを我々はおもちゃ屋にある地球ゴマで行なった．コマの軸と回転している縁を検流計につないで，その間の電流を検出した．強力磁石を近づけるとはっきり出る．

　ファラデーは言う．

　「回転銅板がこのように新しい起電機となるのは驚くべきことだ」

　これは今後応用できるかも知れない．彼の描いて見せる機械はこんなふうだ．

　「数枚の円盤を重ね，水銀で縁と中心を接続し，交互に反対の方向に回転させる．これを伏角線に垂直に置くか，強力な磁石の磁力線と直角に置く」

　円盤には中央から周縁へ，周縁から中央へ一組ずつ電流が流れ，これを結合して強い電流を得ようというわけだ．ファラデーはこんな夢を広げている．

　さらに彼はこんなことを考える．もし円盤でなく金属球なら，流れ続ける電流が得られるはずだ．事実もしも球の回転軸が地磁気の伏角線の方向と一致していれば，円盤と同じで赤道と極に電気がたまるだけだが，もしも回転軸が地磁気伏角線と垂直なら地磁気方向の上半分と下半分は反対に横切るので電流も反対になり，合わせれば連続的な電流の循環となる．もしも垂直でなくてもある角度があれば，同じように電流の循環が生じるだろう．

　ファラデーはこの実験を，中空で薄い直径4インチの真鍮の球（球殻？）で行ない確かめている．このときファラデーは何をイメージしていたのか．おそらく地球自身ではなかったか．もし地球にもそれが起こるなら，地球表面では赤道から極に向かって電流が流れるはずだと．講演の最後で彼は慎重な言い回しで，オーロラはこの電流が赤道に戻ろうとする時の放電かもしれないという説に触れる．

　なお地球上に，例えば南北に金属棒を置けば電位差が生じるが，これは検出できない．なぜならば，この両端を導線で結べば，導線にも同じ電位差ができてしまうからだ．しかし，もし2つの物質によって

電流の生じ方が異なることがあれば電流を検出できるはずだ．ファラデーは慎重にそこまで考察，実験し，今のところ差はなさそうだと述べている．

　一方で精妙な実験を行ない，一方で地球の自転から無尽蔵のエネルギーを得られないだろうかと大胆に想像する．なんとすばらしいことだろう．

●参考文献……………………
M. ファラデー『電気実験』（上）（下），矢島祐利・稲沼瑞穂訳，内田老鶴圃，1980.

［上條隆志］

▨▨▨ 実験 ❻ ▨▨▨▨▨▨▨▨▨▨▨▨▨▨▨▨▨▨▨▨▨▨▨▨▨▨▨▨▨▨▨▨▨▨

ファラデー モーター

　電流の周りに置いた磁石(磁針)が振れることはエルステッドによって発見された．電流はそれが存在する電線の中だけでなく周囲の空間にも影響をおよぼすのだ．そこで次なる課題は，それを利用して磁石の振れの代わりに連続的な回転が生み出せないかということだった．この課題はファラデーが解決した．1821 年に報告された装置は次の

図のようなものだ．水銀の中に，磁石に白金のおもりをつけたものを沈めて電流を流し，磁石を回転させることができた．これが人類初のモーターだ．

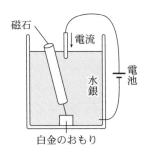

　私たちで実験するときは，磁石を回すのでなく，磁石の周りを針金を回すのがいいと思う．電池はふつうの電池で十分だ．でも電流が大きいせいか消耗も速い．この装置もファラデーがつくった(1822)．

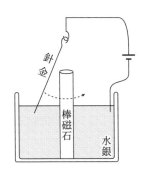

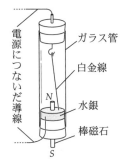

ファラデーがつくった装置

　この場合は初めと逆に電流が磁場から直角に力を受けて動く．水銀は液体なので抵抗が少なく，動くものの実験には本当に便利で，昔の

人が重宝したのがよく分かる．それでも水銀には毒性があり，扱いには十分注意しなければならない．回収も大変だ．そこで手軽に子供たちでもできる方法としてアルミ箔を使ったものがある．これは小林卓二著『ファラデーのモーターの科学』によった．

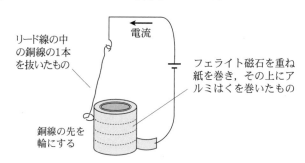

ファラデーは蹄鉄工のせがれに生まれ，13歳のときから働いた製本屋で本を読んで勉強したという．彼が化学者デーヴィに出した手紙に「商売は私には我欲に満ちたものと思われましたが，科学についてはその道に携わるものの心をやさしくし，また自由でとらわれないものにするという考えを私はもっていたのです」とある．

今ではモーターは私たちの生活になくてはならないものになっている．

●参考文献……………………

小林卓二『ファラデーのモーターの科学』，さえら書房，1986.
ダンネマン『大自然科学史』，安田徳太郎訳，三省堂，1978〜79.
島尾永康『ファラデー』，岩波書店，2000.
愛知敬一『電気学の泰斗・ファラデーの伝』，岩波書店，1926.
ファラデー『電気実験』，矢島祐利・稲沼瑞穂訳，(上)，(下)，内田老鶴圃，1980.

[上條隆志]

エレキ ギターを作る

　図1のようにばね，ばねをひっかける棒，磁石を用意して，ラジカセのマイク端子に接続するだけでできる．もっと簡単に，図2のようにアコースティック ギターに磁石を近づけた状態で，スチール弦をラジカセのマイク端子に接続するだけでできる．磁石のそばで導線を動かすと導線の両端に電圧が発生する（モーターをまわすと電流が発生するのと同じ）．それをラジカセのアンプを使って拡大しラジカセ内のスピーカーにつなげているだけである．

　実際のエレキ ギターでは，磁石にコイルを巻いたもの（ピックアップという）がギター本体に固定されていて，その上で磁性体であるスチール弦が磁場をかきまわしコイルに電圧を発生している．コイルの巻き数を増やすと高電圧が発生するが，高周波数の高音が出にくくなる．なぜそうなるか，交流回路で学んだことを使って考えてみよう．くわしくは参考文献 2 参照．

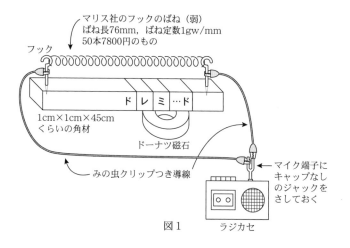

図1

●製作

いろいろなやり方があると思うが，私の具体例は図1のようなものだ．実験用のばねをひっかけるだけなところが気に入っている．ばねは，もちろん他のばねでもOKだ．

アコースティックギターに磁石をつけ，マイク端子につないでしまうのもけっこうシンプルでいい(図2)．

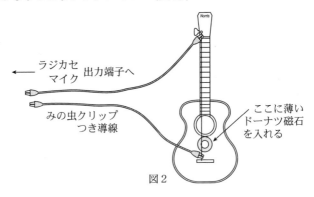

図2

●参考文献⋯⋯⋯⋯⋯⋯⋯⋯⋯

1) 愛知岐阜物理サークル『いきいき物理わくわく実験1 改訂版』，日本評論社，2002．

2) 竹田豊『エレクトリック・ギターのメカニズム』，リットーミュージック，1998．

[山口浩人]

101—火花が飛ぶと電波が出る？

　稲妻が光るとラジオには「ガリガリ」と雑音が入り，テレビの画面もみだれる．ラジオやテレビは電磁気的な作用で影響を受ける．「ガリガリ」は火花により電磁的作用が発生し，受信機がその作用を受けたからである．蛍光灯のグローランプが点滅するとき，電気のスイッチを切ったとき，モーターが回るときも，火花が散るので同じことが起こる．この作用は電波（電磁波）の発生なのだろうか．電磁波の存在をはじめて実験的に示したのはヘルツ（Heinrich Hertz 1857-1894）であるが，彼は火花を飛ばすことによって人工的に電磁波を発生させたのである．

●ヘルツの実験

　ヘルツは，マクスウェルの予言した電磁波を実際に実験で示した偉大な科学者である．ヘルツの用いた装置の代表的なものは図のようになっている．高電圧を発生する誘導コイルに，金属板が付いた2個の金属球をつなぐ．球と金属板は電気を貯めるコンデンサーの役割を果たす．誘導コイルにつなぐと高電圧がかかり，電荷がコンデンサーに蓄えられ，金属球の間に火花が飛ぶ．放電の初期に生ずるイオンのために絶縁が破れ，金属球間が導線でつながったようになる．放電の初期は回路のスイッチの役割を果たすのである．電流が流れるとどうなるか．そのとき，金属板間の導体がコイルの働きをする．コイルは自己誘導によって電流の変化を妨げようとするので，今まで蓄えられていた電荷が放電の結果なくなって電流が消えようとすると，同じ方向へ電流を流し続けようとする．この結果，はじめと逆の極性で金属板に電気がたまり，ちょうどはじめと逆の状態になる．これがくり返され，電流が行ったり来たりする電気振動が生じる．火花を高速度撮影

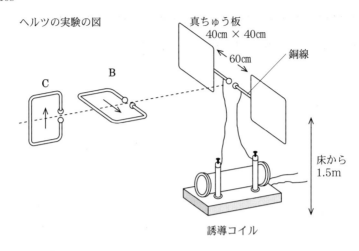

ヘルツの実験の図

真ちゅう板
40cm × 40cm

銅線

60cm

床から
1.5m

誘導コイル

してみると，火花は，１サイクルに２回ずつ光を放つ．そして何回も
振動しているのが見える．火花が飛んでいるときの振動はすぐに減衰
するが，誘導コイルによって次々に火花を飛ばし続け振動を持続させ
るのである．電荷が振動すると，金属板とそのあいだの導体がアンテ
ナの役割をし，電場の変化は磁場を伴いながら空間を波のように伝わ
っていく．これが電磁波である（第96項「なぜ電波は真空中でも伝わ
るのか」の項を参照）．

　BやCは受信回路である．これは針金の回路にやはりギャップのあ
る金属球をつけたものだ．伝わった電磁場がギャップに火花を誘導す
るのを観測できる．ちょうど振動が共鳴するような回路の大きさにす
ると火花は強い．ここでは発信回路の２つの球を結ぶ方向の電場が変
化するので，この電場を取り巻くようにこれと垂直に磁場ができてい
る．よって受信回路がBの場合は回路中を磁場が通り抜けて変化する
ので回路に電場が生じて火花が飛ぶが，Cのようなときは磁場が通ら
ず電場も垂直なので火花は飛ばない．電磁波は横波なのである．アン
テナの向きが，やってきた電場に平行であることが必要だ．ヘルツは
この効果が静電気のクーロン力のように距離の２乗に反比例して減衰
することはなく，距離に反比例して減衰しながら遠くまで(12m)伝わ
ること，また波に特有な定常波を作ることを確かめた(1887)．

　家庭で使う電子レンジは電磁波で加熱する！　熱いというのは物体の中の分子が激しく運動している状態である．電子レンジは，電磁波の震動する電場で主に水の分子を激しく震動させて熱くしている．うっかり電子レンジなどに金属箔の飾りがついた皿などを入れると，レンジ内の電磁波で火花が飛んでびっくりする．

●無線通信

　ヘルツは火花によって，波長 4 m（75 MHz）の電波を発生させ，さらにマルコーニは，金属板の代わりに一方をアンテナ，一方を地面に接地して電波の飛びを良くする工夫をした．今では火花の発生装置の代わりに送信機を使い，アンテナの共振周波数と同じ振動数の安定した電気振動をアンテナに供給している．なお，1895 年マルコーニが無線通信に成功してから 10 年後の 1905 年，日本帝国海軍は日露戦争で火花による無線機を使用，戦局を有利に導いた．

●参考文献⋯⋯⋯⋯⋯⋯⋯⋯
Heinrich Hertz : *Electric Waves*, Dover, 1962.
J. Z. Buchwald : *The Creation of Scientific Effects*, Chicago University Press, 1994.

［任海正衛］

火花によって生じる電波を実感する

●ピッピーポケベル

「ピッピーポケベル」というおもちゃがある．送信機と受信機がセットになっていて，送信機のスイッチをパチンと押すと，ポケベル型の受信機が「ピッピッピー・ピッピッピー」と鳴るというだけの，いたって単純なものである．

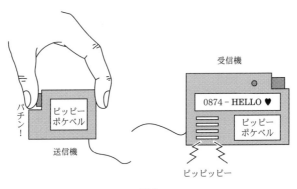

図1

送信機に入っているのは圧電素子．ガスレンジの点火装置などに使われているもので，パチンとやると高電圧が生じ，放電して火花が飛ぶ．このとき発生する電波で受信機が鳴る．それでは摩擦したエボナイト棒から他のものへ放電するときでも受信機は鳴り出すだろうか．この場合，不導体に放電しても鳴り出さなかったが，金属にしっかり（?）放電させると鳴り出した．

●バン・デ・グラーフ起電機の火花で

電気火花というと，すぐに思い出すのは学校などでもよく使われる

バン・デ・グラーフ起電機である．球の表面に電気をためて高電圧を発生し，実験に用いている．この大小の球を近づけてパチンと放電させてみると，やはり受信機が鳴り出す．

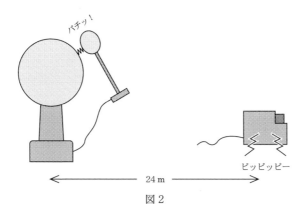

図2

それではこの強力な放電では，一体どのくらい遠くまで受信できるだろうか．断続的に放電させながら，徐々に距離を離していってみた．

都立戸山高校の物理実験室前の廊下では，約24 m先まで受信できた．球の間隔を小さくして火花放電を小さくした方が遠くまでとどいた．

実は放電せずに動いているバン・デ・グラーフ起電機の近くに受信機をおいておくと，受信機は始終鳴りっぱなしになる．これは，バン・デ・グラーフ起電機の周囲に作られた不安定な変動電場が，受信機のアンテナ線の中に変化する電流を流したためと考えられる．2〜3 m以上離れると受信機は反応しなくなるが，これは電場が急激に弱くなってしまうためである．

ところが放電により火花を飛ばすと，24 m先まで鳴り出した．これは放電の際に電磁波が発生したためである．言いかえると，放電で生じた振動電場がちぎれて飛んでいき，飛んでいった先で，アンテナ線に振動電流を流したためと考えられる．

電磁波は，振動電場が振動磁場を作り，振動磁場が振動電場を作る

というように，場が互いに相手を作り出すことによって伝わっていくものである．この実験では，磁場の測定はしていないが，電磁波による電場が離れた点まで伝わること，その点には何もないように見えるが，物質をおくと電流を生じることなどがわかっておもしろい．

[松本節夫]

102−なぜ電波は真空中でも伝わるのか

●エーテル──光を伝える物質？

　ニュートン以前には，力はさわっているものから働くので，惑星が太陽のまわりを回るには後ろから押す力が必要だと思われていた．デカルトは，透明な物質が宇宙空間をすき間なく──真空といわれているところも──満たしていて，そこに太陽の自転で起こる渦が遠くまでだんだんと広がって惑星を押しているのだと考えた．そうでなかったら，太陽のまわりを惑星があんなに公転し続けることなどあり得ない，と考えたのだ．

　星や太陽の光は宇宙空間を通って地上に届く．光は干渉を起こすので波であることがわかり，偏光の現象から横波と考えられる．音波などの弾性波が伝わるのは，弾性体の一部を変形すると弾性力が生じるために変形が周囲に波及するのである．光の波が空間を伝わるのも，何か光の媒質が空間に──真空といわれているところにも──満ちているからだと考えられた．その媒質はエーテルとよばれた．

　空間を進む光の速さは30万キロメートル毎秒という大きな値である．弾性波は物質の弾性が大きく（つまりバネ的に固く），密度が小さい（いわば軽い）ほど速く伝わるのだから，エーテルの弾性は非常に大きく密度は非常に小さいにちがいない．また，横波を伝えるから固体と考えられる．このような奇妙な透明体が宇宙空間を満たしているのだろうか．

　光の波の速さはエーテルの弾性と密度で決まり，その速さはエーテルに対する速さということになる．光源の速さには関係しない（ろうそくの光も太陽の光も同じ速さで伝わる）．しかし，見る人がエーテルに対して運動すれば光のみかけの速さは変化するだろう．そこでエーテルに対する地球の運動を調べる実験が行なわれた．地球の公転の

速さは光速の1万分の1にすぎないが，光の干渉を用いればそのわずかな影響も十分検出できる．マイケルソンとモーレーが1887年に実験した結果，エーテルに対する地球の運動はまったく観測にかからなかった．その後も精度を上げて実験をくり返したが，同じ結果であった．どうもエーテルは存在しないらしいが，それならどうして光の波は伝わるのだろう．

●電磁波——電場と磁場の変化が空間を伝わる

この疑問の解決は思わぬ方向，つまり電磁場の研究から得られた．電場(電気力線で表わされる電気力の働く場)E が速度 v で動くとそこに電場に垂直な磁場(磁力線で表わされる磁石の力の働く場)B ができ，その向きは E から B に向かって右ネジを回すときネジの進む向きが v の向きになるようなものである．大きさは

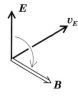

図1

$$B = \frac{v}{c^2}E$$

となる(図1)．

また磁場 B が速度 v で動くとそこに磁場に垂直に電場 E ができ，E から B に向かって右ネジを回すときネジの進む向きが v の向きである．大きさは

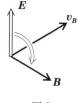

図2

$$E = vB$$

となる(図2)．

マクスウェルはこの2つの法則から，E が運動すると B ができ，その B の運動でまた E ができて，電場と磁場は互いに相手を生み出しながら空間を進んでいくこと，それは波のように観測され，(図3から分かるように)横波であることを予言した(1861年)．これを電磁波という．

電磁波では，電場と磁場は互いに相手の原因となって他をつくり出していくのだから，2つの法則の示す E, B の関係式における E と

B は同じものでなければならない．このことから彼が電磁波の伝わる速さを求めると，

$$B = \frac{vE}{c^2} = \frac{v}{c^2}vB \quad \text{から} \quad \frac{v^2}{c^2} = 1 \quad \text{となるので} \quad c = v$$

でなければならない．光の速さと一致した！　これは意外な結果であるが，彼は光は電磁波であると考えればよいことに気がついた．彼の考えを実験で確かめたのはヘルツである．電気振動を利用して電磁波の発振に成功し，電磁波が光と同じく反射・屈折し，偏りをもつことを示した(1888 年)．

　2 つの法則は真空中でも成り立つから，電磁波は真空中でも伝わる．こうして光は電磁気の法則から理解され，エーテルを考えなくてよいことがわかったのである．

●電磁波をどうやってつくるか

　電磁波の速さは光の速さに等しいから，電磁波をつくるにはまず電場か磁場を光の速さ c で動かす必要がある．しかし，物体を速さ c で動かすことはできない．どうしたらよいか．

　弾性波を起こすには弾性体の一部を急に動かして加速し，弾性体を変形させる．変形とはつまりたわみである．たわみが起こると弾性力が生じ，たわみを周囲に伝える．たわみの伝わる速さは物質の弾性と密度で決まる．同じように，速さ v で動いている電子を急に止めると，電子の近くの電気力線は電子とほぼ同時に止まるが，遠方の電気力線はすぐには止まらずに少しの時間 t の間速さ v で動き，電気力線は図 3 のようにたわむ．このたわみは 2 つの法則で決まる速さ，つまり c で伝わるのである．このように，電子に加速度を与えればその電気力線がたわみ，変形が速さ c で伝わって電磁波が出ていく．ヘルツの発振器やアンテナの振動回路でも，電子に加速度を与えて電磁波を送り出す．

●テレビとラジオ──どうやって画像と音声を送るか

　電波，赤外線，光，紫外線，X 線，ガンマ線などはみな電磁波で，

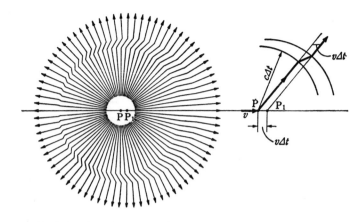

図3　制動輻射．急に停止させた荷電粒子の電気力線．粒子が左から速さ v で走ってきてPでとまった．(江沢 洋『現代物理学』朝倉書店より転載)

この順に波長が短い．これらは通信，放送，センサー，エネルギーなど実に広く利用されている．ラジオは中波(波長約 100 m)から超短波，テレビは超短波からマイクロ波(波長約 1 cm)までを使う．ボイジャー 2 号が送ってくる電波はサブ・ミリ波(波長約 1 万分の 1 m)，電話の光ファイバー通信や電子レンジでは赤外線(波長約百万分の 1 m)，CT(コンピュータ断層撮影)では X 線(波長約百億分の 1 m)，医療にはガンマ線(波長約 1 兆分の 1 m)を用いる．

　アンテナからエネルギーの大きい電波を送り出すには，周波数を大きく(波長を中波以下に)する必要がある．音声や画像を電気信号に変えた波は中波よりもずっと波長が長い．そこでその振幅や周波数の変化を波長の短い電波に乗せて送り，受信してから分離すればよい．振幅を乗せるのが AM，周波数を乗せるのが FM である．

[藤崎達雄]

103 – どのようにしてX線は
電磁波だとわかったのか

　約100年前，X線はドイツのレントゲンによって，発見された．彼は，1895年に陰極線管の一種を高圧放電し，その管内を通る電流の研究をしていた．11月8日，暗幕をした暗室で装置も黒い紙で覆ったにもかかわらず，放電させるたびに，近くで白金シアン化バリウムを塗った紙製蛍光板が光ることを発見した．レントゲンはこの管から発生する「新しい放射線」をくわしく研究し，論文にまとめ，'未知の放射線'の意味で「X線」と名づけた．Xは未知を意味する．

　その後，陰極線が電子の流れであることはJ.J.トムソンの研究(1897)でわかった．

　レントゲンの研究によって，X線は陰極線が当たる金属部分から発生し，写真乾板を感光させ，1000ページもの厚い本を通り抜ける一方，金属などはほとんど通り抜けない，間に手を入れると蛍光板に手の骨がはっきりと写る，そして光のような屈折や反射がほとんど見られない，磁石を近づけても曲がらない，まわりの空気をイオン化すること，などがわかった．彼は，以上のことから，X線の本性は「エーテルの波」ではないかと提案した．彼は光のような横波ではなく音波のような縦波ではないかとも考えた．

　その後，X線については，粒子か波か，波としたら非常に短波長の横波か，またはむち打ちの際に発生する鋭い音のようなものではないかなどいろいろな仮説がだされた．バークラの実験がX線の偏光を示唆して以来ゾンマーフェルトはX線が電磁波であると信じていたという．回折の実験から彼がX線の波長を見積ったのをうけて，1912年，ラウエ(Laue)は，「X線の波は，結晶をつくる原子間の距離にほぼ等しい波長と考えられるので，光が回折格子を通るときと同じく，結晶格子で散乱され，特定の方向に干渉し強められる回折現象が生じるは

ずだ」という仮説をもとに実験をし，X線は光と同じ電磁波であることと同時に結晶も規則正しい原子の集まりであることを示した．

●日本における研究

ラウエの発見に接して独自に研究を進めたのは寺田寅彦である．6月に発表されたラウエの論文を10月に手に入れた寺田はさっそく物理教室のX線管と感応コイルを使ってラウエ写真の撮影を試みたが一週間連続露出しても何も写らなかったという．これにめげず，医学教室からより強力なX線管をもらい受け，より強力な高圧電源に改善して，比較的短期間で成果を上げた．寺田が独自に上げた成果は次の通りだ．

1. ラウエらは結晶の対称軸の方向にX線を入射させ対称的なラウエ斑点を得ようとしたが，寺田は結晶を回転させたときの像の変化を調べた．この変化の観察から寺田はこれが結晶の中で並んでいる原子の面（結晶格子面）からの反射であることを見抜いた．
2. 太いビームを用い短時間での撮影を可能にした．また像を蛍光板上で直接観測できるようにした．

寺田の使用した資料は岩塩，蛍石，みょうばん，蔗糖などの結晶である．寺田は速報を1913年3月と4月の日付で投稿している．しかし寺田とは独立に，わずかに先立って，寺田と共通の結論を含むブラッグ（W. L. Bragg）の有名な論文がすでに1912年11月に報告されていた．両方の論文を比較すると，寺田がX線の正体が粒子であるか波動であるかの断定を慎重に避けているように見えるのに対し，ブラッグはこの現象が波動によるものであることを見抜き，有名なブラッグの条件式を導入している．しかし寺田の研究は当時の日本が独創的に展開したものとして十分評価できるものである．

寺田の研究は大学院生であった西川正治（1884-1952）に受け継がれ，彼らは20種以上の試料を取り上げている．その中に生糸，木材，麻なども含まれていたことは特筆すべきである．あるいは後のDNA構造の決定につながる道の可能性もあったのかも知れない．

●参考文献……………………

W. R. ニッケ『X線の発見者・レントゲンの生涯』，山崎岐男訳，考古堂，1989.

宮下晋吉「'X線の発見' と実験・技術・社会」（I），（II），科学史研究 II **21**，162-175，201-209，1982.

宮下晋吉「J. J. Thomson の X 線研究(1896 年)」，『科学史研究』II **20**，74-82，1981.

寺田寅彦「X線の廻析現象と物質の内部構造」，寺田寅彦全集，第 15 巻，岩波書店，1998.

三宅静雄「日本における初期の X 線結晶学」，日本物理学会誌，vol.50，p.811，1995.

［桃井芳徳］

104—光も波なら，波に押されるように
光にも押されるのだろうか

　光は電磁波の仲間である．そして電磁波は，反射されたり吸収され
たりするとき相手に圧力をおよぼす．これは放射圧とよばれている．

●電磁波が導体板で反射されるとき

　まず，具体的に，電磁波が導体板に垂直に入射して反射される場合
について考えてみよう．図で，E と H は入射波の電場と磁場，E'

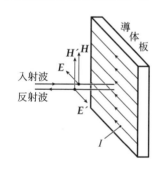

と H' は反射波の電場と磁場である．こ
のとき導体の表面には電流 I が流れる．
I の向きは，それがつくり出す磁場が，
導体内部で入射波の磁場を打ち消すこと
から，電場の向きに応じて図のようにな
ることが分かる．電磁波であるから E
も H も振動していて，向きの逆転を繰
り返す．それに応じて I も振動する電
流である．この振動電流が反射波を送り出すのである．さて，電流 I
は磁場 H から力を受ける．その力の向きは H と I に垂直で，入射
波の進む方向である．こうして，導体は入射波の進行方向に力を受け
る．これが電磁波の圧力である．

●電磁場の運動量

　圧力をおよぼすということは，相手に運動量を与えることである．
したがって電磁波は運動量をもっている．これは場自身がもっている
運動量である．一般に電磁場はエネルギーを運び，また運動量をもつ．
そして単位体積に含まれる運動量 p（運動量密度）と，単位時間に単位
面積を通過するエネルギーの流れ S（エネルギー流密度）とは，方向

が等しく，大きさについて

$$p = \frac{S}{c^2}$$

の関係がある（c は光の速さ）．このことは電磁場の基礎理論であるマクスウェル理論から導き出すことができる．

●光の圧力は大変小さい

　光がエネルギーを運ぶことは，日光に当たればポカポカとあたたかくなることからもよくわかる．しかし光の圧力は大変小さく，とても人に感じられない．圧力は $1\,\mathrm{m}^2$ の面に 1 秒間に光が運んでくる運動量であるから，体積 $1\,\mathrm{m}^3 \times c$ の筒に含まれる運動量で cp である．先に述べた $p = \dfrac{S}{c^2}$ の関係より，

$$cp = \frac{S}{c}$$

となり，圧力はエネルギー流密度の $\dfrac{1}{c}$ である．c が $3 \times 10^8\,\mathrm{m/s}$ という大きい値であるために，圧力はエネルギー流密度に比べて大変小さくなってしまうのである．たとえば，地表で太陽光がそれに垂直な $1\,\mathrm{m}^2$ の面に 1 秒間に注ぎ込むエネルギーは $1360\,\mathrm{W/m}^2$ である．これを c で割ると圧力は $4.5 \times 10^{-6}\mathrm{N/m}^2$ となる．これは $1\,\mathrm{m}^2$ につき，直径 $1\,\mathrm{mm}$ の水滴の重さに相当する力であるから，まさに雀の涙ほどの圧力というべきである．

●光の圧力の測定と「三四郎」

　こんな小さな圧力を実測した人がいる．初めにロシアの R. N. レベデフ（1900 年），次いでアメリカの E. F. ニコルスと G. I. ハルがさらに精密に測定した（1901-1903 年）．ニコルスとハルは銀メッキしたカバーガラスをグラスファイバーで吊したねじり秤を用いて放射圧を測定し，マクスウェル理論と一致する値を得た．

　夏目漱石はこの実験の話を物理学者の寺田寅彦から聞いて，小説『三四郎』の中に取り入れている．漱石はこの実験を，いかにも浮き世離れした理学者の仕事として描き，何の実用性もないところにむし

ろ純粋さを認めているのであるが，現代では強力な光源レーザーのお
かげで，放射圧は微粒子を扱う工学に実用化されている．レーザー光
を顕微鏡を通して絞り込み，これを微粒子に当てると微粒子は放射圧
のためにレンズの焦点に引き寄せられ，そこで止まる．このレーザー
捕捉という方法で，微粒子を思い通りの形に並べてパターンをつくら
せたり，２つの微粒子を接触させ化学反応を行なわせることもできる
ようになっているのである．これを光ピンセットという．

●参考文献……………………

江沢 洋「光の圧力と漱石と寅彦」㈠，㈡，『夏目漱石全集』，第九，十巻月報，岩
　波書店，1994．

［矢崎裕二］

105–テレビ・アンテナは
なぜあんな形をしているのか

　荷電粒子が加速あるいは減速されると，周囲の電場磁場に変化が生じ，空間に電磁波として伝わってゆく．伝わってきた電場の変化によってアンテナの中の荷電粒子（多くは金属中の電子）が揺り動かされ受信機に伝わる．これが電波の受信である．アンテナは，効率よく電波を発射したり，電波を受信したりするよう工夫されている．身近なアンテナとしては，携帯電話機のアンテナ，テレビのアンテナ，BS放送のアンテナなどがあげられる．形や大きさは違うが，空間に電波を出したり受けたりする機能は同じであり，用途と使用する電磁波の波長（周波数）により使い分けられている．アンテナらしきものが見えない携帯ラジオやポケベルにもアンテナは付いている．

●テレビのアンテナ，八木・宇田アンテナ
　屋根の上に多く見られるテレビのアンテナは八木アンテナと呼ばれ，日本の八木秀次と宇田新太郎によって発明されたものである（1925年）．何本ものアルミ棒（エレメント）を平行に置いて1本の鉄棒で支えている（図1）．なぜあんな形をしているのだろう？　エレメントはテレビのチャンネルの数に応じてたくさんあると思うかもしれないが，それは違う．あれはいわゆる指向性をつけ，望みの方向からくる電波を感度よく受信し，余計な方向からの電波は避けるようにしているのである．
　たくさんあるエレメントのうち後ろから2番目のエレメント

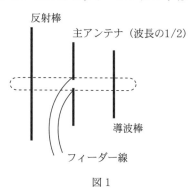

図1

が電波を受け振動電流をつくる主アンテナであり，テレビ受像機に接続するフィーダー線がついている．空間を飛んできた電波は主アンテナ内の自由電子を動かし，振動電流を誘導する．縦棒の向きは電波の来る方向(例えば東京タワー)で横棒の方向は電波の電場の振動方向にほぼ合わせてある．正負の電荷の偏りが対になって生じたものをダイポールとも呼ぶので，主アンテナをダイポールと呼ぶ習わしもある．振動電流はダイポールの真ん中から取り出され受像機に送られる．ダイポールの長さは電波と共振するように電波の波長の約半分にするので，アンテナの大きさは波長で決まることになる．波長が数十mの電波(短くないが短波と呼ぶ)を使う通信にはワイヤーで作られたダイポールアンテナが使われている．

　主アンテナだけでも受信はできる．それでは八木アンテナの他の棒は何のためにあるのか．後ろにある1本が反射棒で，これは半波長の主アンテナより少し長くて1/4波長離れて置かれる．前にある1本〜数本の棒は導波棒といわれこれは反対に少し短い．これも1/4波長間隔に置かれている．これらの役割は指向性の強化で，特定の方向の電波を強め，余計な方向の電波を避けることを目的としている．それはなぜ可能か．

　受信も送信もそっくり逆にすれば同じなので，いま送信の場合で考えよう．主アンテナが半波長で振動を起こすと，その電波は両側に伝わり，反射棒と導波棒の中の電子を揺り動かす．振動体に外から力を加えて振動させるのを強制振動という．このとき反射棒の固有振動数が入射電波の振動数より小さければ，反射棒の中の振動は入射波に対し1/2周期進む(遅れるといっても同じ)ことが力学から知られる．もともと1/4周期離れているので反射棒からでる電波は都合1/4周期遅れることになり，主アンテナの側では強められ，電波は反対側では弱められる(図2)．導波棒では逆に長さを短くし，固有振動数を電波より高くしておけばそこに誘発される振動は入射電波と位相があって，先の反射棒とアンテナの関係をアンテナと導波棒にふりかえた場合が実現される(計算は後述)．

　UHF テレビの電波の波長(39 cm から 64 cm)は VHF テレビの波

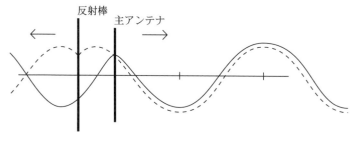

反射棒　　主アンテナ

図2

長(2.7 mから3.3 m)に比べ短いので，アンテナは小さくなり多くの
エレメントがつけられている．これらのエレメントにより指向性が良
くなる．つまり，ビルで反射されたゴースト(画像が二重になる現象)
の原因になる斜めや後ろからの電波はカットされ，真正面からくるテ
レビの電波だけが選択される．

● BS はパラボラアンテナで

　BS放送は赤道上3万6千kmの高度にある静止衛星から，出力約
100 W，波長が12 cmの電波を出し放送している．光(電波)の速さで
0.12秒もかかる距離から電球1個分のエネルギーの電波が発射され
ているので地表に着く電波は地上の放送より非常に弱くなっている．
このような弱く波長の短い電波の受信が得意なのがパラボラアンテナ
である．おわん型の面はパラボラ(回転放物面)になっており，衛星に
向けたこの面が広いほど電波のエネルギーを多く集められる．有名な
野辺山の電波望遠鏡は直径45 mのパラボラアンテナで，遠い星から
の弱い電波をとらえる能力がある．

　回転放物面の軸の方向から入射した電波は反射されて焦点に集まる．
放物面は電波がそのどこで反射しても衛星から焦点までの通過する距
離が同じになる性質があるので，焦点では入射する電波の位相がそろ
い，強め合って受信される．焦点に置かれた主アンテナは電波を受け
て振動電流に変える役割をし，その電流が受像機に送られることにな
る．なお，アンテナは送信用と受信用が同じ構造なので，受信用の主
アンテナもよく放射器と呼ばれる．

BS用パラボラアンテナにはオフセットパラボラが使われることが多い．放射器の影が反射面にできるのを防ぐために回転放物面の端の部分を反射面に使う．また，平面のBSアンテナはその平面内にたくさんの小さなアンテナを並べた構造をしており，平面に到達する電波のエネルギーを直接吸収する．これらのアンテナは真正面からの電波のみが選択されて受信できる．これを指向性が良いといい，アンテナにとって大切な性能である．

● 1本棒のホイップアンテナ

携帯電話機や自動車につけている無線機のアンテナには1本の垂直な金属棒でできているホイップアンテナが多く使われる．これはダイポールアンテナを垂直に立て下半分をカットした構造で，携帯電話機の本体や車体，地面が下半分の代わりをしている．

ホイップアンテナは幅を取らず長さもダイポールの半分，つまり波長の4分の1になり持ち運びに便利である．800 MHz（波長40 cmぐらい）の電波を使っている携帯電話機は10 cmの長さのアンテナとなる．携帯電話機のアンテナは四方に電波を飛ばすことが必要なので，この点からもホイップアンテナが便利である．なお，短く太いアンテナが付いている携帯電話機もあるが，このアンテナのビニールカバーの中にはコイルが巻いてありアンテナの長さを補っている．

●ラジオのアンテナは

普通の中波ラジオにはフェライトアンテナが付いている．ステレオ用のチューナーなどでは裏面に，ラジオではケースの中にある．いままで紹介したアンテナは電波（電磁波）の電界成分から電気振動を取り出すのに対しこのアンテナは磁界成分を利用している．このアンテナは鉛筆状のフェライトの芯にコイルが巻いてある．フェライトは電波の磁界成分により磁化の向きを次々に変え，コイルに振動電流を誘導，電波を受信する．実際に見てみるのが一番，ラジオを開けてみよう．

補注 1)　八木アンテナの数学的説明（電子の強制振動）

1 本のアンテナの棒の中では電子がふりこのように単振動できるとし，このときそれをじゃまする抵抗力も働いているとする．この振動子に外力が働くときの運動方程式は

$$\frac{d^2x}{dt^2} + \gamma\frac{dx}{dt} + \omega_0{}^2 x = f(t) \tag{1}$$

ここで γ は抵抗の係数 ω_0 は固有振動の角振動数（周期 T は $2\pi/\omega$），f は外力を表わす（強制振動）．

いま，外力が入射電波によるもので，適当な時間の原点をとって $f = f_0 \sin \omega t$ で表わされるとすれば，(1) は

$$\frac{d^2x}{dt^2} + \gamma\frac{dx}{dt} + \omega_0{}^2 x = f_0 \sin \omega t \tag{2}$$

もちろん ω は入射波の角振動数．

いま，解を $x = A\sin(\omega t + \phi)$ の形と仮定しよう．A, ϕ はこれからきめる定数である．位相は変位 x の方が外力 f より ϕ だけ進んでいる．(2) に代入すると，

$$[(2) \text{の左辺}] = -A\omega^2 \sin(\omega t + \phi) + \gamma\omega A \cos(\omega t + \phi)$$
$$+ \omega_0{}^2 A \sin(\omega t + \phi).$$

三角関数の加法定理

$$\sin(\omega t + \phi) = \sin \omega t \cos \phi + \cos \omega t \sin \phi$$
$$\cos(\omega t + \phi) = \cos \omega t \cos \phi - \sin \omega t \sin \phi$$

を用いれば

$$[(2) \text{の左辺}] = (-\omega^2 \cos \phi - \gamma\omega \sin \phi + \omega_0{}^2 \cos \phi) \cdot A \sin \omega t$$
$$+ (-\omega^2 \sin \phi + \gamma\omega \cos \phi + \omega_0{}^2 \sin \phi) \cdot A \cos \omega t$$

となるが，これが $f_0 \sin \omega t$ に等しいので

$$(\omega_0{}^2 - \omega^2) \sin \phi + \gamma\omega \cos \phi \qquad = 0 \tag{3}$$
$$\{(\omega_0{}^2 - \omega^2) \cos \phi - \gamma\omega \sin \phi\}A = f_0 \tag{4}$$

(3) より

$$\tan \phi = \frac{\gamma\omega}{\omega^2 - \omega_0{}^2}. \tag{5}$$

(4) より

$$A = \frac{f_0}{(\omega_0{}^2 - \omega^2)\cos\phi - \gamma\omega\sin\phi} \tag{6}$$

(5)から図3によって $\cos\phi$, $\sin\phi$ を求め(6)に代入すると,

$$A = \frac{f_0}{[(\omega_0{}^2-\omega^2)^2 + (\gamma\omega)^2]^{\frac{1}{2}}} \tag{7}$$

が得られる.

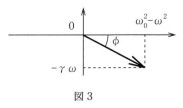

図3

(7)からは外力の ω が固有振動のωに等しければ共振するという当然の結果が得られる($\gamma = 0$ならAが無限大).

さてϕは,

I　$\omega \ll \omega_0$ のときは
$\tan\phi \longrightarrow -0$

II　$\omega \gg \omega_0$ のときは
$\tan\phi \longrightarrow +0$

III　$\omega \longrightarrow \omega_0-0$ のときは
$\tan\phi \longrightarrow -\infty$

IV　$\omega \longrightarrow \omega_0+0$ のときは
$\tan\phi \longrightarrow +\infty$.

よってωとϕの関係は, ϕをωとともに連続的変化するように図3からきめると, 図4のようになる.

γが小さくなるほど曲線は立ってくる.

よって, 主アンテナの振動数$\dfrac{\omega}{2\pi}$に対し, 反射棒は長くすなわちω_0が

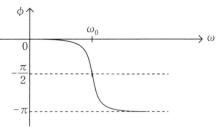

図4

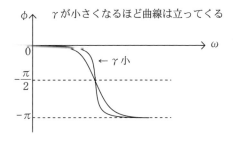

図5

小さければ，反射棒の振動 x は外力 f から位相のずれ $\phi = \pi$，つまり半波長ずれることがわかる．

　一方，短い導波棒の ω_0 は ω より大きいので $\phi = 0$，つまり同位相となって強めあう．

補注 2)　放物面鏡の焦点

　放物線は「定直線からの距離と定点からの距離の差が一定の曲線」として定義される．よって，図の距離 X と r の間に常に

$$X - r = 一定$$
$$= c \tag{8}$$

がなりたつ．そこで反対側の任意の位置に，放物線の軸に垂直な定直線 W を考えると

$$X + Y = 一定 = k$$

なので

$$Y + r = (k - X) + r$$

となるが，(8)を用いれば

$$Y + r = k - (c + r) + r$$
$$= k - c = 一定 \tag{9}$$

となる．定点 F が放物線の焦点である．

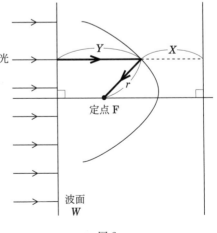

　遠方の衛星からきた電波は，衛星に向けた放物面鏡に入るとき，放物線の軸に平行に進む平面波になっている．その波面を W としよう．電波は，放物面鏡で反射して焦点 F に集まる．このとき W のどの点から F にいたる経路の長さ $Y + r$ も (9)によって互いに等しい．他方，W は波面で，

図 6

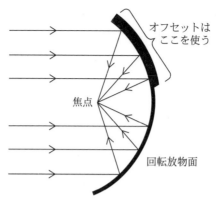

図7　パラボラアンテナ

どの点でも波の位相は同じである．したがって，波はFにきても同位相で，互いに強め合うことになる．

●参考文献……………………

伏見康治「物理学者の描く世界像——物性論の理解のために」，④ 物の色 IV レーザー，科学朝日，1964 年 4 月号．

松尾博志『電子立国日本を育てた男——八木秀次と独創者たち』，文藝春秋，1992．

江沢 洋「世界像を組み上げてゆくために——物理学のすすめ」，所収：岩波書店編集部編『科学のすすめ』，岩波ジュニア新書，1999．

[任海正衛]

106−なぜオーロラは極地方で見えて
　　　日本では見えないのか

　オーロラという名は，夜明けを告げながら天空を駆ける曙の女神ア
ウロラに由来する．オーロラは北極や南極に近い高緯度地方の地上
60 km から 1000 km にわたる高度の空に発生し，多くは緑の光が観
測される．人工衛星から見ると，オーロラは南北の地球磁極をとりま
くリング状の領域にある．この領域をオーロラ・オーバルという．こ
の光はなぜ生じるのか．またなぜ磁極をとりまくリング状なのか．

●光は何が出しているのか

　オーロラのほとんどは酸素原子から出る光である．原子の中では原
子核のまわりに電子が存在するが，電子の軌道はとびとびに存在し，
異なるエネルギーをもつ．普通はもっともエネルギーの低い軌道の状
態(基底状態)に電子はいるが，外からエネルギーをもらうと，エネル
ギーの高い軌道の状態(励起状態)に上がる．上がった電子が再び高い
軌道から低い軌道に落ちるとき，その差にあたるエネルギーを光とし
て放出する．光のエネルギー ＝ (プランク常数)×(振動数)という関
係があるので，出てくる光はそのエネルギーの差に対応する振動数つ
まり色をもつ．原子の軌道は原子によって異なるので，こうしてその
原子特有の色の光が生じる．

　オーロラでは，高エネルギーの荷電粒子が酸素原子に衝突し，エネ
ルギーを与える．これはネオンサインと原理は同じである．酸素原子
の励起状態は第 1 次の励起状態が基底状態(くわしく調べるとこれは
2 つの近接した状態からなるが)より 1.96 eV($1 \text{ eV} = 1.6 \times 10^{-19}$ V)
上にあり，第 2 励起状態は 4.17 eV 上にある．この第 2 状態から第 1
状態に落ちるときのエネルギーの差は 2.21 eV であり，これと対応
する波長 5.58×10^{-7} m の緑の光を放出する．さらに第 1 次の励起状

態から基底状態までは 1.96 eV で，この間を落ちると 6.30×10^{-7} m の赤い光を出す．なお第 2 励起状態の寿命が半減期(励起状態の電子が——下に移ることで——数にして半分まで減る時間) 0.74 s に対し，第 1 励起状態の半減期は 110 s である．そのため第 1 励起状態の原子は，同じ時間で比べれば光を出す確率がずっと小さく，赤い光を出す前に多くは周辺の原子分子にぶつかり基底状態に戻ってしまう．したがって，高さ 200 km 以上の原子分子の密度の小さいところなどでだけこの赤い光が見られる．

酸素以外によるオーロラ光はほとんどが分子による．分子が出す光は孤立した振動数でなく，連続した帯状の振動数をもつ．もっとも強いのはイオン化された窒素分子による 3.91×10^{-7} m 付近のバンドだが，ここは紫で人間はあまり感じない．実際に見えるのは中性の窒素分子による赤い光でオーロラ下部に見られる．

なぜ酸素の分子でなく原子が支配的なのか．地表近くはもちろん窒素と酸素の分子が主であるが，上空 200 km から 500 km くらいになると，太陽の紫外線によって分子が原子に分解され，酸素原子がもっとも多くなっているからである．

●酸素や窒素の原子・分子にぶつかる粒子はどこから来たのか

この粒子はほとんど電子である．それは太陽から太陽風として飛んできたものである．太陽は光の他にたくさんの粒子を空間に放出している．それが風のように地球に降りそそぐ．成分は主として陽子と電子である．速さは毎秒数百 km，密度は 1 cm³ あたり 5 個くらいで，太陽光は地球まで 8 分で到達するが，太陽風の粒子は大体光の 1000 分の 1 の速さとすれば 5 時間半で地球まで来る．この粒子が地球に降りそそぐとき，主としてその中の電子が原子分子にぶつかって光を出す原因となる．

●なぜオーロラは南北の極地方で見られるのか

ではなぜオーロラは極地方に起こるのだろうか．それには地球が全体として磁石であることが関係している．地球磁石の磁力線のところ

に荷電粒子が来たらどんな力を受けるだろう．いま，図1のように磁力線の中を荷電粒子が動くと電磁気の法則によって磁場と運動方向の両方に垂直に粒子は力を受ける．常に動く方向と垂直に力を受けるので，荷電粒子はぐるぐる回る．そ
れはあたかも磁力線に巻き付くかのようだ．もし磁力線に沿った方向の速度があれば，それは保たれるので，荷電粒子は磁力線に巻き付くようにして，磁力線をたどっていくだろう．地球の磁力線は南極の方からわき出て北極の方に入っていく．荷電粒子は両極に向かって進んで行き，空気とぶつかってオーロラを起こす．

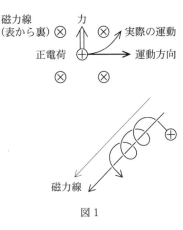

図 1

　磁場は粒子にその速度と垂直な力を加えるので，向きを変えるが速さを変えるわけではない．太陽風の電子が磁力線に巻き付いて地球に向かうとき，オーロラを起こすのに十分なエネルギーだろうか．あたってみよう．1 eV とは電子1個が1 V で加速されたときのエネルギーだが，このときの電子の速さは約 600 km/s で光速の 500 分の1にあたる．酸素を上に述べたように励起するには 5 eV くらいは必要だとすると，この5倍すなわち光速の 100 分の1は必要．そうすると太陽風そのものの速度では平均的には不足で 10 倍くらいに加速する必要がある．

　実際は入ってくる電子は，地球磁気圏に入ってからもっとずっと大きいエネルギー(1 k-10 keV)に加速されていて(光の5分の1の速さ)，地上 100 km まで侵入し，たくさんの原子・分子に衝突して発光させたり，2次電子を叩き出したりしている．

　電子を加速するのは電場だが，それは実際に存在するのか．現在，上空数千キロの所に実際に電場が観測されている．しかしそれだけでなく地球磁場の赤道面と太陽風の磁場が交わる3万 km のところでエネルギーの蓄積が起こると考えられている．このエネルギーの蓄積

と解放が大きいとき，オーバルに磁気圏嵐(サブストーム)と呼ばれる美しくも明るい爆発的オーロラが広く起こる．その引き金は次のように考えられている．

●太陽風と地球磁気圏の尾

　地球はいつもその太陽風にさらされている．そのときどんなことが起こるか．太陽風の発見までは地球は巨大な磁石であり，その磁力線が真空の宇宙空間にずうっと伸びていると考えていた(図2)．しかし地球の磁力線は太陽風の粒子をくい止めるが，その激しい磁気圧力を受けて反対側に大きくたなびく．尾の長さは地球半径の 1000 倍にも及ぶことが報告されている．宇宙をさまよう巨大ひとだまのようだ(図3)．

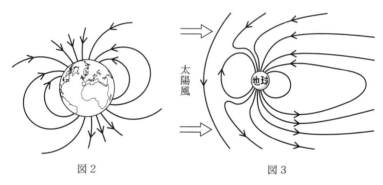

図2　　　　　　　　　　　　　図3

　なぜそうなるのか．地球磁場は太陽風と垂直なので，太陽風の粒子を進行方向を横向きに変えて太陽風の侵入を妨げる．プラスの荷電粒子は東へ，マイナスの粒子は西へ動き，それは東回りの環電流になり，その磁場は地磁気を強める．ちょうど太陽風に圧縮されて磁場は強まったようになり，太陽風は磁気圏の境界外側を流れていく．このような「ひとだま」にどのようにエネルギーが蓄えられるのか．

●磁場再結合説

　第一の有力な説は磁場再結合説である．太陽風のような流れるプラズマは磁力線があると電流を生じ，その作用によって磁力線を一緒に

つれていく．そこでもし太陽に南向きの磁場があると（太陽の磁場の向きがオーロラの発生に大きく影響することは知られている），その磁場を中に持ったまま地球に吹き付ける．地球磁場は南極から北極に向かっているので赤道付近では北を向いている．そこに来た太陽風内の磁場がいま南を向いていたとすると，それが地球に押しつけられることによって，赤道付近では磁場は打ち消し合う．しか

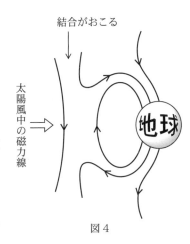

結合がおこる

太陽風中の磁力線

図4

し磁力線は切れることはないので南と北ではつなぎ替えが起こり，両方の磁力線がつながる（図4）．さて太陽風に乗った磁力線が次々に押し寄せると，磁力線同士は反発するので，地球前面では太陽風の磁力線はくい止められるが，南と北では磁力線はつなぎ替えが起こりながら押されて，図5のようにだんだん地球の後ろに尾を引くようにたなびいていく．このことが地球の磁気圏が長く尾を引く原因とも考えられている．またオーロラを作る粒子もこの開いた磁力線から地球磁気圏に入り，オーバルにつながるだろう．

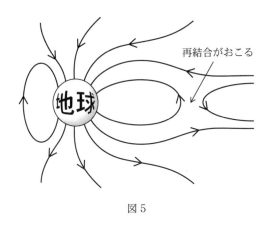

再結合がおこる

図5

　地球の後ろの磁気圏の尾の中ではどんなことが起こるのか．太陽風内の太陽の磁力線は実は向きがいつも変化するのだが，もしこの南向きの磁力線がしばらく続いたとすると，磁力線は次々に流れてくるの

でどんどん赤道面に押しつけられていく．この結果，地球磁気圏の尾の上半分と下半分では，図から分かるように，磁場の向きが異なるようになる．荷電粒子は磁力線を取り巻く電流として流れるので，上半分と下半分の磁力線をそれぞれ取り巻くように荷電粒子の電流が流れる．上下の境界部では両方の電流が重なって，そこに太陽風の荷電粒子が流れ込み平面状の電流を形成している．

　こうして次から次へと新しい磁力線がやってくると，磁束密度と電流が高まってくる．そこではいったん太陽磁力線と結合した地球の磁力線が押しつけられて急にまた切れて再結合し，地球の方へ戻るということも起こるだろう．このとき磁力線は縮むのでエネルギーを放出し，それが磁気圏嵐のエネルギーとなる．

●乱流説

　太陽からの磁力線が北向きのときにも，頻度は少ないもののサブストームが起こっていることから，もう1つの説明がある．磁気圏の尾の状態は再結合説で述べたものとほぼ同じとして，上下に挟まれた境界面の荷電粒子の動きは磁束の収束が限界を超えると不均質なところをきっかけに不安定が始まるようになる．面電流の地球側の端から乱流が生じ，その乱流による抵抗によって電流がせき止められるので，その両端で高い電位差となってエネルギーが蓄積される．この行き場のない電流は，電流の流れやすい磁力線に沿った方向に逃げ場を求め，磁力線を伝って極地域の電離圏に流れ込み，例えば図6のabcdefのように流れる．こうして流れ込んだ荷電粒子は空気の分子とぶつかり，地上にオーロラを輝かせ，磁場を乱す．

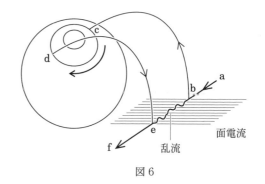

図6

　オーロラの実体はまだ完全に明らかになっていない．日本が打ち上げた科学衛星「あけぼの」(1989 年)，さらに「ジオテイル」はこれらの研究を進める目的をもっていた．

●参考文献……………………
北村泰一「磁気圏波動スペクトロスコピーの壮大な実験」，日本物理学会誌，**47**
　　(1992)，p.778-785．
鶴田浩一郎「太陽風と地球磁気圏」，科学，1991 年 9 月号，岩波書店，p.591-602．
赤祖父俊一「宇宙電磁気学とオーロラ」，自然，1978 年 1 月号，中央公論社，
　　p.30-43；「北極圏の自然，オーロラ，地球温暖化」，学士会月報，2000 年 4 月
　　号．
ニール・デイビス『オーロラ』，山田卓訳，地人書館，1995．

［上條隆志］

107−人参はなぜ赤いか──
朝永振一郎が考えたこと

●人参が赤く見えるのはなぜか

　我々の目には，なぜ人参は赤く見えるのか．光は電磁波であり，可視光はある範囲の振動数の電磁波である．この可視光に属していて，振動数の異なる光を，我々の目は違う色として感じる．『理科年表』[1]によれば，波長と色の関係は表１のように（個人差はあるが）なる．ここでは振動数の代わりに波長で表している．1 nm $= 10^{-9}$ m である．もちろん（振動数）×（波長）＝（光速）の関係がある．

表１　光の真空中の波長と色

波長(nm)	色
770−640	赤
640−590	橙
590−550	黄
550−490	緑
490−430	青
430−380	紫

　「81 ものに色がつくとはどういうことか」で述べたように，ものに色がつく原因はいくつかあるが，人参は β-カロテン（β-carotene）という物質を持っていて，その分子が波長 449 nm＝449×10^{-9} m の光をピークとする吸収スペクトルを持っているからである（ただし，この値は溶媒がメタノールの場合で，図１のように吸収スペクトルは測定するときの溶媒によって異なっている）．

　目で見る光は太陽光が（あるいは電球の光が）人参にぶつかってはね返ってきたものであり，このとき一部は吸収され残りが反射する．太陽の光はすべての波長の光が混ざった白色だが，β-カロテンによって，図１で示されるように紫，青，緑の部分が吸収されるため，残った黄，橙，赤の部分が反射されて目に入り，人参は赤く見える．

このカロテンが属するカロテノイドという色素は，クロロフィルと並んで生物にとって重要な色素であり，「酸素気中（編注：酸素を十分に含む空気の意），太陽光があたる環境で生育するほぼすべての生物に存在すると考えられている」[2].

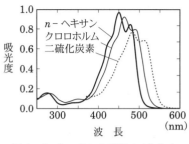

図1　β-カロテンの吸収スペクトル

トマトの赤はリコペンというカロテノイドであり，花の色や唐辛子，トウモロコシ，鯛やエビ，カニの赤，卵の黄色などもすべてこのカロテノイドに属する物質による．

●カロテノイドが持つ共役結合の鎖

カロテノイドに属する分子は特有の構造を持っている．炭素の長い鎖からできていて，図2のように一重結合と二重結合が代わる代わるになっている部分をいくつか持っている．この結合は共役二重結合と呼ばれている．この結合の部分では，二重結合があっちへ行ったりこっちへ行ったり入れ替わりをしている．それはつまり二重結合にあずかる電子（π電子という）がこの鎖の中を比較的自由に移動できることを意味する．この共役二重結合の数が分子の吸収する光の波長を決めているのである．カロテノイドにはこの鎖の長さが異なるたくさんの種類の分子があるが，この鎖が長くなるほど，それぞれの分子が吸収する光の波長は長くなっている．

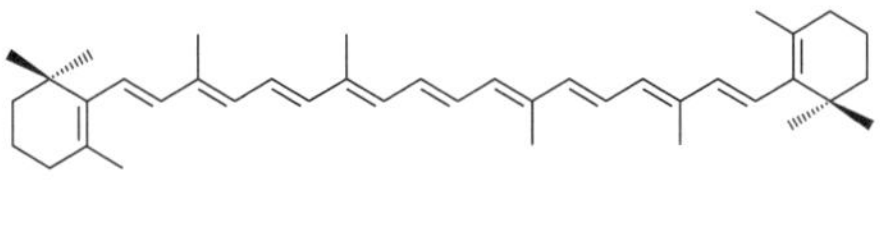

この図ではCとHは記号が省略されている．

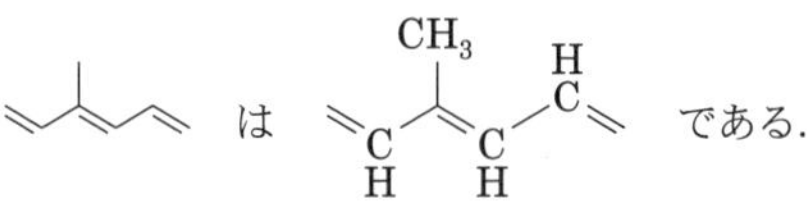

である．

図2　β-カロテンの構造

●朝永振一郎の考えたこと

　人参がなぜ赤いかを解明する理論を作ったのは，量子電磁力学の研究で，日本で二人目のノーベル賞を受賞した朝永振一郎(1906-1979)である．彼はこのことに触れた，「量子力学的多体問題」と題する「解説」を『日本物理学会誌』[3] に書いている．朝永が取り組んだのは，たくさんの粒子が互いに相互作用しながら運動する場合の一般的な量子力学的な取り扱い方，すなわち「多体問題」である．

　ひとつの粒子の運動を考えるのは，分かっている基本法則から運動の方程式をたてて解けばよい．しかし，たくさんの粒子が互いに相互作用しながら運動するときは，古典力学の場合は粒子の数だけの膨大な数の連立運動方程式が，量子力学の場合は膨大な変数を持つシュレーディンガー方程式が，理論上は書き下せるものの，それを解くことは到底できない．こういう場合は，すべての粒子の運動を記述することはあきらめて，その粒子たちの全体としての運動を取り出すことをする．しかしそれをするための一般的な方法はなく，それぞれの場合に応じて適当な近似を考えるのだが，そのときまでに成功した理論であっても，それが適切であるという理論的根拠は明らかではなかった．

　朝永は，このような，たくさんの粒子が集まっている量子力学的な系について，もっと一般的で，論理的な基礎付けがはっきりした（つまりどういう近似かがいつも明確な）方法ができないだろうかと考え，それを明らかにすることに成功した[4]．

　朝永は，一般的な証明の前に，この方法をたくさんの電子の集まりであるフェルミ(Fermi(電子))・ガス[*] に適用して，1次元の場合にフェルミ・ガスが縮退の状態[**] からいちじるしく離れないかぎり，全体として密度波(つまり音波)ができている状態として考えることができることを証明した[5]．さらに粒子の間に相互作用があっても，その相互作用が比較的に長い距離にわたって作用するような力で，縮退状態からあまりひどく系を乱さないかぎり，同様な事実が成立することも証明した．

　しかし，この証明は1次元のみで成立し，同じ方法を3次元の場合

に用いようとしてもうまくいかないことが分かった．世界は3次元なのに1次元だけの理論で役に立つのだろうか．それが役に立つ例のひとつが，このカロテンのすなわち人参の赤である．なぜならカロテノイドの共役結合の鎖は1次元の電子の集まりと見なせるからである．

●カロテノイドの吸収スペクトル

実際にこの朝永の理論を用いてカロテノイドの吸収スペクトルを計算したのは，荒木源太郎らである[6]．カロテノイドの分子の共役2重結合の鎖の中では，π 電子が自由に動き回れる．したがってそれは，同じ長さの1次元のパイプの中を，電気的なクーロン力で相互作用しながら電子たちが自由に動き回っていることになる．そうすると朝永の理論によって，このパイプの中に電子ガスの音波が生じると見なすことができる．この音波のエネルギー準位を求め，量子力学では振動数 ν の波のエネルギーは $h\nu$ であるので，その差をプランク定数 h で割れば，分子が吸収するスペクトルが求まる．荒木は約40種のいろいろな長さを持つカロテノイドの分子についてこの理論で第1エネルギー準位を計算し，実験値と比較したところ，きわめてよく合うことを示した．ただし，荒木は共役結合の長さとして，他の小さな分子での測定値，2.8×10^{-10} m を用い，また式の中にあらわれるひとつの定数を，ある分子の測定値から決めている．

荒木の論文に示されたグラフを次ページの図3に示す．共役結合と

＊）　フェルミ粒子というのはひとつの状態にはひとつの粒子しか存在できないという性質を持つ粒子であり，半整数のスピンを持つ．粒子にはもう一種類ボーズ粒子があり，そちらはひとつの状態に何個でも存在でき，整数スピンを持つ．電子や陽子はフェルミ粒子である．基本的な素粒子でいえば，普通いうところの物質は排他的な存在であるからフェルミ粒子であり，ボーズ粒子は相互作用を担っている粒子である．

＊＊）　量子力学では，エネルギーなど系の状態を示す量は連続でなくとびとびに存在する．フェルミ粒子は排他的なので，ひとつの状態にひとつしか入れない．したがってエネルギーの一番低い状態から粒子が詰まっていったとすると，$2n$ 個の粒子があれば下から n 番目のエネルギー準位まで詰まった状態ができる(同じエネルギーでも電子にはスピンが上向きと下向きで2つの違う状態があるのでひとつのエネルギー状態に排他律に違反せず2個まで入れる)．これが縮退した状態である．

波長の関係は理論値(曲線)と実験値(白丸)がきわめてよく合っている．このグラフで見ると吸収は波長 300-500 nm 付近で起こり，確かに人参は赤いことが分かる．共役結合鎖中の電子が互いに自由であればグラフは直線になるはずだが，実際には互いのクーロン相互作用の影響でグラフは曲線になる．

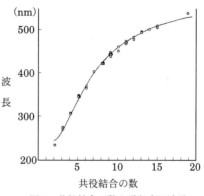

図 3　共役結合の数と吸収する波長

　ここではさらに，前掲書[2] に出ている最近(Takaichi & Shimada 1992)の吸収スペクトルの測定値と荒木の式での計算値(1952)を比べておこう(表 2)．λ_c は荒木らの計算値で，λ_o は測定値である．吸収スペクトルは分子の構造によっても変わり，実験に用いる溶媒によっても変わる．この測定値は溶媒がメタノールであり，図 3 の値とは少し異なる．また λ_o についた (1) などは分子の末端部分の違いを表し，(1) は共役結合がまっすぐな鎖として並んでいるので理論が最も良く当てはまるが，(2) では共役結合が末端基部分に 1 つ，(3) では 2 つあり，その分理論とずれが生じていると言えるだろう．(1) と (2) の代表的な化学式を次ページの図 4 に示した．

　理論は非常によく吸収スペクトルを説明している．人参の赤と素粒

表 2　共役結合の数と吸収極大波長(単位 nm)

j	λ_c	$\lambda_o(1)$	分子名	$\lambda_o(2)$	分子名	$\lambda_o(3)$	分子名
3	268	284	フィトエン				
5	340	346	フィトフルエン				
7	399	398	ζ カロテン				
8	422	419	シフォナキサンチン				
9	441	437	クロロキサンチン	426	β ゼアカロテン		
10	457	452	スフェロイデン	442	α カロテン		
11	471	468	リコペン	457	γ カロテン	449	β カロテン
12	483	480	アンヒドロロドビブリン	468	バクテリオルビキサンチン		
13	493	492	スピリロキサンチン	484	トルレン		

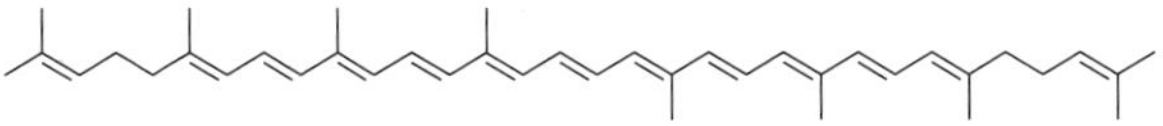

（1）類のカロテノイドの例：リコペン

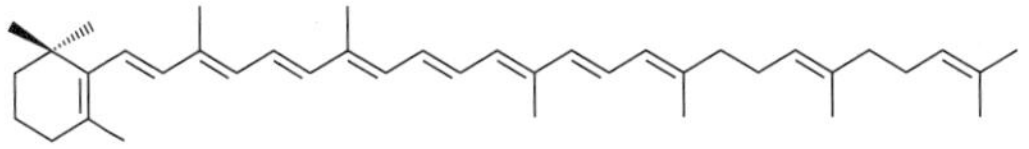

（2）類のカロテノイドの例：β–ゼアカロテン

図4　化学式

子の場の量子論がつながっていることは大変おもしろいことだ.

●初等的なアプローチを試みる

　最後に，朝永達の論文のような場の理論の方法ではないが，そのアイデアを用いて，初等的なアプローチを試みよう.

　クーロン相互作用は考えずに，長さ L のパイプの中を自由に動く N 個の電子が動き回っているモデルをとり，この 1 次元の自由フェルミ・ガス中の音波を考える．量子力学では粒子の運動量は $p = \dfrac{h}{\lambda}$ と表され，長さ L の中に存在する電子の波長は $L = n\lambda$ であるから，長さ L の直線上を動く自由電子（フェルミオン）の運動量は

$$p = \frac{h}{\lambda} = \frac{h}{L}n$$

となる．この粒子が直線 L を往復する時間は

$$t = \frac{2L}{p/m} = \frac{2mL^2}{nh}$$

この時間のあいだに片方の端の壁に衝突して $2p$ の運動量が変化し，それに等しい力積を壁に及ぼすから，直線の端に 1 個の粒子がおよぼす圧力は

$$\frac{2p}{t} = \frac{h^2}{mL^3}n^2$$

である．そのようなフェルミ粒子が N 個あるときの圧力は，縮退した状態を考えているから，スピンを考慮し（同じ n のレヴェルに 2 個はいる）また右向き左向き両方の粒子が存在するので

$$P = \frac{h^2}{mL^3} \cdot 2 \sum_{n=-N/4}^{N/4} n^2 = \frac{4h^2}{mL^3} \left(\frac{N^3}{3 \cdot 64} + \frac{N^2}{2 \cdot 16} + \frac{N}{6 \cdot 4} \right) \tag{1}$$

である．同じ結果は，系の全エネルギー

$$E = \frac{h^2}{2mL^2} \cdot 2 \sum_{n=-N/4}^{N/4} n^2 = \frac{2h^2}{mL^2} \left(\frac{N^3}{3 \cdot 64} + \frac{N^2}{2 \cdot 16} + \frac{N}{6 \cdot 4} \right)$$

を L で微分しても得られる：

$$P = -\frac{\partial E}{\partial L} = \frac{4h^2}{mL^3} \left(\frac{N^3}{3 \cdot 64} + \frac{N^2}{2 \cdot 16} + \frac{N}{6 \cdot 4} \right).$$

したがって体積弾性率は

$$\chi = -L\frac{dP}{dL} = \frac{12h^2}{mL^3} \left(\frac{N^3}{3 \cdot 64} + \frac{N^2}{2 \cdot 16} + \frac{N}{6 \cdot 4} \right)$$

となる．これはこの気体の弾性率である．この気体に生じる音波の速度 u は，この弾性率と密度 $\rho = \frac{Nm}{L}$ で決まり，

$$u = \sqrt{\frac{\chi}{\rho}} = \sqrt{\frac{h^2}{16m^2L^2}N^2 \left(1 + \frac{6}{N} + \frac{8}{N^2}\right)}$$

長さ L の直線上におこる音波の波長は $\lambda_k = L/k$ $(k = 1, 2, \cdots)$ だから，振動数は

$$\nu_k = \frac{u}{\lambda_k} = k\sqrt{\left(1 + \frac{6}{N} + \frac{8}{N^2}\right)} \frac{h}{4m} \frac{N}{L^2}$$

となり，エネルギー準位 $h\nu_k$ は等間隔である．

準位の間隔は $h\nu_1$ であるから，遷移で出る光の波長にすれば

$$\lambda = \frac{c}{\nu_1} = \frac{4mc}{h} \left(\frac{L}{N}\right)^2 \frac{N}{\sqrt{1 + \frac{6}{N} + \frac{8}{N^2}}} \tag{2}$$

ここで，N は自由電子の数であったが，二重結合の片方が π 電子で，隣り合う炭素から 1 個ずつの π 電子，つまり 1 つの π 結合に 2 個の π 電子があるので，共役結合の数を j とすれば $N = 2j$ であり $\frac{L}{j} = 2.8 \times 10^{-10}$ m であるから

$$\frac{4mc}{h}\left(\frac{L}{N}\right)^2 = \frac{mc}{h}\left(\frac{L}{j}\right)^2$$

$$= \frac{(9.1\times10^{-31}\,\mathrm{kg})(3\times10^{8}\,\mathrm{m/s})}{6.6\times10^{-34}\,\mathrm{kg\,m^2s^{-1}}}(2.8\times10^{-10}\,\mathrm{m})^2$$

$$= 3.2\times10^{-8}\,\mathrm{m}$$

したがって

$$\frac{N}{\sqrt{1+\dfrac{6}{N}+\dfrac{8}{N^2}}} = \begin{cases} 0.816 & j=1 \\ 17.5 & j=10 \\ 37.4 & j=20 \end{cases}$$

を用いて

$$\lambda = \begin{cases} 2.6\times10^{-8}\,\mathrm{m} & j=1 \\ 56\times10^{-8}\,\mathrm{m} & j=10 \\ 120\times10^{-8}\,\mathrm{m} & j=20 \end{cases} \tag{3}$$

これを図3，表2と比べると，$j=10$ のときだいたい合っている．j が小さく電子の数が少なくては音波という描像が成り立たないのは明らかだし，j が大きく電子の数が多くなればクーロン相互作用が強くきいてくる．実際の曲線が凸になっているのは前に述べたようにクーロン相互作用があるからである．これを考慮すれば我々の近似もかなりよく「人参はなぜ赤いか」を表しているといえるだろう．

●参考文献·····················
1) 国立天文台編『理科年表』，丸善．
2) 高市真一編『カロテノイド──その多様性と生理活性』，裳華房，2006．
3) 『日本物理学会誌』第11巻，第4号(1956)，pp.121-141．
4) S. Tomonaga, Elementary Theory of Quantum-Mechanical Collective Motion of Particles, *Progress of Theoretical Physics*, **13**, no. 5(1955), pp. 467-481．
5) S. Tomonaga, *Progress of Theoretical Physics*，**5**(1950), pp.544-569．
6) G. Araki and T. Murai, Molecular Structure and Absorption Spectra of Carotenoids, *Progress of Theoretical Physics*, 8, no. 6 (1952), pp.639-654．

[上條隆志]

XI 本当の姿を
のぞかせてきた
物質・原子・原子核
の「なぜ?」

108—どのように日本の素粒子物理学に 自由と協力の精神が根づいたのか

　太平洋戦争が始まる前，そして戦中の日本では，軍国主義が支配して自由がはなはだしく抑圧されていた．しかし，この時代に始まった日本の素粒子物理学は，当時まれにみる自由な討論と開かれた協力の精神のもとに歩みを進め，世界に誇る成果をあげていった．ここではその足どりを振り返ってみたい．そこから自由と民主主義の尊さもあわせて感じとっていただければ幸いである．

●理化学研究所と「コペンハーゲン ガイスト」

　さて，戦前のこと，東京は文京区の駒込に理化学研究所という民間の研究所があった．現在，埼玉県和光市にある同名の研究所の前身である．1917年（大正6）に創設され，基礎研究にも力を入れて極めて優れた成果を生み出した，まことにユニークな研究所であった．そこには，当時の帝国大学には見られない自由な雰囲気と活気があった．ゼミナールでは，若い研究者が偉い先生にも遠慮なく質問し反論する．学閥や研究室間の障壁もなく，気軽に交流し合い，研究にも協力し合う．そんなおおらかな研究所であった．

　理研にこういう自由な空気が育ったのは，指導者・組織者の中に，2代目所長大河内正敏や物理学者の長岡半太郎のような自由を尊重する考えをもつ人物がいたことと，集まった若手の俊秀たちも十分にそれに応える気概と意欲をもっていたためであろう．

　一例をあげると，1926年に理研の若手を主要メンバーとして「年とった人は入れない」という原則をたてた「物理学輪講会」という勉強会が始まった．これは東大の大学院に籍を置く若手の物理学者たちが，東大の権威主義と停滞した空気にあきたらず，自分たちだけで好きなことを思う存分論じ合う輪講会をもとうという提案をしたのが発

端となったものである．当時，東大の物理学科の教授であった寺田寅彦は理研にも研究室をもっていたが，東大の権威主義には批判的な気持ちを抱いていたらしい．この若手の輪講会に誘われた寺田は喜んでこの会の常連に加わり，これを「豪傑の会」と呼んでいたという．この輪講会では，当時ヨーロッパで創始されたばかりの量子力学の原論文を読んで熱心に論じ合い，それを紹介する『物理学文献抄』という本も出している．

　仁科芳雄は日本の原子物理学の父と呼ばれる．1921 年に理研からヨーロッパ留学に派遣され，1923 年から 1928 年までの 6 年間を，コペンハーゲンのニールス・ボーアの研究所で過ごした．優れた指導者であったボーアのもとには，当時，ハイゼンベルク，ディラックなど，量子力学建設の主役となる若い天才達が続々と集まり，自由活発な，熱気に満ちた討論を繰り広げていた．ここからおのずと強い連帯の絆が生まれ，インスピレーションを誘い出す雰囲気がわいてくる．この「人間と人間の間に漂っている超個人的なもの」(『朝永振一郎著作集 6』，p. 246)それが「コペンハーゲン ガイスト(精神)」と呼ばれたものの真髄である．

　仁科は O. クラインと共同で，コンプトン効果の散乱の仕方を決定する「クライン–仁科の公式」という理論の労作を仕上げて 1928 年の暮れに帰国した．その後早速，ハイゼンベルクとディラックを日本に招いて講演会を開くことに骨折り，1929 年の 9 月にこれを実現させた．また，仁科自身も北大や京大に量子力学の集中講義に出かけている．京大では湯川秀樹や朝永振一郎という若い逸材に出会い，この 2 人に深い感銘を与えた．

　1931 年には理研に仁科研究室が誕生した．このとき仁科の胸中には，日本に最先端の物理学の研究を根付かせようという抱負と，理研の中にコペンハーゲンのようなガイストを育てたいという望みがあったに違いない．仁科研究室は原子核と宇宙線の問題をテーマに取り上げ，理論部門には京大から朝永を招いた．仁科研究室には世界に遅れをとるまいという旺盛な意欲があったが，それは，互いに相手を渾名で呼び合うような打ち解けた雰囲気に包まれていた．仁科は敬愛の意

を込めて「親方」と呼ばれていた．朝永もこういう自由闊達な空気の中でのびのびと天分を伸ばし，やがて仁科研究室のガイストを支える中心人物となっていく．

●中間子討論会

　湯川秀樹の中間子論は 1935 年に出された．原子核の中で陽子や中性子を結びつけている核力は，ある未知の粒子がなかだちとなって生じる，という仮説である．1937 年にアメリカで宇宙線の中に，ほぼ湯川の予言通りの質量をもつ新粒子が発見され，湯川理論はにわかに世界の注目を引くようになる．日本では理研を中心にして宇宙線の実験的研究が行なわれた．それと関連して，関西の湯川，坂田昌一を中心とするグループと，東京の朝永らを中心とするグループが中間子に関する理論的分析に取り組んだ．これらのグループは，理研の講演会や学会のおりに集まって，自由な討論を交わす場をもつようになり，これは「中間子討論会」と呼ばれた．こうして，それぞれが独自性を発揮しつつ，密接に協力し合って研究を進める関係が生まれた．この討論会は戦火の激しくなる 1943 年まで続けられ，ここから坂田らの「二中間子論」や朝永の「超多時間理論」という画期的な成果も生み出された．

●戦後の坂田グループ

　1945 年に敗戦を迎え，日本はこれまでの軍国主義から一転して，民主主義をたてまえとする国に生まれ変わった．坂田は戦中に京大から新設の名古屋大学に移っていた．もともと唯物弁証法哲学や社会思想にも関心が深かった坂田は，戦後の名大の再出発にあたり，研究の組織に民主主義の原則を貫くことに力を注いだ．こうして 1946 年に「名大物理教室憲章」が生まれた．これは，旧来の大学に見られた教授の独裁的な地位を排除して，全研究員の構成する教室会議が最高の権限をもち，研究に関するすべての重要なことがらを決定する，という方式を導入するものであった．この新しい方式が名大の若い研究者たちの意欲をかきたて，活気を盛り上げたことは想像に難くない．実際，

戦後の坂田グループの素粒子物理学における貢献には目ざましいものがある．その活力は長い生命を保ち，複合粒子という考えを導入した「坂田模型」をはじめ，数多くの重要な成果が生み出されていった．

●湯川，朝永のノーベル賞受賞；第二世代の人たち

　戦後間もなく，外国で重要な実験の成果が次々と現われたが，これらは，すでに戦中に日本の素粒子研究者たちがつくり上げていた理論の正しさを実証するものとなった．ふたを開けてみたら，日本の素粒子物理学は当時の世界の先端を行く水準に達していたのである．1948年にはイギリスのパウエルらが強い相互作用をするπ中間子を発見し，それがμ粒子(1937年に発見された粒子)に崩壊することもつきとめた．このπ中間子こそまさしく湯川が予言した粒子であった．この確証を得て，翌1949年に湯川は日本人で初のノーベル賞を受賞した．また，π中間子のμ粒子への崩壊は坂田の二中間子論の正しさを証拠立てるものであった．

　朝永は戦中につくり上げた超多時間理論を量子電気力学に用いて，電子の質量や電荷が理論上無限大になるという難点を回避する「くりこみ理論」を展開し始めた．アメリカで独立に同じ問題を手がけていたシュウィンガーやファインマンらは，戦禍も癒えない遠い島国から出される優れた成果に驚きの目を瞠った．その後数年間，素粒子物理学はくりこみ理論の全盛期を迎える．このくりこみ理論の功績により，朝永は1965年にシュウィンガー，ファインマンとともにノーベル賞を受賞した．

　戦後，朝永のもとには，東大からも若い素粒子論研究者たちが絶えず勉強に訪れた．これら第二世代の人たちは，新制の大阪市立大学などに，新しい，活気に満ちた重要な拠点をつくり上げた．そして，ここからも世界の注目を引く優れた成果が次々と打ち出されていった．

●参考文献……………………
S. ローゼンタール編『ニールス・ボーア』，豊田利幸訳，岩波書店，1970.
『朝永振一郎著作集6』，みすず書房，1982.　　　　　　　　　[矢崎裕二]

109—物質は何からできているのか, クォークとは何か

　物質は水素や炭素，窒素，酸素などの原子からつくられており，その原子は 10^{-10} m ほどの大きさである．原子は，さらにその 10^{-5} 倍ほどの大きさで，それほどの狭い領域にあって原子の質量のほぼ100％を担っている原子核と，それをとりまいている電子(e)からできている．そして，原子核は正の電荷をもった陽子(p)と電気的に中性の中性子(n)からできている．陽子と中性子を総称して核子と呼ぶ．陽子1個の質量は，1.67262×10^{-27} kg であり，中性子の質量は陽子の1.00138倍で，ほぼ等しい．電子の質量は陽子の $\frac{1}{1836.15}$，電荷は陽子の電荷と逆符号で大きさは等しい．

　原子の化学的性質は電子の運動によって決まるが，原子は中性なので原子核の陽子の数と同じ個数の電子をもつ．この意味で原子の化学的性格を決めているのは原子核の陽子の数といってよい．このため原子核中の陽子の数を原子番号(Z)と呼ぶ．中性子と陽子の質量はほぼ等しく，電子の質量は無視できて，陽子と中性子の数が原子の質量の目安となるので，陽子と中性子の個数の和を質量数(A)という．原子核はこの Z と A を指定すれば決まる．原子番号は等しいが質量数が違う原子は，化学的性質は同じであるが，質量のような物理的性質が違うので同位元素と呼ばれる．

　ほとんどの炭素原子核 C は陽子が 6 個で中性子も 6 個の質量数が12 の原子核であるが，中性子が 8 個で質量数が 14 のものもある．これは ^{14}C の記号で表わされる．これは約 6000 年で半数が電子を放出して質量数 14 の窒素原子核 ^{14}N に崩壊する．この現象を β 崩壊と呼ぶが，この現象を引き起こすものを弱い相互作用と呼んでいる．後で述べる強い相互作用や電磁気によるものに比べ，この現象が起きる頻度が少ないからである．この現象でエネルギーが減少して見えたが，

これは中性で観測にかかりにくい微子，すなわち中性微子(ν；ニュートリノ)が不足のエネルギーをもち去っていたのであった．これよりβ崩壊は原子核の中でn→p＋e＋$\bar{\nu}$なる過程が起きている現象と理解された(フェルミ；1934)．相対論的量子力学の理論によれば，粒子があれば必ず反粒子も存在することが知られている．ただし光子のように反粒子が自分自身であることも許される．ここで$\bar{\nu}$と書いたのはνの反粒子のことである．

　原子核では陽子と中性子が大変狭い領域に強く結合されているが，湯川秀樹は，この強い力は今日パイオン(π)と呼んでいる中間子が媒介しているとする説を提唱した(1935)．今日では，後で説明するが，陽子や中性子の核子も，そしてパイオンもクォークからつくられていることを知っている．この強い力もクォーク間にグルーオン(glue；膠）が交換され，それによりつくり出されるとする，より深い理解に達している(QCD；Quantum Chromo Dynamics)．

　湯川は原子核を結合させている力の到達距離を分析して，パイオンの質量は陽子の約$\frac{1}{10}$とした．当時パイオンをつくれるほどの加速器はなかったので，実験家は宇宙線(宇宙からやってくる高エネルギー陽子のこと)が大気に衝突してつくり出す生成物中にそれを捜し，期待どおりの質量の粒子を見つけたが，不思議なことにそれは強い相互作用をしなかった．このパズルは坂田昌一によって解かれた．電子の仲間で質量が電子の200倍ほどのミューオン(μ)と，これと組になっている中性微子(ν_μ)があって，パイオンがつくられるとすぐに$\pi \to \mu + \bar{\nu}_\mu$と崩壊し，$\mu$が実験にかかったとした(1942)．ここで坂田は$\beta$崩壊の際の中性微子($\nu_e$)とこの中性微子は違ってよいとした．これは1962年に加速器実験で確かめられた．核子や中間子のように強い相互作用をする粒子をハドロンと呼び，電子やミューオン，そしてそれらと組をなす中性微子をレプトンと呼んでいるが，質量の違いを除けばまったく瓜二つのレプトンの組(e, ν_e)と(μ, ν_μ)がなぜあるのかは，後述のクォークが3世代6種類なぜあるのか，と同根の問題として解かれずに残っている．

　1950年代から60年代にかけて核子の仲間のバリオンやパイオンの

仲間の中間子が次々に発見され，60年代の終りには優に数百に達していた．もはやこれらが「素粒子」であるはずがない．この問題に初めて系統的にとりくんだのは坂田であった(1955)．原子核では陽子や中性子の存在を特徴づける量として核子数と荷電があった．これは強い相互作用で保存するよい物理量であった．新しく発見された粒子を特徴づける量として，この2つに加えストレンジネスと呼ばれる量が発見された．坂田はこれに注目してこの量を担う Λ 粒子を陽子と中性子に加え，基本粒子とした．この3つ組(pnΛ)を t で表わすことにすると，中間子族は t とその反粒子 $\bar{t}$ の結合状態($t\bar{t}$)で，基本構成子を除いたバリオン族は t 2つと $\bar{t}$ 1個の結合状態($tt\bar{t}$)となった．この説は中間子族には成功を収めたが，バリオン族でよくなかった．ここでゲルマンとツヴァイクは独立に坂田の成功した部分を引き継ぐ形でクォーク模型を提唱した(1964)．

クォークの3つ組 q は坂田の t と基本的には等しく，ただ核子数が坂田の 1 に対して $\frac{1}{3}$ にしてあった(このためにクォークの電荷は，陽子のそれを 1 として $\frac{2}{3}$ とか $-\frac{1}{3}$ になった)．この違いは坂田がバリオンを($tt\bar{t}$)でつくったのに対して，クォークモデルでは pnΛ を含めてクォーク3体の結合状態(qqq)となった．これが大きな成功を収めた．具体的にクォークの3つ組は u, d, s クォークと呼ばれている．また実際に陽子は(uud)，中性子は(udd)，そして Λ は(uds)タイプのクォークの結合状態で，正電荷のパイオン π^+ は(u$\bar{d}$)となった．

クォークが提唱された翌年にハンと南部陽一郎はクォーク3体からつくられているバリオンの力学を具体的に研究し，クォークはそれぞれに3つの内部状態がなければならないとした．ここでゲルマンが1969年にフランスで若手研究者を前に講演し，123のかわりにフランスの国旗の色を使って青白赤とし，色の自由度とそれを呼んだ．それまで名前のなかったハン・南部の自由度に名前ができたので便利だというので皆が使うようになったが，色を光の三原色にするとクォークが存在できる状態はいつも白色であると簡潔に述べることができ，これに気づきその後は光の三原色が用いられている．なぜ有色のクォーク系が存在できないかは難しい問題であったが，70年代にゲージ理

論の理解が進み QCD ゲージ理論の完全反誘電性の性質より理解が可能になった．クォークは必ず色をもっているので単独では存在できないので，たとえば陽子の中の u クォークは単独ではとり出せない．これをクォーク閉じ込め機構と呼んでいる．

ハン・南部の自由度に名前が付いたが，uds のクォークの種類を表わす自由度にも名前が欲しい．そこで色に対応して風味(flavor)の名前が使われるようになった．サスカインドが最初に使ったときは光の赤緑青に対応する具体名としては，アメリカの自動販売機で買えるアイスクリームのバニラ，メロン，チョコレートを使ったが，これは廃れ，今日使われていない．

前に粒子があれば必ず反粒子があるといったが，これに関係した重要な概念に CP 変換がある．これは粒子と反粒子を置き換える C 変換と空間の前後左右上下を同時に入れ替える P 変換を組み合わせたものである．すべての「力」（素粒子論では正式には相互作用と呼ぶ）はこの変換のもとで対称であると考えられていた．しかし，1964 年に弱い相互作用よりさらに数百分の 1 の頻度で CP 変換に対して対称でない現象が発見された．これは弱い相互作用の枠の中で説明できる現象なのか，それともあまりにも弱いので今まで発見できなかった新しい「力」が発見されたのか，と関心を呼んだ．この問題への解答の中で「6 元クォーク」理論が生まれた．

強い相互作用の理論は前に QCD ゲージ理論であるといったが，1967 年に独立にワインバーグとサラムによって電磁相互作用と弱い相互作用は統一されて 1 つの電弱ゲージ理論になった．私は私と同じ坂田門下で 5 年後輩の小林誠氏と，この理論の枠組みで上記の CP 対称性の破れの現象について，研究を始めた．電弱理論ではクォークは荷電が $\frac{2}{3}$ のクォークと $-\frac{1}{3}$ のクォークがいつも組になって取り扱われているが，2 組以下であるとよい性質をもった理論がつくれず 3 組以上が必要と分かった(1972)．こうして 6 元クォーク理論が生まれたが，この当時は実験的に知られていたのは u, d, s の 3 つであった．2 年後の 1974 年に c クォークが発見され，1975 年に 3 つ目の荷電レプトン τ 発見の報があり 2 年ほどして確立する．そして 1977 年に b

クォークが見つかり，1994 年に t クォーク存在の証拠ありと報じられ，翌年にそれは追認された．前に荷電レプトンと中性微子を組にして紹介してきたが，さらにこれに弱電理論のクォークの組を加えて，同時に 4 種類の粒子をひとまとめにして議論するとよい性質が得られるので，これを素粒子論では世代と呼んでいる．この時点でようやく 3 世代そろったことになる．

$$\begin{bmatrix} u \\ d \\ e \\ \nu_e \end{bmatrix} \qquad \begin{bmatrix} c \\ s \\ \mu \\ \nu_\mu \end{bmatrix} \qquad \begin{bmatrix} t \\ b \\ \tau \\ \nu_\tau \end{bmatrix}$$

　これ以外に弱い相互作用を媒介するウィークボゾン $W^\pm$，Z と前に紹介した強い相互作用を運ぶグルーオン g，電磁相互作用の媒介子の光子 γ，重力の重力子 G_r がある．そして「物質の質量とは何か，その起源は？」の項目で説明してある，素粒子に質量を与える役目をしているヒッグス粒子の存在が予言されている．これらが今日「標準理論」と呼んでいる理論に登場する粒子である．これ以外にもいろいろな粒子が予言されているが，実験的証拠は何もない．

　宇宙の物質も地球上の物質と同じ構成要素からつくられていると考えてよいことは項目「究極の理論は存在するか」に書いておいた．また，日常手にふれる物質は陽子と中性子そして電子からできているので，ud クォークと電子を考えておけば十分である．

[益川敏英]

　p.215 に益川さんはこう書いている．
「…2 組以下であるとよい性質をもった理論がつくれず 3 組以上が必要と分かった(1972)」
　しかし当時，実験で見いだされていたクォークは u, d, s の 3 つだけ．益川の理論は一般の興味をひかなかった．いま思えば，これはクォークの種類への予言だった．クォークは少なくとも 3 対以上あるはずだ．その後クォークの発見が続き，全部で 3 対になった．3 対以上ではなかった．自然は必要以上のことはしていなかった．彼らはこの

予言に対して，対称性の自発的破れを発見した南部陽一郎とともに2008年にノーベル賞を授与された.

　上にクォークは3組あると書いたが，そうだとするとニュートリノも3種類あることになる．このことは1980年代に既に分かっていた．最近では，4種類かもしれないと言われている．さて，どうなることか？　種類の数を調べる手掛かりの一つにニュートリノ振動がある．ニュートリノは常に種類の固有状態にあるとは限らず，時間の経過につれて異なる種類の固有状態の間に振動がおこり得るというのである．今日では3種類のニュートリノの間に実際におこっていることが確かめられている．ニュートリノに第4の種類があるか，それが振動に参加するかが今日のニュートリノ物理の大きな問題の一つである.

　さらに，本書p.216に「存在が予言されているが，実験的証拠は何もない」とされていたヒッグス粒子は，2012年に発見された．素粒子の標準理論の勝利である．その存在を予言したP.ヒッグスとA.アングレールは翌年，ノーベル賞に輝いた．本書p.220も参照.

　実は，素粒子の標準理論は，粒子間の相互作用が粒子の質量などを無限大にする，いわゆる発散の困難を取り除く「くりこみ理論」を適用可能にするため，ゲージ不変という性質をもつ必要があった．ところが，それを要求すると粒子の質量がすべてゼロになってしまうのだった．その困難から理論を救ったのがヒッグスらの考え出した巧妙な機構であり，ヒッグス粒子の存在だったのである．ヒッグス粒子が素粒子に質量を与えると言われるのは，このためである．ここで言う「巧妙な機構」の基礎をなすのが南部陽一郎の発見した「対称性の破れ」の考えであり，さかのぼれば素粒子物理の真空状態と物性論における超伝導状態の類似物であるという南部の指摘にあった．物理は一つであったのである.

　　　　　　　　　　　　　[2021年1月，益川さんが病気のため江沢が追記]

110–質量とは何か，その起源は？

　質量の概念は，ニュートンが彼の運動法則を発見したときに明確になる．この運動方程式は物体に力 f を加えたときに力に比例して加速度 a が生じると述べている．その比例係数が物体の質量 m であるとして導入された（$f = ma$）．一言でいえば，質量は物体の"動きにくさ"である．ニュートンは同時に質量は万有引力の発生源であることも発見した．質量に比例した重力場を発生させ，質量に比例してその重力場を感じると（万有引力は相手の質量と自分の質量の積に比例し，距離の 2 乗に反比例する）．両者を区別するときは前者を慣性質量，後者を重力質量と呼ぶ．電気的力と比較したとき，電気的力は中性の粒子であれば働かない．これに反して重力はすべての物質に質量に比例した力が働く．概念的には違ってよい重力質量が，実際には慣性質量に等しいところに重力の本質があると見抜いてアインシュタインは相対論の要請を満たす重力理論，すなわち一般相対論をつくり上げた．

　相対論によれば，光速 c は静止系でも，等速度で動いている系から見ても等しい．これは実験的にも確かめられている（マイケルスン・モーリーの実験）．静止系と等速度系の 2 系が時刻ゼロで原点が一致しているとして，時刻ゼロで原点から放たれた光の時空の座標を (x_1, x_2, x_3, t) と (x_1', x_2', x_3', t') としてみる．光速不変は

$$\frac{|x|}{t} = \frac{|x'|}{t'} = c$$

と表わせる．3 つの空間座標 $x_i (i = 1, 2, 3)$ に加え時間に光速を乗じたものを 4 番目の座標 $x_4 = ct$ と定義する．相対論的 4 成分ベクトル (A_1, A_2, A_3, A_4) の自己内積を $A_1^2 + A_2^2 + A_3^2 - A_4^2$ と決めれば，光速不変は 2 つの座標の自己内積が不変であると表わせる．

$$x_1^2 + x_2^2 + x_3^2 - x_4^2 = x_1'^2 + x_2'^2 + x_3'^2 - x_4'^2 = 0$$

また相対論によれば，運動量 p とエネルギー E を光速 c で割ったものも上記の意味での相対論的4成分ベクトルをなしていることが知られている．ここで，ある粒子を考え，この運動量・エネルギーの4成分ベクトルから自己内積をつくってみよう．この座標系のとり方によらない不変量は粒子固有の量であり，質量と速度それぞれの2乗の次元をもつので $-m^2 c^2$ としてみよう．すると次の式が成り立つ．

$$p_1^2 + p_2^2 + p_3^2 - \frac{E^2}{c^2} = -m^2 c^2$$

これから E を解き，運動量はそれほど大きくないとして展開すれば，

$$E = \sqrt{m^2 c^4 + c^2 p^2} = mc^2 + \frac{p^2}{2m} + \cdots\cdots$$

となる．$\dfrac{p^2}{2m}$ がニュートン力学の運動エネルギーであることを思い出せば，この式から m は粒子の質量であったことと，相対論まで考えれば，エネルギーは4成分ベクトルの第4成分に比例しており，真空のこの4成分ベクトルはゼロベクトルであるから，エネルギーを測る基準が決まる．このことから運動量がゼロのときにも「静止質量エネルギー」mc^2 の存在が読みとれる．

　このように，ある系の質量とは，その系の全エネルギーをその系の静止系(運動量がゼロ)で測り光速の2乗 c^2 で割ったものといえる．光子(粒子としての光)はどの系から見ても光速で動いているので静止系はない．これは光子の質量がゼロである表われである．また，質量が m_a と m_b の2つの粒子 a と b があって，それらに力が働き結合エネルギー($-E_{ab}$；引力なら負)があれば，この系の質量は $m_a + m_b$ $-\dfrac{E_{ab}}{c^2}$ となる．

　化学結合は電気的力なのでそれほど大きくはなく，静止質量エネルギーに比べて無視できるので，化学反応の前後では静止質量エネルギーが保存していると考えてよい．これが化学で習う質量保存の法則である．しかし，原子核では原子核を構成している陽子や中性子に大変強い力が働いているので結合エネルギーは無視できない．実際に重水素の原子核は陽子と中性子各1個からつくられているが，陽子の質量

を 1 としたときに，中性子は 1.0014 で重水素の原子核は 1.9990 である．結合エネルギーは $-0.0024 \times m_p c^2 (m_p;$ 陽子の質量$)$ であると読みとれる．

相対論の要請を満たした重力理論はアインシュタインの一般相対論のことであると前にいったが，この理論では，重力はエネルギー・運動量密度間に作用すると述べている．光速に比べ十分に遅い速度で動く物体においてはエネルギー・運動量密度は静止質量エネルギーの項が主要項となるので，この近似では 2 物体間にはそれぞれの質量の積に比例し，距離の逆 2 乗に比例する万有引力が導かれる．逆に，一般相対論によれば静止系のない質量ゼロの光子にも重力は作用する．実際に日食の際に太陽の表面で光が曲がることが観測されている．

今日の知見では，物質を構成する最も基本的な構成要素(第 102 項「物質は何からできているのか，クォークとは何か」を参照)はクォークと電子の仲間のレプトンであると知っているが，これらの粒子の運動を記述する理論は今日「標準理論」と呼んでいるゲージ理論である．この理論によると，この理論がもつ高い対称性のためにクォークやレプトンは，それらに相互作用がないときには(力をおよぼし合う能力がスイッチオフされている)，それらは質量をもつことが許されず，光子と同じようにゼロ質量であると考えられている．現実のクォークやレプトンが質量をもつのはヒッグス粒子と呼ばれる粒子があって，それが我々の宇宙に充満していて，クォークやレプトンはつねにそれらから影響(エネルギーが付け加わる)を受けているので，その結果クォークやレプトンに静止質量エネルギーが発生していると考えている．ただし，特殊事情があって，ud クォークでは強い相互作用の影響が基本的である． ［益川敏英］

ヒッグス粒子については，前 109 項の追記を参照． ［編集委］

111-光や電子が粒子でもあり波でもあるとは どういうことか

　現代ではすべてのものは波でもあり粒子でもあると考えられている。しかしそう考えられるに至る道はジグザグである。代表的な光と電子について見てみよう。

●光の波動性

　光ははじめはむしろ粒子と考えられていた。しかし，光の速度が異常に大きいことと，ぶつかっても互いに通り抜けることは粒子では説明しがたく，波の方が説明しやすい。そこから，ホイヘンスは光が波であると考えた。波の特質は空間に広がっていることと，重ね合わせによって干渉を起こすことである。

　1801 年にヤングは次のような有名な干渉実験を行なった。いま真っ黒なガラス板に 2 本の細いスリットをあけ光を当てる。すると後ろのスクリーンには明暗のきれいな縞模様ができる。これを干渉縞という。2 つのスリットを通過してきた光の波の山と山または谷と谷が重なり合って明線が，また山と谷が重なり合って暗線ができるのである。

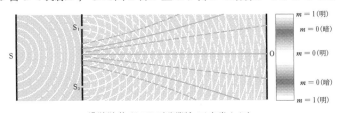

（『詳説 物理ⅠＢ改訂版』三省堂より）

このように干渉縞は，粒子と考えるとうまく説明できないが，波のことばで完全に説明できるので，波の決定的証拠となった。波には，この他に障害物を回り込む回折という性質がある。これがすぐに分からなかったのは，光の波の波長が短く（10^{-7}m）回折の効果が小さかった

からである．

●光の粒子性

ところが 1905 年にアインシュタインは，光は粒のようなものだという説（光量子仮説）を唱えた．負に帯電した金属板に紫外線を当てると電子が飛び出す現象（光電効果）は，光を波と考えたのではうまく説明できないというものだ．これは電子と光がエネルギーのやりとりをするとき，光のエネルギーがプランク定数 h と光の振動数 ν をかけた $h\nu$ という粒として吸収されると考えれば説明できる．そしてエネルギーが空間的に局限された 1 つのかたまりとなるのは粒子の特徴だからだ．$h = 6.63 \times 10^{-34}$Js，また可視光で $\nu = 10^{14}$ Hz くらいだから，光 1 粒のエネルギーは 6×10^{-20}J くらいでしかない．したがって普通の光の現象では光子の数が多くその粒子性は目立たなかったわけである．しかし粒子だということになれば，光がうんと広がって希薄になっても粒で飛び込んでくるから，遠くの星でも地上で離れたろうそくでも，遠方の光源からきて目に入る光のエネルギーは，計算してみると感じられないと思われるほど小さいのに，実際に目に見えることも説明できる．

このように，光は粒子の性質をもってエネルギーのやりとりをすることが分かった．しかし，その粒のエネルギーは波の言葉である振動数で与えられている．ここにも，その二重性が現われている．

●電子の粒子性

電子もその発見のはじめから粒子か波か問題であった．空気を抜いた管の中で陰極から発生する「陰極線」が 1859 年に発見されたが，この正体が何かについてヘルツらドイツの物理学者達はこれがエーテルの振動，つまり電磁波のような波であると主張した．この裏には陰極線が静電場で曲げられない，また金属薄膜を透過するなどの観察結果があった．これに対してこれが後に電子とよばれる粒子であることを確認したのは英国のトムソン（J. J. Thomson 1856-1940）である．トムソンは静電場で曲がらなかったのは真空度が低かったからだとし

て，真空度を上げれば確かに曲がること，きちんと粒子としてニュートンの運動法則に従うことを示し，同時に磁場中で円を描くことを用いて電荷と質量の比(比電荷という)を測定しこれが一定であることから，定まった質量と電荷をもつ粒子であると主張した．

●電子の波動性

　光のような二重性は，じつはそれまで粒子と考えられていた電子などにも見られる一般的な性質であることが，1924年にド・ブロイによって示された．ド・ブロイは，波動と考えられていた光が粒子性をもつのなら，粒子と考えられている電子も波動性をもつのではないかと考えたのだ．電子が波である証拠は結晶による電子線の回折で示された．

　この電子の二重性を最近の実験事実で説明しよう．以前は思考実験でしかなかったこのような原理的実験が，技術の進歩により可能になったことは驚嘆すべきことである．

　ヤングの干渉実験と同様な装置に電子線を当ててみる．スリットの代わりに電場による電子線バイプリズムを使うが本質的には同じである．まず電子線をずっと弱くして，2個以上の電子が同時にスリットを通らないようにする．すると図1のような結果が得られる．これを見ると電子はスクリーンに1粒ずつ到達している．電子は粒子と考えていいようだ．きっと電子はどちらかのスリットを通り抜けてきたに違いない．

図1　　　　　　　　　　　図2

(外村 彰『量子力学を見る』岩波書店より転載)

　次に，上の実験を十分に時間をかけて行ない，スクリーンにたくさんの電子が到着するまで待つと図2のようになる．これは前に出てき

た光の干渉縞とまったく同じである．この結果は明らかに電子の波動性を示している．電子は両方のスリットを通り抜け干渉した結果に違いない．どうも困ったことになったようだ．電子は1個ずつ観測されるのだから1個の粒子に思えるが，干渉が起こるのは両方のスリットを通り抜けたからだ．一体こんなことがあっていいのだろうか．でもこれは実験事実なのである．

　これに対する解答は，1925年に量子力学が建設されてまもなく与えられていた．電子はその状態を表わす波動関数で表わされる．ここで波動関数 Ψ（プサイ）とは電子などの時間的空間的ふるまいを表わす波でシュレーディンガー方程式の解である．確率解釈とは，「波動関数の絶対値の2乗 $|\Psi|^2$ が電子を観測したとき見いだす位置の確率分布を表わす」というものだ．すなわち，電子源から放出された電子は波 Ψ として広がっていき，2つのスリットの両方を通り抜けた後，スクリーン上に粒子として検出される．このとき $|\Psi|^2$ が大きいところほど電子が（そういう実験をすれば）たくさん見いだされる．電子は粒子として観測すると粒子であり，波として観測すると波であり，観測しないときは波動関数で表わされる波でも粒子でもない「状態」である．

　実は，上に述べた直接的実験より前に，電子が波として回折を示すことがこの理論が出た直後に実験的に示されていた．1928年にデーヴィソン（C. J. Davisson 1881-1958）とガーマー（L. H. Germer 1896-1971）がニッケルの結晶に電子線を当てて，またG. P. トムソン（Thomson 1892-1975）が金属薄膜を用いて実験した．日本でも菊池正士（1902-1974）が理研で雲母の単結晶の薄膜によってより基本的な実験を行ない1928年に発表している．

●波と粒子はどう両立するか

　以上見たように光も電子もその歴史のはじめから波と粒子の両面から考察されてきた．今やそれは根本的な物質の二重性としてすべての物質にともなう．その2つを結びつけるのは，ド・ブロイの関係式 $E = h\nu$，$p = \dfrac{h}{\lambda}$ である．ただし p は運動量，λ は波長である．ここ

に相反するはずの波と粒子の関係が表現されている.

　これを用いて現実の二面性を見てみよう. 例えば電子より大きな原子や人間は波動性を示すのか. 原子の波動性は1988年にキースらによりナトリウム原子の干渉実験によって示された.

　多数の原子の集合はその重心の運動量に対するド・ブロイ波で干渉するという量子力学の結果を用いると, ナトリウム原子の波長はこの実験では1.7×10^{-11}mになる(質量3.8×10^{-2}kg, 速度1.0 km/sとして). 回折格子は金で作られ, そのスリット幅は$0.2\,\mu$mだった. さらに大きなものでは, フラーレンC_{60}の干渉が1999年にツァイリンガーらによって実証されている. 人間ではどうだろうか.

　一方, 波だとしてそれは粒子の性質を説明できるのか. トムソンの実験の陰極線のように曲がるのか. いまポテンシャルVの場を運動する電子を考えて, ド・ブロイの式に戻ると, エネルギー保存から

$$\frac{p^2}{2m} + V = E.$$

すなわち

$$p = \sqrt{2m(E-V)}$$

となるので

$$\lambda = \frac{h}{\sqrt{2m(E-V)}}$$

となる. したがって位置エネルギーVが大きいところほど波長が長くなる. もし電子の波がポテンシャルVが上ほど大きくなるようなところで運動した場合, 場所による波長の違いで, 図3のように曲って伝わるだろう. したがって波で考えても, 波長が運動範囲に比べて小さいときは, 粒子のような運動が現われるのでふたつの面は両立する.

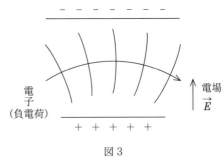

電子
(負電荷)

電場
$\vec{E}$

図3

●真理は何処に

　このように，人々はそれまでの実験結果をもとにして，あるときは光を波のようなものだと考え，またあるときは粒のようなものだと思ってきた．そしてどちらの考えもそれなりに合理性をもっていたので，問題は一層深刻にならざるを得なかったのだ．だからこそ，波動関数の確率解釈で矛盾に陥った現象がこれまでひとつもないことはたいへんなことなのだ．しかし基礎法則に確率を持ち込んだこの解釈に対しては，アインシュタインをはじめ多くの人たちが疑義をはさみ，議論は今も続いている．私たちはこのあたりにはもっと深い「真理」が潜んでいるような気がしている．君たちの中で誰かその「真理」を探そうという人はいないだろうか．

●参考文献……………………

江沢 洋「量子力学的世界像と古典物理学」，所収：日本物理学会編『アインシュタインとボーア』，裳華房，1999．

朝永振一郎『量子力学と私』，江沢 洋編，岩波文庫，1998．

『ニールス・ボーア論文集』，1, 2，山本義隆編訳，岩波文庫，1999，2000．

ルイ・ド・ブロイ『物質と光』，河野与一訳，岩波文庫，1972．

大野陽朗監修『近代科学の源流——物理学編III』，高村泰雄・藤井寛治・須藤喜久男編，北大図書刊行会，1977．

外村 彰『量子力学を見る』，岩波書店，1995．

D. W. Keith, M. L. Schattenburg, H. I. Smith, and D. Pritchard, *Phys. Rev. Lett.* **61**(1988)1580.

M. Arndt, O. Nalrz, J. Vos-Andreas, C. Keller, G. van der Zouw and A. Zeilinger, *Nature*, **401**(1999)680.

［三村 茂・笠原良一］

112−電子は雲のようなものなのか

　原子のまわりには，原子番号の数だけの電子が飛び回っていると言われている．例えば炭素原子の場合，電子の数は6個であり，この様子は高校の化学の教科書では図1のようにかかれている．これは，惑星が太陽のまわりを回るのと同じように，電子が原子核のまわりを回っているという発想で考えられたモデルである．

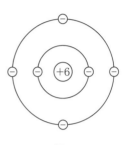

図1

　しかし，ミクロの世界の基本法則である量子力学を使って電子の運動を調べると，電子の軌道はきちんと決まったものではないことがわかる．その正確な様子を表わすことは面倒であるが，通常は図2のような絵がかかれる．ぽんやりとした感じにかかれているのは，これが単なる曲面ではなく，曲面に囲まれた立体を表わし，この中のどこかに電子が存在するということしかわからないためである．

　そこで，この電子の存在する(はずの)空間を，これまでの軌道

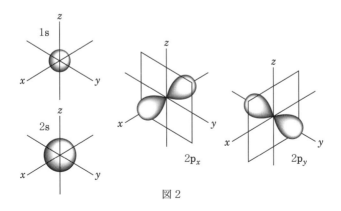

図2

(orbit)に対して，<u>オービタル</u>(orbit の形容詞 orbital を名詞として使った言葉．直訳すれば"軌道みたいなもの")，とよんでいる．(図1の内側の軌道が図2の1sに対応．図1の外側の軌道が，図2の2s, $2p_x, 2p_y$ に対応し，それぞれに電子が2個，1個，1個ずつ入っている．これらの記号は電子のとりうるいろいろな状態を表わしている．)

このオービタルはその形から，「電子雲」とよばれることもあるが，この一部をすくうと薄い電子の雲が少し取れると考えるのは誤りである．この"雲"は，電子の観測される確率の大小を濃淡で示しただけであって，実際にはこんなものは存在しない．この"雲"に相当する部分の一画を小さな網(実際にはこんなものは存在しないが)ですくったとすると，その中には1個の電子が入っていることもあるし，入っていないこともある．電子はあくまでどこかに1個の電子としてしか見つからない．

オービタルのもう少し正確な表現方法として，"等高線"が使われることがある(図3)．これは原子核を含む平面上で，電子の観測される確率の等しい部分を線で結んだものである．

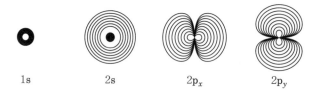

1s   2s $2p_x$ $2p_y$

図3　炭素原子の4つのオービタル
(バーロー『物理化学(上)第3版』東京化学同人より転載)

この表わし方は，当然のことながら分子内の電子の分布を表わすのにも有効である．図4はアセチレンの分子(C_2H_2)のオービタルを示している．①のオービタルに属する電子はCとHのまわりに存在して，CとHを結びつけるはたらきをしているし，②のオービタルに属する電子はCとCを結びつけるはたらきをしていることがわかる．また③のオービタルもCとCを結びつけているが②とは異なる．実際は③と垂直で③と同じ形のオービタルがもう1つ存在する．

●「存在確率」という言葉はなぜ正しくないか

$$H-C \equiv C-H$$

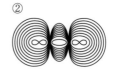

さて原子の中の電子は以上のような「状態」として表わされるが，電子の位置を測定すれば，電子はあくまで1個の電子として観測され，電子自身が雲のように広がっていて，その一部が観測されるわけではない．そこでこの「雲」は，電子が「存在する確率」を表わすとよんでいいのだろうか．じつは今でもそのように書いてある本を見受けるがそれは誤りである．なぜならそれは電子がはじめから1個の粒子として存在し，測定するかどうかに関わらず，どこかにあるという前提に立つからだ．じつは電子は我々が電子の粒子性を観測することによって初めて粒子の姿を現わすのであって，

図4 （大野公一『量子物理化学』東京大学出版会より転載）

それまでは粒子であるとはいえないのである．したがって「存在確率」ではなく，「電子の位置を観測したとき，そこに見いだされる確率」というべきで，それは測定が行なわれたという事実が前提にある，前者と異なる概念である．では電子は粒子として観測される前は何なのか．電子は空間に広がった波である「波動関数で表わされるある状態」として存在し「状態」の波どうしが互いに重なり合って干渉したりすることができるのである．観測する前から「一個の電子」が「どこかにある」というわけではない．詳しくは参考文献を見てほしいが，このことが正しく書かれているかは，その本の評価テストにもなるだろう．

●参考文献………………

牧 二郎「量子論のために」，日本物理学会誌，vol.47, no.1, p.48-50, 1992.

亀淵 迪『物理法則対話』，岩波書店，1996.

朝永振一郎『量子力学と私』，江沢 洋編，岩波文庫，1997.

朝永振一郎『量子力学』(II)，みすず書房，1997．

　　この本をぜひ読んでほしい．特に第 8, 9 章を！

大野公一『量子物理化学』，東京大学出版会，1989．

バーロー『物理化学(上)第 3 版』，東京化学同人，1976．

飯島孝夫・小谷正博『化学結合を考える――原子から分子へ』，講談社，1971．

[松本節夫・上條隆志]

113－金属で一番軽いリチウムの原子と すごく重いウランの原子の どちらが大きいのか

　一般にものが粒子で構成されているとすると，少ない粒子でできたものより，たくさんの粒子でできたものの方が大きいのが普通だろう．原子は，中心にあり陽子と中性子でできた原子核と，そのまわりに広がる（古典的モデルでは惑星のように回る）電子からできている．原子核は小さいので原子の空間の大部分は電子によって占められているといってよい．では実際の原子の大きさはどうであろうか．普通の状態が金属の原子のうち一番軽いのはリチウムで，原子番号は 3．これは原子核内の陽子が 3 個であり，まわりを回る，負電荷をもつ電子が 3 個ということを表わしている．重い方の代表はウランで原子番号 92，つまり陽子 92 個とまわりの電子 92 個からなる．化学の教科書にある模式図で描くと下のようになる．

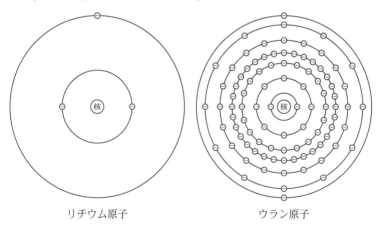

リチウム原子　　　　　　ウラン原子

図 1

　この図で電子の軌道が何本も描かれているが，1 番内側の軌道には 2 個，2 番目には 8 個というように各軌道に入る電子の数が決まって

いるので，電子が多い原子はたくさんの軌道が埋まっている．なぜ同じ軌道に入れる電子の数が決まっているかというと，1つの状態には1つの電子しか存在できないというパウリ原理があるからである（236ページ参照）．もちろん1つの軌道に2個の電子があるというのは同じ軌道でも2個の異なる状態があるからである．

　この図を見て，どちらの原子の方が大きいか予想がつくだろうか．ウランの方がたくさんの軌道に広がっているので当然大きいように思われる．実際はどうか．原子の大きさはいくつかの方法で求められているが，金属原子の場合は原子を硬い球と考えて金属結晶はこれが密につまっているとして求めた半径があるので比べてみる．日本化学会編『化学便覧(1984年版)』では，驚くことにリチウムの半径が1.52オングストロームに対し，ウランが1.38オングストロームである．また気体になったときの衝突から求める半径，気体半径では（ファン・デル・ワールス半径という）リチウム1.82オングストロームに対しウラン1.86オングストロームである．いずれにしても大きさはあまりかわらない．

　どちらの原子もほぼ同じ大きさだとしたら，金属密度の比は原子1個の重さの比になるはずだ．データをあたってみよう．リチウムの原子量は6.9，ウランは238で約34.5倍だ．（もちろん原子量は核内の陽子と中性子の数の和にほぼ等しい）．一方，密度はリチウムが534 kg/m^3，ウランが約19100 kg/m^{3}で約35.6倍，これは個々の原子の重さの比とほぼ同じで，原子の大きさは同じであることを支持している．

●なぜどちらの原子も同じくらいの大きさになってしまうのか

　原子は，軌道が埋まっている数が多いほど外に広がるが，同時に原子核の電荷が大きくなれば軌道はそれだけ中心に引きつけられる．リチウムの原子核の電荷 $3e$（e は電子または陽子1個の電荷を表わす）に対してウランの原子核は $+92e$ の電荷で電子を強く引っ張る．だから軌道は縮んでしまう，これがリチウムとウランの原子の大きさが同じくらいになった主な原因だろう．しかし核の引力の他にたくさん

表　金属結合半径　$r/\text{Å}$

最短原子間距離の半分を示す
(2種ある場合には短い方の値をとってある).

Li	Be
1.52	1.11

Na	Mg	Al
1.86	1.60	1.43

K	Ca	Sc	Ti	V	Cr	Mn	Fe	Co	Ni	Cu	Zn	Ga
2.31	1.97	1.63	1.45	1.31	1.25	1.12	1.24	1.25	1.25	1.28	1.33	1.22

Rb	Sr	Y	Zr	Nb	Mo	Tc	Ru	Rh	Pd	Ag	Cd	In	Sn	Sb
2.47	2.15	1.78	1.59	1.43	1.36	1.35	1.33	1.35	1.38	1.44	1.49	1.63	1.41	1.45

Cs	Ba	La	Hf	Ta	W	Re	Os	Ir	Pt	Au	Hg	Tl	Pb	Bi
2.66	2.17	1.87	1.56	1.43	1.37	1.37	1.34	1.36	1.39	1.44	1.50	1.70	1.75	1.56

La	Ce	Pr	Nd	Pm	Sm	Eu	Gd	Tb	Dy	Ho	Er	Tm	Yb	Lu
1.87	1.83	1.82	1.81	1.80	1.79	1.98	1.79	1.76	1.75	1.74	1.73	1.72	1.94	1.72

Ac	Th	Pa	U	Np	Pu	Am
1.88	1.80	1.61	1.38	1.30	1.6	1.81

単位の換算：1Å = 0.1nm

表　ファン・デル・ワールス半径[1)]　$r/\text{Å}$

H								He
1.20								1.40 (1.50)

Li			C	N	O	F	Ne
1.82			1.70	1.55	1.52 (1.40)	1.47 (1.35)	1.54

Na	Mg		Si	P	S	Cl	Ar
2.27	1.73		2.10	1.80 (1.9)	1.80	1.75	1.88

K		Ni	Cu	Zn	Ga	Ge	As	Se	Br	Kr
2.75		1.63	1.4	1.39	1.87	2.10	1.85 (2.0)	1.90	1.85	2.02

		Pd	Ag	Cd	In	Sn	Sb	Te	I	Xe
		1.63	1.72	1.58	1.93	2.17	(2.2)	2.06 (2.20)	1.98 (2.15)	2.16

		Pt	Au	Hg	Tl	Pb
		1.75	1.66	1.55	1.96	2.02

U
1.86

単位の換算：1Å = 0.1nm
( ) 内は以前 L. Pauling が提唱した値で Bondi の値と 0.1 Å 以上異なる場合を表わす.
1) A. Bondi, *J. Phys. Chem.*, **68**, 441 ~ 451(1964)

図2　(日本化学会編『化学便覧基礎編 改訂4版』II-726, (1993) 丸善より)

の電子が互いに斥けあう反発力もあるはずである．それはどうなのか．
原子の大きさは一番外側の電子の軌道で決まると言ってもよいだろう．
外側の電子から見るとそれより内側の電子は電子に対する反発力によって核の引力をうち消すはずだ．内側の電子の反発力を差し引いた，
外側の電子の感じる引力は，理論によるとリチウムで $1.3e$ くらい，

ウランの外側の6個の電子が感じる引力は $16e$ くらいになっている．これらを有効電荷という．これを原子モデルと比べてみよう．正電荷の核のまわりを1個の電子が回っているとしたモデルで，量子条件とクーロン力による円運動を用いた計算をすると，n 番目の軌道半径 r は，原子核の電荷を Ze として

$$r = a\frac{n^2}{Z} \tag{1}$$

で表わされる(注)．a はボーア半径といわれ，5.3×10^{-11} m である．いまリチウムは2番目の軌道，ウランは7番目の軌道まで電子が入ってくるから n はそれぞれ2と7．これから r が等しいとすれば，核の有効電荷 Z はウランがリチウムの12.2倍のはず．さきほどの1.3と16も12.3倍になるから，両者はほぼ一致する．

　結果として見ると，原子の大きさは構成粒子が大幅に増えても大して変わらない．一般に外側の軌道が同じなら核の電荷が大きくなるほど引き寄せられるので半径は小さくなるから，周期律表の横の列を右に行くほど小さくなる．また電子配置が同じ形の同族原子は表の下に行くほど満たされた軌道が増えていくので一般に周期律表の縦の列は半径が増大している．

　第108項「パウリが太っているのはパウリ原理のせい？」を参照．

●注……………………

　水素型の原子の軌道半径の式は電子が核の正電荷によって円運動をしていること，並びにその円軌道に量子条件が課せられていることから求められた．ここで電子のような電荷が円運動しているのに電磁波を出してエネルギーを減らすことがないということと軌道が量子条件を満たしていなければならないことが量子論的なのである．

　電子が核の Ze のクーロン力のもとで円運動をしていることは

$$\frac{mv^2}{r} = 9 \times 10^9 \frac{Ze^2}{r^2}$$

で，また量子条件は

$$mv \times 2\pi r = nh$$

とあらわされる．

　この2つの式から文中の式を導いてみよう．

●参考文献‥‥‥‥‥‥‥‥‥‥

B.C. Webster『原子と分子』，小林宏・松沢英世訳，化学同人，p. 101-104，1993．

江沢 洋『現代物理学』，朝倉書店，1998．

日本化学会編『化学便覧第3版』，丸善，1984．

[山口浩人]

114—パウリ原理と元素の周期律

　ある高校で，物理の時間に元素の周期律をもちだしたら，生徒たちに「それは化学だ」といわれたとか．そのうち，ケプラーの法則について話したり万有引力場における楕円軌道に触れたりすると，「それは地学だ」といわれるようになるのだろうか？

　これらはすべて，原子構造の謎を解くために大きな手がかりになったのである．

●パウリの原理

　パウリの原理という量子力学の大原理がある．これは，はじめ元素の周期律をとおして発見された．周期律を原子の構造から理解しようと努力した最初の人は，N. ボーアであった．その努力は，パウリが電子のスピンを発見したとき稔ったのである(1925年)．パウリは助手であった1922年に周期律に関するボーアの講演を聞いた．後に「2という数が8と同様に本質的であったことが強く印象に残った」と語っている[1]．

　その経緯を説明するにはボーアの原子構造論からはじめなければならない．

●ボーアの原子構造論

　ボーアの原子構造論(1913年)は，水素原子の線スペクトルが次のようにして理解されるという発見からはじまった．

　水素原子は，原子核と一つの電子からなる．その電子(質量 μ，電

　1）　ヤンマー『量子力学史』(上)，小出昭一郎訳(東京図書 1974)，p. 166を見よ．1922年のパウリについては，W. パウリ『物理と認識』，藤田純一訳(講談社，1975)の訳者による第Ⅰ部，p. 16を参照．

荷 $-e$)は原子核(電荷 e)を中心に半径 a の円を描いて走っているとしよう(図1).その速さを v とすれば,ニュートンの運動方程式は

$$\frac{\mu v^2}{a} = \frac{e^2}{4\pi\epsilon_0 a}\frac{1}{a} \tag{1}$$

を与える.ここに $\epsilon_0 = 8.854\times 10^{-12}$ C/N m^2 は真空の誘電率である.

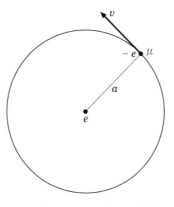

図1　ボーアの原子模型.円軌道.

ボーアは,これに――理由はわからないが,とにかく当時の話題のプランク定数 h を用いて($\hbar = 6.58\times 10^{-16}$ eV は,その 2π 分の 1)

　　　量子条件：$\mu va = n\hbar$　　　($n = 1, 2, \cdots$)　　　(2)

を課せば,電子のエネルギーが

$$E_n = -\frac{I_\mathrm{H}}{n^2} \qquad (I_\mathrm{H} = 13.6 \text{ eV}, n = 1, 2, \cdots) \tag{3}$$

というトビトビの値に限られることになり,電子が,たとえばエネルギー $-E_3$ の運動状態から E_2 の運動状態に跳び移るときのエネルギー差は

$$E_3 - E_2 = \left\{\left(-\frac{1}{3^2}\right) - \left(-\frac{1}{2^2}\right)\right\}I_\mathrm{H} = \frac{5}{36}\times 13.6 \text{ eV} = 1.89 \text{ eV}$$

となって,水素原子の H$_\alpha$ 線とよばれていたスペクトル線(波長 $\lambda_{\mathrm{H}\alpha} = 6.56\times 10^{-7}$ m)の光子のエネルギー

$$\hbar\omega_{\mathrm{H}\alpha} = \hbar\frac{2\pi c}{\lambda_{\mathrm{H}\alpha}} = (6.58\times 10^{-16} \text{ eV}\cdot\text{s})\cdot\frac{2\pi\cdot(3\times 10^8 \text{ m})}{6.56\times 10^{-7} \text{ m}}$$

$$= 1.89 \text{ eV}$$

にちょうど一致することに気づいた[2].水素原子の他のすべてのスペクトル線も,適当な番号 n, n' をとれば

$$E_n - E_{n'} = \hbar\omega_{nn'} \tag{4}$$

---

2)　ω は振動数の 2π 倍で,角振動数とよばれる.

の関係式に適合するのだった．これは，角振動数 $\omega_{nn'}$ のスペクトル線は電子がエネルギー E_n の運動状態から $E_{n'}$ の状態に跳び移るときに射出されることを物語っている！　ボーアの眼にはそう見えた．

(3)を運動方程式(1)と量子条件(2)から導くには，こうすればよい．

運動方程式(1)の両辺に a をかけて2で割ると

$$\frac{1}{2}\mu v^2 = \frac{1}{2}\frac{1}{4\pi\epsilon_0}\frac{e^2}{a} \tag{5}$$

という関係が得られる．左辺は電子の運動エネルギー，右辺は電子の位置エネルギーの $-1/2$ 倍である．これらが互いに等しい！　したがって，電子の全エネルギーは

$$E = \frac{1}{2}\mu v^2 - \frac{1}{4\pi\epsilon_0}\frac{e^2}{a} = -\frac{1}{2}\frac{1}{4\pi\epsilon_0}\frac{e^2}{a} \tag{6}$$

と書ける．原子核を中心に円軌道を描く電子の全エネルギーは軌道半径 a で定まってしまうのである．

他方，運動方程式(1)の両辺に μa^3 をかけて

$$(\mu v a)^2 = \frac{\mu e^2}{4\pi\epsilon_0}a$$

を出し，量子条件(2)を用いれば

$$a_n = 4\pi\epsilon_0\frac{\hbar^2}{\mu e^2}\cdot n^2 \qquad (n = 1, 2, \cdots) \tag{7}$$

が得られる．いや，得られるのは $a = \cdots$ という式だが，その値は整数 n によって定まるので n を添え字につけたのである．電子の軌道半径は，このように**ボーア半径** a_{B}

$$a_{\mathrm{B}} = 4\pi\epsilon_0\frac{\hbar^2}{\mu e^2} = 0.53\times10^{-10}\ \mathrm{m} \tag{8}$$

の1倍，4倍，9倍，……というトビトビの値に限られる．

電子のエネルギー E は軌道半径 a で(6)のようにきまってしまうのだった．そこで，(6)の a に(7)の a_n を代入すれば

$$E_n = -\frac{1}{2}\left(\frac{1}{4\pi\epsilon_0}\right)^2\frac{\mu e^4}{\hbar^2}\cdot\frac{1}{n^2} \qquad (n = 1, 2, \cdots) \tag{9}$$

が得られる．E は番号 n できまるから，それを書き添えて E_n とし

た．これは確かに (3) の形をしている．定数 I_H は

$$I_\mathrm{H} = \frac{1}{2}\left(\frac{1}{4\pi\epsilon_0}\right)^2 \frac{\mu e^4}{\hbar^2}$$

ということになる．計算してみると，これも確かに 13.6 eV になる！

　ボーア以前には，原子の大きさを理論から定めることはできなかった．電子は，もし原子核のまわりをまわっているのだったら，どうしても加速度をもつので，マクスウェルの電磁場の理論からの必然で光を出し続けることになり，そのためにエネルギーを失なって原子核に墜落する羽目になる．原子は，有限の寿命で潰れてしまう．いや，そんなはずはないのだが，と物理学者たちは困りはてていたのである．

　ボーアは，この困難を $\hbar$ の導入によって解決したのだが，そこにはいろいろ無理な仮定があった．加えて「量子条件 (2) とは何か？」という難問を物理にもちこむことになった．所詮，ボーアの理論は真の理論への道をさぐる過渡的な試みであった．ここから将来への多くの手懸りが見つかることになる．

　その道程を知るには，朝永振一郎『量子力学 (1)』(みすず書房) など適当な本を読んでください．

●楕円軌道へ

　ボーアの量子条件の物理的な意味はド・ブロイが見出した．電子の運動には波が伴う．その波が軌道を一周して一つながりの定常波になる条件だというのだった．ド・ブロイ波の波長は，電子の運動量 $p = \mu v$ から $2\pi\hbar/p$ によって定まる．

　原子核のまわりをまわる電子の軌道は円とはかぎらない．太陽のまわりをまわる惑星たちのように楕円軌道をとることもできる．太陽ないし原子核は，楕

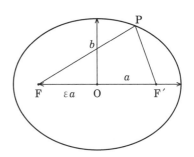

図 2　楕円
2 点 F, F′ に針を立てて長さ $2a$ の糸の両端を結び，鉛筆を，芯の先 P で糸をピンと張りながらグルッと一まわり動かして描いた曲線が楕円である．

円の一つの焦点に位置することになる。

楕円は長半径と離心率できまる（図2）。電子が原子核を一つの焦点にもつ長半径 a，離心率 ε の楕円軌道を描く場合にもド・ブロイの定常波の量子条件は適用することが

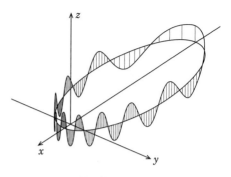

図3　楕円軌道の上の定常波

できる（図3。これからの議論の詳細は，計算も含めて，江沢 洋『現代物理学』(朝倉書店)§9.4.4を参照)。

その結果，電子のエネルギーは

$$E_n = -\frac{1}{2}\left(\frac{1}{4\pi\epsilon_0}\right)^2 \frac{\mu e^4}{\hbar^2} \cdot \frac{1}{n^2} \tag{10}$$

となる。円軌道に対する(6)と同じだ！　したがって，これから導かれる水素原子の線スペクトルは円軌道だけ考えた場合と（強度は別として）異ならない。このような許されるエネルギーの値を**エネルギー**

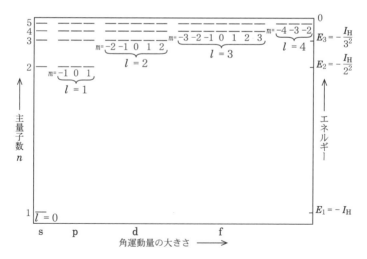

図4　水素原子における電子のエネルギー準位。
すぐ後に述べる角運動量の値も示した。

準位という（図4）．その番号 n を**主量子数**という．

軌道の長半径 a とエネルギー E_n との間には，(6)にあたる

$$E_n = -\frac{1}{2}\frac{1}{4\pi\epsilon_0}\frac{e^2}{a}$$

の関係があり，したがって，E_n に対応する a に同じ番号 n をつけて書けば

$$a_n = n^2 a_B \tag{11}$$

となる．これも円軌道に対する(7)と同じ形だ！

楕円の離心率に関係するのは角運動量である．角運動量とは，ベクトルであって，その大きさは面積速度の 2μ 倍，方向は軌道面に垂直で，向きは電子が軌道をまわるのに合わせてまわした右ネジの進む向きである（図5）．電子の楕円軌道の場合，角運動量の大きさ L は

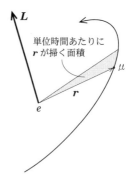

図5　角運動量 L. 面積速度とは r の掃く面積の増加率をいう．

$$(1-\varepsilon^2)a_n = \frac{4\pi\epsilon_0}{\mu e^2}L^2 \tag{12}$$

のように軌道の離心率に関係する．これら2式から

$$1-\varepsilon^2 = \left(\frac{L}{n\hbar}\right)^2 \tag{13}$$

が得られ，左辺は1より小さいから

$$L \leq n\hbar \tag{14}$$

という関係が知られる．

ここで，後の完成した量子力学からの結果を先どりして言えば[3]，角運動量の大きさ L は $\hbar$ の整数倍であり，かつ $(n-1)\hbar$ 以下である：

3）　量子力学の歴史をたどれば，これは古典量子論と実験事実が交錯した興味深い段階に属する．朝永『量子力学 (1)』，前掲を参照．特に，(14)からは n まで行きそうな l が $n-1$ で止まる理由について朝永の pp. 188-189 を見よ．

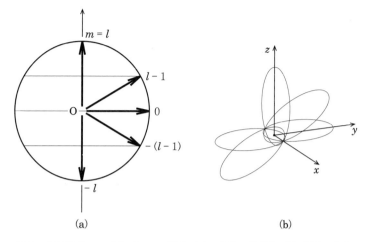

図6　角運動量の z 成分. $l = 1$ の場合. (a) z 成分の量子化, (b) 軌道の向き.

$$L = l\hbar \qquad (l = 0, 1, 2, \cdots, n-1) \tag{15}$$

さらに，角運動量ベクトルの大きさ l を固定したとき，その成分 L_z は

$$L_z = m\hbar \qquad (m = -l, -(l-1), \cdots, 0, \cdots, l) \tag{16}$$

という $(2l+1)$ 個のうちのどれかの値をとる(図6).

　具体的に見よう．エネルギーが最低の E_1 である運動を考えると，$n = 1$ だから，角運動量ベクトルの大きさは $l = 0$ のみで，z 成分 $L_z = m\hbar$ も $m = 0$ に限られる.

　エネルギー E_2 の運動では，$n = 2$ だから，角運動量ベクトルの大きさは $l = 0, 1$ のどちらでもよく，z 成分 $L_z = m\hbar$ は $l = 0$ なら $m = 0$ のみ，$l = 1$ なら $m = -1, 0, 1$ の3つのうちのどれかとなる.

　エネルギー E_3 までゆくと，$n = 3$ だから，角運動量ベクトルの大きさは $l = 0, 1, 2$ のどれでもよく，z 成分 $L_z = m\hbar$ は $l = 0$ なら $m = 0$ のみ，$l = 1$ なら $m = -1, 0, 1$ の3つのうちのどれか，…となる.

　いっそ，すべての場合を表にして示せば表1〜3のようになる.

表1　エネルギー E_1 をもつ運動の
　　　角運動量

大きさ l	z 成分 m	状態数
0	0	1
		合計 1

表2　エネルギー E_2 をもつ運動の
　　　角運動量

大きさ l	z 成分 m	状態数
0	0	1
1	$-1, 0, 1$	3
		合計 4

表3　エネルギー E_3 をもつ運動の
　　　角運動量

大きさ l	z 成分 m	状態数
0	0	1
1	$-1, 0, 1$	3
2	$-2, -1, 0, 1, 2$	5
		合計 9

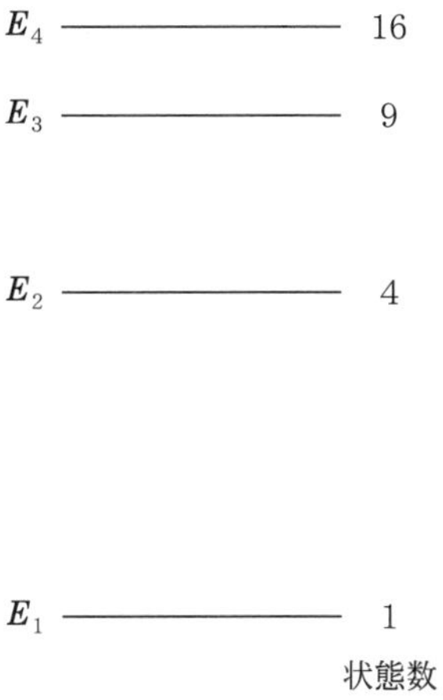

E_4 ——————— 16

E_3 ——————— 9

E_2 ——————— 4

E_1 ——————— 1

状態数

図7　エネルギー準位と状態数

●元素の周期律とパウリの原理

この表と元素の周期律表との関連に最初に注目したのはボーアである.

周期律表(表4)の第1行にはHとHeと2つの元素がある. 第2

表4　元素の周期律表

主量子数 n	状態数 $2n^2$	外殻電子がこの状態を占める原子							
1	2	H							He
2	8	Li	Be	B	C	N	O	F	Ne
3		Na	Mg	Al	Si	P	S	Cl	Ar

行には8つの元素がある．この2と8という数は，表1と表2のそれ
ぞれにおける「状態数の合計」のちょうど2倍になっている．

　さらに，各元素の原子がもつ電子の総数との関連が目をひく．

　水素原子は1個の電子を，ヘリウム原子は2個の電子をもっている．
表1のいう1つの状態が2個の電子まで収容するとしたら，この状態
はヘリウムにきて2個の電子で満員になる．

　第2行の末尾のネオンは，原子番号が10で10個の電子をもってい
るが，表2のいう4つの状態が収容するのは——1つの状態が2個ま
での電子を収容するなら——8個までである．ところが，これは n
$= 2$ の——図8で言えば下から2番目の——エネルギー準位 E_2 のこ
とである．その下に $n = 1$ の準位 E_1 があって，そこに2個の電子が
収容される．

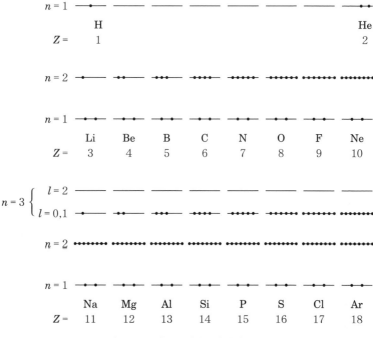

　図8　電子の席とり．各準位の席数は状態数に等しく，定まっている．
$n = 3$ の準位の分裂については，次に説明する．

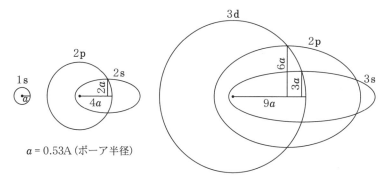

図9 **Z** = 1 の原子における電子の角運動量と軌道. l = 0, 1, 2, 3 を,
この順に s, p, d の記号で表わした. 数字は主量子数 n を示す.

　原子の電子を下の準位から順に入れて,満席になったら次の準位に
入れる,という仕方で原子を構成して行くと図8のようになる.電子
が図8の最低の準位に入ってゆくのが周期律表の第1行である.次の
準位に入りはじめて満席になるまでが第2行である.

　この規則で進むと第3行には $2 \times 3^2 = 18$ 個の元素が並ぶはずだが,
実際には8個しか並んでいない.これは, $n = 3$ の状態のうち $l = 0$,
1 のものより $l = 2$ のもののエネルギーが何かの理由で高くなって,
$l = 1$ まで満席になったところで一区切りになったものと考えられる.

　その理由というのは,こうだ. (13)によれば,同じ n の軌道では l
が小さいものほど離心率 ε が大きい. $n = 3$ でいうと,離心率の大き
い軌道は——内側の $n = 1, 2$ の軌道の中に突っ込んで——原子核の
近くを通るので,核の引力をまともに受けてエネルギーが下がるので
ある(図9).それに反して, l の大きい軌道は円に近く,核の引力の
一部は内側にいる電子たちによって遮蔽されてしまう.いいかえれば,
外側をまわる電子は核からの引力と同時に内側にいる電子たちからの
反撥力も受けるのである.

　こうして,電子は (n, l, m) で定まる状態に2個まで入れるとすれ
ば周期律表が理解できそうである.

　この2は何を物語っているのか? パウリは,それを執拗に探った.
結論を言えば,電子は自転(スピン)していて大きさ $\frac{1}{2}\hbar$ の角運動量

をもち，軌道運動の大きさの角運動量が $m = -l, -l+1, \cdots, l$ という $2l+1$ 通りの向きをとり得たように，

$$m_s = -\frac{1}{2}, \quad \frac{1}{2} \tag{17}$$

という 2 通りの向きをとり得る．電子の状態は (n, l, m, m_s) で指定されることになり，状態数は表 1 〜 3 の与える数の 2 倍になる．電子のスピンの発見が「2 の謎」を解いたのである．この考えは原子のスペクトルからも示唆された．

　電子の席とりの法則は，そこで，簡明に

　　一つの量子力学的状態には一つの電子しか入れない

と言い表わすことができる．これは**パウリの原理**である．これは，また排他原理ともよばれる．

●参考文献……………………
1) 井口洋夫『元素と周期律』，裳華房，1981.
2) 江沢 洋『現代物理学』，朝倉書房，1998.§13.4 を見よ.
3) 朝永振一郎『量子力学』（I），みすず書房，1952.特に第 4 章を見よ.
4) 伏見康治「原子物理シリーズ」，自然，1946, 1949 に連載.特に第 1 回「自然の諧調・元素の周期律」，第 2 回「原子番号」，第 7 回「不確定算術」を見よ.
5) 同『原子の世界』，伏見康治著作集 5，並木美喜雄解説，みすず書房，1987.「原子物理シリーズ」と「相対論的世界像」を収録.

　　　　　　　　　　　　　　　　　　　　　　　　　　　　[江沢 洋]

115—パウリが太っているのは
パウリ原理のせい？

　W.パウリは量子力学の形成
に重要な役をした物理学者であ
る．彼は，見るからに太ってい
る（図1）．量子力学にパウリの
原理がなかったら，彼もこんな
に太らなかったはずだ，といわ
れる．そうだろうか？

　問題は，物体の大きさとパウ
リの原理の関係である．前項の
図8，9を見ると，パウリの原
理に従えば，原子番号 Z の大
きい原子は，それだけ大きくな
りそうに思われよう．原子が大
きくなれば，それが集まってで

図1　パウリ（ハイゼンベルク『部分
と全体』みすず書房より）

きる物体もそれだけ大きくなるだろう．

　実は，原子番号が大きくなると原子核の引力が強くなって軌道が縮
むので事はそれほど簡単ではない．この点は後に考えることにして，
まずはパウリの原理がない世界を想像して，簡単な計算をしてみよう．

●パウリの原理がなかったら

　原子番号 Z の原子を考える．それは Z 個の電子をもつが，いま，
それらすべての電子が原子核のまわりに半径 a の円軌道を描くとす
る．パウリの原理がなかったら，こういうことも（前期量子論の意味
では）可能である．そこで，全エネルギーが最小となるように軌道半
径 a をきめてみよう．それが，パウリの原理がない世界における原

子の大きさ(の目安)を与える.

半径 a の円軌道では,運動量が最小のド・ブロイ波長は $2\pi a$ であり,これが運動エネルギーを最小にする.運動量は

$$p = \frac{2\pi\hbar}{2\pi a} = \frac{\hbar}{a} \tag{1}$$

となる.したがって,Z 個の電子の運動エネルギーの総和は

$$K = \frac{1}{2\mu}\left(\frac{\hbar}{a}\right)^2 \times Z = \frac{Z\hbar^2}{2\mu a^2}$$

となる.原子核と電子たちの相互作用による静電エネルギーは

$$V_{\text{e-N}} = -\frac{1}{4\pi\epsilon_0}\frac{Ze^2}{a} \times Z = -\frac{1}{4\pi\epsilon_0}\frac{Z^2e^2}{a}$$

である.電子と電子の間の静電反撥力のエネルギーを見積もるのは難しい.いっそ,Z 個の電子の電荷 $-Ze$ を半径 a の球面に一様に塗り付けるとすれば(量子力学の s 状態のイメージ),その静電エネルギーは

$$V_{\text{e-e}} = \frac{1}{2}\frac{1}{4\pi\epsilon_0}\frac{(Ze)^2}{a} = -\frac{1}{2}V_{\text{e-N}} \tag{2}$$

である.よって,この系の全エネルギー $E = K + V_{\text{e-N}} + V_{\text{e-e}}$ は

$$E_Z(a) = \frac{Z\hbar^2}{2\mu a^2} - \frac{1}{8\pi\epsilon_0}\frac{Z^2e^2}{a} \tag{3}$$

となる.これを最小にする a は,簡単な計算から

$$a(Z) = \frac{2}{Z}a_{\text{B}} \qquad (Z \geq 2,\ \text{パウリ原理なし}) \tag{4}$$

と知れる.ここに a_{B} はボーア半径[前項の(8)]である.

(4)を水素原子($Z = 1$)に適用すると,その半径が $a_{\text{B}}/2$ になってしまうが,これは誤りである.電子が 1 個の場合には $V_{\text{e-e}}$ がなく,したがって

$$E_1(a) = \frac{\hbar^2}{2\mu a^2} - \frac{1}{4\pi\epsilon_0}\frac{e^2}{a}$$

ととるべきだったのである.これを最小にする a は a_{B} に等しい.(4)に $Z \geq 2$ と断ったのは,このためである.

それはともかく，(4) の $a(Z) = (2/Z)a_{\mathrm{B}}\,(Z \geq 2)$ は原子番号 Z とともに減少する．原子番号 $Z = 100$ のフェルミウムは水素原子に比べて半径が 1/50 しかないことになる．これは事実とちがう．酸素原子でも原子番号は 8 だから水素原子に比べて半径は 1/4 になる．もし，パウリの原理がなかったら，パウリの体も縮まざるを得ないだろう．

●パウリの原理にしたがえば

パウリの原理を考慮に入れて電子の運動を考えるには，前項の図 8 に示したエネルギー準位の構造が決定的になる．その図を，もう一度ここに描いておこう(図 2)．ただし，ここでは原子核の電荷が Ze の場合も考えるので，その原子はイオンかもしれない．そこで「水素原子型イオン」とよんでおく．

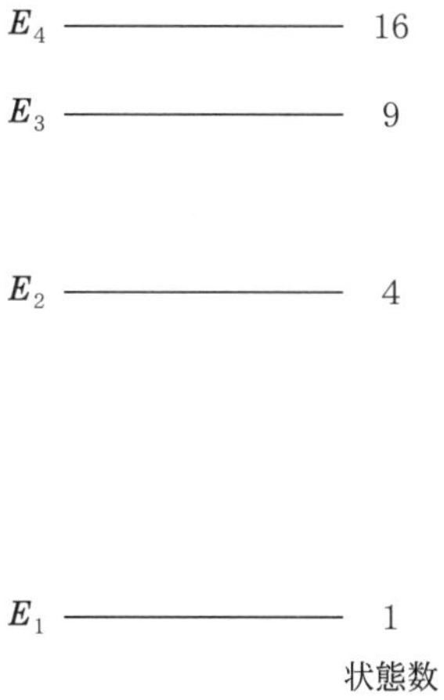

パウリの原理を考慮に入れても，電子が 1 個の

水素原子 $(Z = 1)$ の大きさは
ボーア半径

$$a_{\mathrm{B}} = 0.53 \times 10^{-10}\,\mathrm{m} \qquad (5)$$

E_4 ——— 16

E_3 ——— 9

E_2 ——— 4

E_1 ——— 1

状態数

図 2　エネルギー準位と状態数

であり，電子が 2 個になっても，まだ (4) のままで

$$\text{ヘリウム原子 } (Z = 2) \text{ の大きさは} \quad a(2) = \frac{2}{2}a_{\mathrm{B}} = a_{\mathrm{B}} \qquad (6)$$

である．電子 2 個までは——パウリ原理のもとでも——図 2 の最低のエネルギー準位 E_1 を占めるからだ．

$Z = 3$ のリチウム原子にくると，最初の 2 個の電子は図 2 の最低のエネルギー順位(主量子数 $n = 1$)を占める．

一般に，電荷 $Z'e$ の原子核のまわりで N 個の電子が主量子数 n の円軌道にあるとしたら，(3) に相当するエネルギーの式は

$$E(Z', N\,;a) = N \times \frac{n^2\hbar^2}{2\mu a^2} - N \times \frac{1}{4\pi\epsilon_0}\frac{Z'e^2}{a} + \frac{1}{8\pi\epsilon_0}\frac{(Ne)^2}{a} \quad (7)$$

となる．右辺の第1項に n^2 がかかっているのはド・ブロイ波長が $2\pi a/n$ だからであり，第3項は電子同士の反撥のエネルギーのつもりで，電子の電荷を半径 a の球面に一様に塗りつけるモデルをとった．これを最小にする a を $a_n(Z', N)$ とおけば

$$a_n(Z', N) = \begin{cases} \dfrac{1}{Z'} \cdot n^2 a_{\mathrm{B}} & (N = 1) \\[2ex] \dfrac{2}{2Z'-N} \cdot n^2 a_{\mathrm{B}} & (2 \leq N \leq Z') \end{cases} \tag{8}$$

となる[1]．

リチウム原子 $(Z = 3)$ の初めの $N = 2$ 個の電子の場合，主量子数は $n = 1$ で

$$a_1(3, 2) = \frac{2}{4} a_{\mathrm{B}} = 0.27 \times 10^{-10}\,\mathrm{m}$$

となる．

リチウム原子の3個めの電子は，パウリ原理のもとでは図2の第2の準位 $(n = 2)$ に入るほかない．その軌道は $n = 1$ の軌道より大きいが，そこから見ると原子核の本来の電荷 Ze は内側の軌道をまわる2個の電子によって遮蔽され，$(Z-2)e$ に見える．$Z' = Z-2$ である．リチウム原子の場合なら e に見えるのだから，$n = 2$ の軌道の大きさは $a_2(1, 1)$ となる．よって

リチウム原子 $(Z = 3)$ の大きさは
$$a_2(1, 1) = 2^2 a_{\mathrm{B}} = 2.12 \times 10^{-10}\,\mathrm{m} \tag{9}$$

にピョンと跳ね上がることになる．この大きさの軌道から見ると，内側の $n = 1$ の軌道は小さく，原子核を囲んで小さくかたまっているかのようである（図3）．

次のベリリウムで増える1個の電子は，やはり同じ $n = 2$ の軌道に入る．したがって $Z' = Z-2, N = 2$ として(8)の下側の式を使うことになり

ベリリウム原子 $(Z = 4)$ の大きさは

---

1) 水素に対する(5)式，ヘリウムに対する(6)式も，これに含まれている．

$$a_2(2,2) = 4a_B = 2.1 \times 10^{-10}\,\mathrm{m} \qquad (10)$$

はリチウムと変らない．その次のホウ素から半径は(8)の下側の式に従って減りはじめ

ネオン原子 $(Z = 10)$, 大きさ

$$a_2(8,8) = a_B = 0.53 \times 10^{-10}\,\mathrm{m} \qquad (11)$$

にいたる．

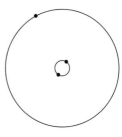

図3 リチウム原子の電子たち．原子核の親衛隊2個と外野の1個に分かれている．

その次のナトリウム $(Z = 11)$ にきて増える1個の電子は，パウリの原理の下では，もう $n = 2$ には入れない．$n = 3$ の軌道に入らざるを得ないが，この軌道は一層大きいので，この電子から見ると，それ以前の10個の電子はずっと原子核の近くをまわって，もっぱら核の電荷を遮蔽しているように見える．その結果，原子核の本来の Ze の電荷は $(Z-10)e$ に見える．ナトリウム原子の

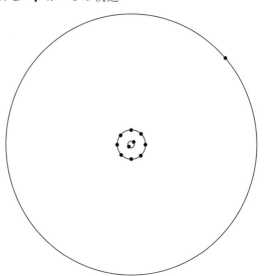

図4 ナトリウムの電子たち．原子核の親衛隊が2層をなしている．

場合には e に見えるから，$n = 3$ の軌道の大きさは $a_2 = 3^2 a_B$ となる．よって

ナトリウム原子 $(Z = 11)$ の大きさは

$$a_3(1,1) = 9a_B = 4.8 \times 10^{-10}\,\mathrm{m} \qquad (12)$$

にピョンと跳ね上がる（図4）．

次のマグネシウムの半径 $a_3(2,2)$ はナトリウムと変らない $9a_B$ だが，

その後アルミニウム，シリコン……と進むにつれて半径は(8)の下側の式に従って緩やかに減り

アルゴン原子($Z = 18$)，大きさ

$$a_3(8, 8) = \frac{9}{4}a_\mathrm{B} = 1.2 \times 10^{-10}\,\mathrm{m} \tag{13}$$

にいたる．

　こうして，電子たちの軌道半径は $Z = 1$ の水素原子から始まって Z が増すにつれ図5のように変化してゆくことになる．

　こうして，原子の電子たちは原子核のまわりに層状の構造をなす．英語では，層(layer)でなく(層とは相接して積み重なるものだから！)，殻(shell)というので(殻は「から」とも読む)，それにならって最も内側の $n = 1$ の殻を K 殻，次の $n = 2$ の殻を L 殻という．K 殻には電子が2個まで入り，L 殻には8個まで入る．満席の殻は**閉じている**とか**閉殻**である，とかいう．$n = 3$ の M 殻には電子が18個まで入り得るはずだが，これは8個まで埋まったところで早々と閉じ，周期表は次の列に移ってしまう．

　図5では，各殻に属する電子の数をマルの大きさで表わした．実線で結んだところが最外殻で，その半径が原子の半径になる．

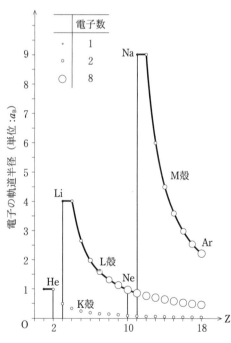

図5　電子たちの殻状構造．内側から K 殻，L 殻，M 殻とよぶ．各殻に属する電子の数をマルの大きさで表わした．

●原子体積

原子の大きさは，実際には原子番号 Z にどのように依存しているのだろうか？

大雑把な見積りは，おそらく量子論以前から行われていた．こうするのだ．

原子は，1モルの中に 6.02×10^{23} 個ある．1モルとはグラム単位で原子量に等しい量のことだから，原子量 M の物質が密度 D g/cm^3 をもつとして原子1個当たりの体積を計算すれば

$$（原子1個あたりの体積）= \frac{M}{D} \cdot \frac{1}{6.02 \times 10^{23}} \text{ cm}^3 \tag{14}$$

となる．そこで，普遍定数 $1/(6.02 \times 10^{23})$ は省いて

$$（原子体積）= \frac{M}{D} \text{ cm}^3/\text{mol} \tag{15}$$

を定義する．これを『理科年表』のデータから元素ごとに計算した（図6）．

たとえば，カリウムの原子量は 39.1，密度は 0.86 g/cm^3 だから

$$（K の原子体積）= \frac{39.1}{0.86} \text{ cm}^3/\text{mol} = 45.4 \text{ cm}^3/\text{mol}$$

となる．これが図6に示したカリウムの値である．

原子体積は，原子1個あたりの体積から普遍定数をはずしたものだから，これを見ても原子の大きさが Z とともにどう変化するかが推察できるのである．

われわれの理論による図5を図6にくらべると，まんざら似ていないでもない．閉殻の Ne からその外殻に電子が1個ついた Na に向かって急に増加するところなど，そっくりである．図5には Ar から K への急な坂道が出ていないが，電子配置の表（たとえば『理化学辞典』，岩波書店，付録11，または『現代物理学』，§13.4.1）によれば K から $n = 4$ の軌道が埋まり始めるので，われわれの理論でも K の半径は $16a_\text{B}$ となる．Ar から K に移るとき原子の半径は急増するのは，ここで電子が n の新しい軌道に電子が進出することの知らせだったのだ．Ar も——$n = 3$ の殻は完全には閉じていないのだが——

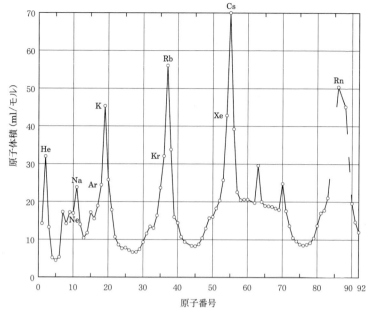

図6 元素の原子体積の周期性

閉殻とみなすべきだったのである.

　われわれの理論からの図5が，原子半径の細かな増減において実際の図6にあまり合わないのは，われわれが電子の軌道を円に限ったせいもあるだろう．楕円軌道は内殻にも突っ込んで，ときに原子核の電荷をフルに感じるので，軌道の大きさも影響を受けるはずである.

　細部はともかく，パウリの原理をとりいれた計算から，原子の大きさは大勢として原子番号 Z とともに増加することが見てとれる．パウリ原理なしとしたときの(4)とは著しい違いである！　パウリの肥満をパウリの原理が支えているといっても，あながち的はずれではなさそうだ.

　これまでは原子の大きさが原子番号とともにどう変わるかをみてきた．固体や液体では，原子はびっしり詰まっているから，原子の大きさは物質の密度と密接に関連している．だからこそ，物質の密度と原子量から推定した原子体積が意味をもつのである.

　原子番号 Z を増やしてゆくと，原子はどうなるのだろう？　自分の中の引力で潰れてしまう心配はないか？　上の考察によれば，どうやら，その心配はなさそうである．

　それなら，陽子と中性子と電子の多数個を鍋に入れてかきまわしていると，全体が巨大原子になるのか？　小さい単位として原子や分子ができて，それらが緩く相互作用しながら共存するという形をとるのか？　この問題は物質の安定性を掲げた下の参考文献に論じられている．

●参考文献………………………

江沢 洋「世界の安定性」，固体物理，1969 年 3 月号．

江沢 洋「物質の安定性」，所収：江沢洋・恒藤敏彦編『量子物理学の展望』（下），
　岩波書店，1978．

E. リープ「なぜ物質は安定に存在するのか」I，II，江沢 洋訳，科学，1979 年 5,
　6 月号．

［江沢 洋］

116—酸素 15 の半減期は 2 分.
では，最後に 2 個になったときから
1 個になるまでの時間は？

　「放射能が強い」という意味から命名されたラジウムは，1898 年その発見者キュリー夫人によって，貨車 2 台分のウラン鉱石から分離精製して 0.1 g がとりだされた．このラジウムは，人類が初めて手にした強い放射線源である．ウランの放射能を発見したベクレルは，キュリー夫妻から少量分けてもらったラジウムをポケットに入れ持ち運んだため，皮膚に放射線傷害を受けてしまった.

　ラジウム 226 が 1 g あると，1 秒間に 3.7×10^{10} 個の原子核が α 線を放出しながら壊れる．こんなに多くの原子核がどんどん壊れてしまったら，ラジウム原子はすぐに無くなってしまいそうだが，ラジウム原子の数は 1 g 中に，なんと，3.7×10^{10} 個の 7.2×10^{10} 倍もあるから，そう簡単には無くならないのだ.

　ラジウム 226 の原子核は α 線を出しラドン 222 に変わる．ラドンに変わるまでのラジウム原子核の平均寿命はどれほどだろうか．ラジウムの原子核の数は，時間がたつとラドンに変わった分だけ少なくなる．こうして原子の数が半分になるまでの時間はどの段階でも同じで，「半減期」とよばれる．これは放射能の強さの減衰率でもある（図 1

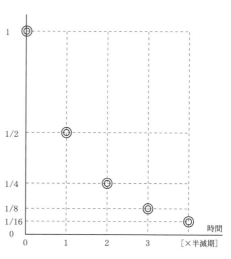

図 1　放射能の強さと時間変化：「半減期」
（最初の測定値を基準とする）

参照）．例えば，ラジウム 226 の「半減期」は 1600 年だから，ラジウム 1 g をそのまま放置して 1600 年たつと，ラジウムは 0.5 g になり，その崩壊による放射能の強さは 1/2 に減少する．さらに 1600 年たつと初めの 1/4 に，また 1600 年たつと 1/8 にと，その原子数や放射能の強さは減少する．

　原子核が次々と壊れ，最後の 2 個だけを残して壊れてしまったというときが，いつかはくるだろう．では，あなたは，2 個のうち 1 個が壊れ，残りが 1 個になるまでの時間はどれ程だと予想するだろうか．

　『2 個が半分の 1 個になるには「半減期 1600 年」に等しい時間』かかると予想したのでは？　じつは，日本人の平均寿命は 80 歳だからといって「あなたの寿命は 80 歳だ」と結論できないのと同じで，1 個 1 個の原子核については不確定さがあって寿命を特定できないのだ．だから，2 個の原子核だけに注目したら，このうち 1 個の原子核がいつ壊れるかは確率しか予測できない．だが，莫大な数の原子核についてなら，全体の半数にまで減る「半減期」は酸素 15 は 2 分だとか，ラジウム 226 は 1600 年だとか確信をもっていうことができる．

　確率的だとはどういうことなのか．ある時間に「観測して存在を確かめた原子」が単位時間内に崩壊する確率が，その原子の種類によって定まった一定の値になるということである．その原子が老いているか若いか，今までどう生きてきたかによらない．つまり宇宙の初め頃にできた原子も昨日できた原子も，観測した瞬間から同じ確率で崩壊する．同一種類のミクロの粒子はその寿命を含めて何を測定しようがまったく同じなのである．

　さて確率であるならば，同じ量の放射性物質があっても，同じ時間内に崩壊する原子の数はいつも多かったり少なかったり変動する．これを確率的なゆらぎという．平均値としては原子の数は指数関数的に減少していくが，実際には図 2 のようにその数はゆらぎながら減少するのである．原子の数が多ければ，ゆらぎは目立たない．

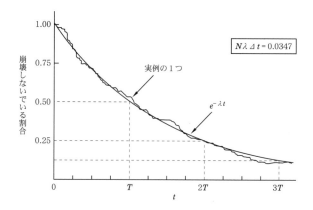

$N\lambda\,\Delta t = 0.0347$

時刻 t まで崩壊しないでいる原子の数 $N(t)$ の割合
$N(t)/N$ を $t = (\Delta t$ の整数倍$)$ に対して示す．ただし，
$N\cdot\Delta t/T = 1/20$ の場合
図2　放射性崩壊のゆらぎ　（江沢 洋『現代物理学』より）

　　ラジウム 226 の崩壊の速さについて次の 2 つのことを言った．
①　1 g のうち 1 秒間に壊れるのは原子の数にして 3.7×10^{10} 個である．
②　半減期は 1600 年である．
　　2 つの関係をつけたい．① から ② を導くことにしよう（その逆は，読者が試みよ）．ラジウム 226 の原子量は 226 だから 1 g の中には $\dfrac{6.02\times10^{23}}{226}$ 個の原子がある．そのうちの 3.7×10^{10} 個が 1s の間にこわれるのだから，原子が N 個あれば時間 Δt の間に

$$(3.7\times10^{10}\ \text{個/s})\dfrac{N}{\dfrac{6.02\times10^{23}}{226}}\Delta t$$

だけ壊れる．生き残るのは

$$(1-\lambda\Delta t)N$$

である．ただし

$$\lambda := (3.7\times10^{10}\ \text{個}/s)\times\dfrac{226}{6.02\times10^{23}}$$

　　時間 $2\Delta t$ の後に生き残るのは $(1-\lambda\Delta t)^2N$ である．時間 T の後に生き残るのは $(1-\lambda\Delta t)^{T/\Delta t}N$ で，これが $T =$ 半減期のとき

$\dfrac{1}{2}N$ となる．$\Delta t \to 0$ とすれば $(1-\lambda \Delta t)^{T/\Delta t} \to e^{-\lambda T}$ となる．したがって

$$e^{-\lambda T} = \frac{1}{2}.$$

ゆえに

$$T = \frac{\log 2}{\lambda} = \frac{(6.02 \times 10^{23}) \cdot \log 2}{(3.7 \times 10^{10}\,個/\mathrm{s}) \cdot 226}$$

$$= 5.0 \times 10^{10}\mathrm{s} = 1600\,年.$$

　放射線は，目には見えず，人間の五感では何も感じとれない大変始末の悪いものだ．さらに，放射線は，原子や分子レベルでの変化（多くは放射線の電離作用に起因している）を起こす．その変化が細胞レベルにまで成長し癌化し，その症状が現われるまでには長い時間がかかる．その長さは人によってちがう．だから，低線量の放射線被曝の影響を議論するときは確率・統計的な形でしか表わせない．いわば，放射線を受けたら「一生有効な癌当たりくじを，知らぬ間に体内に打ち込まれた」みたいなものだといえる．くじをたくさんもっていれば，それだけくじに当たる確率も高くなるのと同じく，放射線に多くあたれば，それだけ癌になる確率も高くなるのだ．人類は，核弾頭，核実験，原子力発電やその廃棄物など，多くの放射能を生産するようになった．だが，一度作ってしまった放射能は自然の減少を待つしかない．せいぜい高レベルのものは危険がなくなるまで，そのまま密封して地中に貯蔵して置くしか手がない．「癌当たりくじ」という放射線から身を守るため，私達は放射能にもっと慎重に対処したいものだ．

●参考文献……………………

安斎育朗『がん当たりくじの話』，有斐閣，1988．

江沢 洋『現代物理学』，朝倉書店，1998，195-205 ページ．

[桃井芳徳]

117–水銀は金属なのに，なぜ液体なのか

●多くの金属の中の水銀とは

水銀が他の金属と著しく違っているのは，常温で液体であることである．このような特異な性質をもつ水銀を，私たちは元素記号 Hg（ギリシャ語の hydr（水）＋ argyros（銀）を起源としたラテン語 hydragyrum から創られたもの）で表わしたり，日本でも古くから水銀と書いて「みずがね」と呼び，『水のような銀』という言葉の中に集約していたのである[1]．古くから知られた金属でありながら，水銀の『この不思議で分かりにくい性質』を，私たちは未だに十分に納得のいく説明ができないでいるように思われる．「水銀が常温でどうして液体でいられるのか？」という疑問を考えることは，単に水銀の特異な物理的・化学的性質を理解することだけにとどまらないだろう．さまざまな物理実験の中で，その物理的・化学的性質の特異さを利用した測定器具や装置としてあるいは実験材料として水銀が顔を出すが，その水銀は人体にとって極めて有害で取り扱いに注意が必要な物質でもある．物理実験を正しくまた安全に行なうためにも，水銀についての深い理解は絶対に欠かすことのできないものなのである．以下で，水銀の特異な性質をいろいろなレベルで考え，液体・固体・気体状態および化合物での利用に触れてみよう．

●水銀を原子内の電子状態から考えると

まず第一に，孤立した水銀原子の電子配置から水銀原子の性質を考えてみよう．

一般に電子はエネルギーの低い軌道から順に軌道を占有することになる．原子内のこのような電子配置を分りやすく表わすために，エネルギーの低い順に電子の軌道の順番を 1, 2, 3, …で，またその種類の

違いを表わす s, p, d, …の記号を使って下に書き出してみよう．ただし，s, p, d, …の記号の右肩にある指数は s, p, d, …の軌道にある電子の数を表わしている[2)]．

$$[Hg] = 1s^22s^22p^63s^23p^63d^{10}4s^24p^64d^{10}5s^25p^64f^{14}5d^{10}6s^2$$
$$= [Xe] 4f^{14}5d^{10} \boxed{6s^2}$$

ただし，[Xe] はキセノンの電子配置を表わす．

$$= [Xe] \boxed{4f^{14}5d^{10}6s^2}$$

電子が入る軌道のエネルギーの順番は，… $5s \cong 4d < 5p \ll 4f \cong 5d \cong 6s < 6p$ …となっているが，$\cong$ はエネルギーの値が非常に接近していて，1つの電子に対する他の電子の遮蔽作用，電子間の反発力などが少し変わると，その順番も入れ替わってしまう．たとえば，水銀のように 5d 軌道の全部が電子で満たされて内殻の一部になると，より安定化するためにエネルギーの順番は，… $5p < 5d < 6s < 6p$ …と変わってしまう[3)]．

最外殻の電子配置だけを見れば，$\boxed{}$部分が典型元素である第2族のアルカリ土類金属元素と同じであり，内殻の電子まで含めて見れば，$\boxed{}$部分が原子核からの静電引力を遮蔽しにくい d 軌道を内側にもっているという点で第3〜11族の遷移元素に共通しているし，さらに 4f 軌道と 5d 軌道および 6s 軌道がすべて電子で満たされているという点では第18族の安定した不活性元素の電子配置に近い閉殻構造をとっていると言える．このように第12族の水銀は原子核のまわりの電子配置からみれば，典型元素的な性質また遷移元素的な性質さらに不活性元素的な性質と多様な側面を合わせもっていると考えられる[3)]．なお，4f 軌道の電子は結合にはほとんど関与してない．

アルカリ土類金属などの第2族の原子は，最外殻の電子の内側は s, p 軌道の電子だけなので原子核から最外殻の電子への静電引力が遮蔽されて弱まるため原子半径が大きい．半径が大きいということは密度が小さくなる．さらに原子核が電子を引く力は距離が離れるほど弱くなるので，電子が結合に関与しやすくなって化学的に活性となる．また，原子が集まって結晶をつくったときには，自由電子を引く力が弱いので，アルカリ土類金属の結晶は柔らかくなると共に融点も低くな

るのである[6].

　亜鉛などの第12族の元素は，d軌道に入った電子が軌道をすべて満した状態で存在している．内殻になってしまったd軌道の電子はエネルギーが低下して安定化するので，結合には関与しなくなる．図1にオービタルのようすが描かれているが，d軌道は中心からはなれs, pほど対称的でないので，原子核の＋の静電引力を遮蔽する効果が弱いのに加えて，水銀原子(原子番号80)では同族のZn (原子番号30)さらにCd (原子番号48)に比べて原子番号が大幅に増えるため，

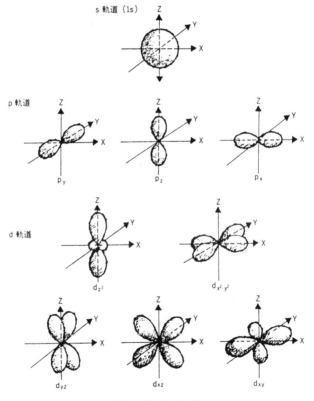

図1　電子軌道の形
電子はそれぞれある方向にかたよって存在しており，これは副殻ごとに一定の軌道をまわっていると近似できる．p軌道は互いに直交する3方向，d軌道は図のような5つの方向に広がっている．(斎藤一夫『元素の話』培風館より転載)

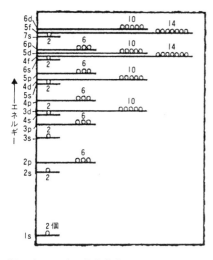

図1（つづき）　基底状態における電子軌道
エネルギーの順序
この順は，原子の種類（元素の種類）によって
ほとんど変わらない．
（斎藤一夫『元素の話』培風館より転載）

原子核の静電引力と原子核の質量が著しく増大する．それゆえ，水銀の原子半径が小さくなると共に，密度が大きくなる．そのうえ，最外殻の6s軌道の電子はますます離れ難くなる．事実，水銀はイオン化エネルギーが金属の中で最も大きな値 10.4 (eV) をもち，最外殻の電子を放出しにくい．そのため，アルカリ土類金属元素に比べて反応性も低く，金属結合に関与する自由電子の数が少なく融点が低くなる[7]．

以上のことを金属結合のメカニズムである自由電子が存在することと，その自由電子が陽イオンと相互作用して陽イオンどうしを凝集させているという2つの観点から簡単にまとめてみよう．

アルカリ金属元素の場合は，イオン化エネルギーが小さいので自由電子を放出しやすいが，一方イオン半径が大きいために陽イオンとの相互作用は弱く陽イオンを凝集しにくくするので，融点が低くなる．

一方，亜鉛族元素の場合は，イオン半径が小さいために陽イオンとの相互作用は強く陽イオンを凝集しやすいが，イオン化エネルギーが大きいので自由電子を放出しにくいために，融点が低くなるのである．

次に，集合した水銀原子の電子軌道から金属水銀の性質を考えてみよう．

水銀の原子に固有な性質すなわち化学的性質を考えるだけなら原子内部の電子配置やイオン化エネルギーで十分であるが，金属というものは多数の原子が金属結合によって集合してできたものであり，金属としての性質は1つの孤立した原子内の電子配置の状態やイオン化エ

ネルギーを考えるだけでは，すべてを説明することはできない．原子集団としての性質すなわち物理的性質は，原子どうしによる相互作用の結果生じる電子軌道の変化などを考慮に入れなければならない．

　電子配置における軌道間のエネルギー間隔は，n が増すほど（n −1）dと ns のエネルギー差は小さくなり，ns と np の差は大きくなる．そのため原子が集合したとき周期表下方の元素の原子ほどd, s軌道が重なって原子相互の強い結合を生じるようになるのに対して，逆にs, p混成軌道は作りにくくなる[8]．

　第12族のアルカリ土類の原子がs軌道を満たされているにもかかわらず金属結合を作ることができるのは，s, p軌道のエネルギー差が小さく多数の原子が集まるとs, p軌道が重なってバンドをつくり最外殻の電子が自由に移動できるようになるためである．なお，わずか数個の原子が集まったときでもs, pの混成軌道を作りやすく化学的に活性である．ところがアルカリ土類金属の元素では周期表の下にゆくほどs, p混成軌道が作りにくくなり，金属結合が弱まり融点が下がることになる（表1）．同様のことが第12族でも起こり，Zn, Cd, Hgの順で融点が下がる．しかしながら，同じ第12族のZn, Cdは2原子分子の状態で気体になっているが，Hgは単原子分子で気体となっている．この違いはZn, Cdではs, p混成軌道を作って

表1　純金属の融点 — 低融点を主眼とした —
（『話題源化学』東京法令出版, 132ページより転載）

元素		融点℃	元素		融点℃
Hg	水銀	-138.9	Sn	スズ	231
Ga	ガリウム	29.7	Bi	ビスマス	271
Cs	セシウム	28.4	Cd	カドミウム	321
Rb	ルビジウム	39.5	Pb	鉛	327
K	カリウム	60.2	Zn	亜鉛	419
Na	ナトリウム	97.8	(Au	金	1063)
Li	リチウム	180.5	(Fe	鉄	1536)
In	インジウム	156.6	(W	タングステン	3480)

結合しているのに対して，Hgのような n が大きいs, p軌道ではそのエネルギー差が大きいため軌道の重なりが少なくs, p混成軌道が作りにくいことが原因となっている．

　ここで注意しなければならないのは，第1族や第2族以外でも融点

の低い金属が存在し，そのイオン化エネルギーが必ずしも大きいわけではないのである[9]．なぜこのようなことになるかというと，イオン化エネルギーとは孤立した原子から最外殻の電子を取り出すときに必要なエネルギーのことである．金属としての水銀の電子状態を考えるときには，イオン化エネルギーではなく仕事関数で考えていかなければならないのである．仕事関数とは自由電子を金属結晶から取り出すときに必要なエネルギーのことである．このエネルギーの大きさは，陽イオンと最外殻の電子との静電引力だけでなく，陽イオンどうしや電子どうしの反発の強さおよび表面状態などいろいろな条件によって決まってくる．水銀では，水銀原子のイオン化エネルギーが10.43 eV であるのに対して，金属水銀の仕事関数は 4.49 eV しかないのである（表2）[10]．このことは水銀に限らず，一般に金属原子が集合した

表2　金属原子のイオン化ポテンシャルと固体の仕事関数［eV］
（梶本興亜『クラスターの化学』培風館より転載）

元素 \ 会合数	Na	K	Al	V	Fe	Cu	Hg
原　子	5.14	4.34	5.98	6.74	7.90	7.74	10.43
二量体	4.93	4.05	?	6.10	6.30	7.89	9.40
固　体	2.36	2.28	4.06	4.3	4.31	4.4	4.4

金属結晶から電子を取り出すときのエネルギーはイオン化エネルギーに比べてずっと減少しているのである．だから金属の中の自由電子の状態を厳密に考えるには，イオン化エネルギーではなく仕事関数の値に注目しなければならない[11]．

　低温の融点をもつ金属として，Fr (20℃)，Cs (28.5℃)，Ga (29.8℃) がある．

　仕事関数が自由電子の存在状態を数量的に表わしていると考えるなら，自由電子と陽イオンとの相互作用による陽イオンの凝集状態を数量的に表わすものは，絶対零度のときの昇華熱である．

　なお，絶対零度のときの昇華熱とは絶対零度から熱を加えて，結晶がバラバラに蒸発するまでの熱エネルギーで[12],[13]，裏返して言えば，バラバラの原子が集合して結晶をつくるときの放出する結合エネルギ

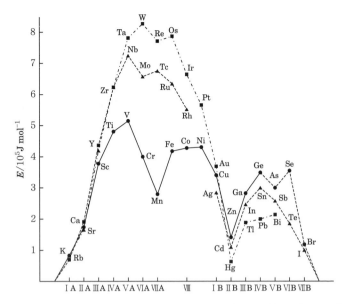

図3　金属結合エネルギーと周期表亜族との関係. ● 第1長周期, ▲ 第2長周期, ■ 第3長周期（斎藤一夫『現代化学5 周期表の化学』岩波書店より転載）

ーと考えられる[8].

　なぜなら，陽イオンを凝集させる作用は1つの自由電子がどの程度陽イオンに束縛されて存在しているかだけでなく，その自由電子の数とか，さらに陽イオンの大きさや配列の仕方など，さまざまな要因によって決まってくるのであり，このような複合的な要因の作用の総和が昇華熱という形で現われてくると考えられるからである．したがって，融点はあくまで金属結合の強さすなわち結合エネルギーの大小で決まるものである（図3）．

　表からわかるように，自由電子をつくり出して陽イオン化した水銀原子同士を金属結合で結び付ける力は弱く，水銀は低い融点をもつと常温を含む広い温度範囲（$-38.33 \sim 356.7°C$）で液体という形態で存在することになるのである．

●液体・固体・気体状態から見た水銀とは

［液体としての水銀］

水銀は，常温で液体であるものの中で，最も密度が高い液体である．このことに着目して，大きな圧力である大気圧の測定を 1 m 足らずの水銀柱の高さに置き換えることができるので，気圧計に利用されている．

水銀の密度は，金：19.32 g/cm³ や鉛：11.35 g/cm³ また鉄：7.87 g/cm³ などと比べて，かなり大きく 13.5 g/cm³ の値をもつ．また観測・実験に用いられるフォルタン型の精度は 760 mmHg 付近で 0.05 mmHg 程度である[14]．

そもそも金属とは，原子から離れた自由電子が原子同士を結びつけたり，その電子が動くことによって電気や熱を容易に流すことができる物質のことである．したがって，金属原子のさまざまな性質の多くは自由電子の状態の違いによって作り出されているのである．水銀は自由電子が少ないため，金属としては異常に大きい電気抵抗をもつ．このことから水銀は電気抵抗の基準としても使われるのである．

水銀の直径 1 mm，長さ 106.300 cm の 0°C での電気抵抗を 1.000495 Ω とするのがオーム単位基準である[15),16)]．

しかし，熱伝導度が電気抵抗と違って小さくないのは，熱を伝えるのが主に自由電子ではなく液体で自由に動ける原子・イオンの振動によって伝えられるからである．このことから膨張係数が大きく，広い温度範囲にわたってほぼ一定であるため，温度計に利用されている[16]．

広範囲の温度 t の変化（0°C〜100°C）による体膨張率はほぼ一定で体積は次式で与えられる．

$$V = V_0(1 + 1.8182 \times 10^{-4}t + 0.78 \times 10^{-8}t^2)$$

［固体としての水銀］

固体となった水銀はスズ白色の金属光沢をもち，ナイフで切断できる．固体には α 型（三方晶形）・β 型（正方晶形）という変形した六方最密構造をとる 2 種の同素体が存在し，金と同じように展性・延性が大きい[17]．水銀は高い純度で精製できるので，低温の固体状態で超伝

導を示すことが最初に見つけられた金属でもある.

[気体としての水銀]

水銀は, 原子自身は不活性元素に近い性質も内包しており, 気体状態では単原子分子として存在している. そのため水銀原子のイオン化エネルギーが大きいので電気的に励起すると, 効率のよい光源として蛍光灯をはじめとして各種の水銀灯として広く使われている.

水銀は 25℃で, 1.84×10^{-3} mmHg の飽和蒸気圧をもつ液体であり, 温度の上昇にともなって急激に蒸気圧が増大する[18].

水銀は, その蒸気だけでなく水銀イオンも殺菌作用が強く, かつ極めて有毒である. 空気中に放置された水銀は蒸気として拡散していくが, わずかでも長期間にわたって水銀蒸気を吸うと神経障害を起こす. なお水銀の許容限度は 0.05 mg/m³ 以下とされているが[17], 25℃での空気中の飽和量は 19.9 mg/m³ であるから極めて危険である[18].

実際, 『理科年表』[18]によれば, 液体の水銀と平衡状態にある水銀の蒸気圧は 25℃ (= 298 K) では $p = 0.245$ Pa であるから, 体積 V の

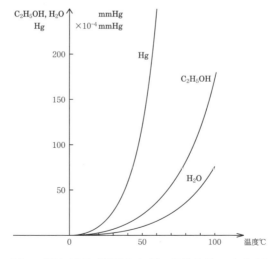

図 4 蒸気圧曲線 (『理科年表』[18] の数値をグラフにした)

含む水銀の質量 m は，気体の状態方程式

$$\frac{m}{V} = \frac{p}{RT}M$$

から計算できる．ここに $M = 201\,\mathrm{g/m^3}$ は水銀の原子量である．気体定数は $R = 8.31\,\mathrm{J/mol \cdot K}$ であるから

$$\frac{m}{V} = \frac{0.245\,\mathrm{Pa}}{(8.31\,\mathrm{J/mol \cdot K}) \cdot (298\,\mathrm{K})} \cdot (201\,\mathrm{g/mol})$$
$$= 1.99 \times 10^{-2}\,\mathrm{g/m^3} \qquad 0.019\,\mathrm{mg/\ell}$$

となる．なお，20℃での水に対する溶解度は $0.02\,\mathrm{mg/\ell}$ である[17]．

●化合物としての水銀アマルガムとは

　水銀は，白金・マンガン・鉄・ニッケル・コバルトを除くほとんどすべての金属と直接触れさせるか少し加熱するだけで，混じり合って固溶体をつくったり，または化合して金属間化合物をつくる．水銀と金属の混ぜる割合によって，液体状・半固体状・固体状のものができる[19]．

　これが他の合金と比べて異なる点は少し温度を上げるだけで柔軟になることである．このため水銀の合金を総称して，ギリシア語の「柔らかいもの」にちなんで，アマルガムと呼ぶ[21]．このアマルガムの性質をまとめておこう：

- ・アマルガムの多くは，はじめは柔らかであるが，日時を経るにつれて結晶質となって硬化する．
- ・アマルガムを加熱すると水銀が気化して合金をつくった金属と分離する．
- ・アマルガム化された金属は，もとの金属より反応しやすくなったり反応する速さが遅くなったりする[21]．

　水銀は種々の金属と容易に合金をつくる性質があるので，水銀を使っているうちに他の金属をアマルガムの形で含み汚れてくる[22]．

　特に，イオン化傾向の小さい金属を不純物として含んでいると，空気中の酸素と反応して灰色の皮膜を生じてしまう．実験などで水銀を使用にするにあたっては，一度精製してから用いたほうが良い[20]．

　また水銀を保管するときは，アマルガムをつくらない鉄の容器にするとよい[23]．

●参考文献……………………

1）岡田巧『化学元素百科』，オーム社，1991，p.52．

2）斎藤一夫『元素の話』，培風館，1982，p.148．

3）山口晴司『話題源化学〈金属の中の変わり者・水銀〉』，東京法令出版，1987，p.254．

4）阿武聡信『化学』，化学同人，1995年8月号，p.485．

5）藤谷正一・木野邑恭三・石原武司『化学結合の見方・考え方』，オーム社，1987，p.69．

6）綿抜邦彦・武田一美『実験をとおして知る物質の性質』，講談社，1982，p.148．

7）Bruce H. Mahan『大学の化学II』，広川書店，1972，p.476．

8）斎藤一夫『現代化学5　周期表の化学』，岩波書店，1979，p.96．

9）井口洋夫『元素と周期律』，基礎化学選書，裳華房，1978，p.215．

10）梶本興亜『クラスターの化学』，培風館，1992，p.213．

11）佐藤教男『電気化学(上)』，日鉄技術情報センター，1993，p.40．

12）安立健五監修『金属の電子論』，アグネ，1969，p.96．

13）E.A.モイルウィンヒューズ『物質の状態』，培風館，1968，p.94．

14）『世界大百科事典16』，平凡社，1955．

15）馬淵久夫編『元素の事典』，朝倉書店，1994．

16）近角聰信・木越邦彦・田沼静一『改訂最新元素知識』，東京書籍，1985．

17）『化学辞典』，森北出版，1981．

18）国立天文台『理科年表1992年度版』，丸善，1992．

19）『世界大百科事典1』，平凡社，1981，

20）白井俊明他編『理化学大辞典』，岩崎学術出版社，1969．

21）『日本大百科全書1』，小学館，1984．

22）『玉川新百科1』，誠文堂新光社，玉川大学出版部，1968．

23）『現代新百科事典1』，学研，1965．

[岩下金男]

XII だまされないための の原子力の 「なぜ?」

118–原発がないと電力は足りない
というのは本当か？

　原子力発電はまだ決して完成された技術ではない．一番大きい問題は大量の放射性廃棄物の処理法で，いまのところ貯蔵しておくしか手がないことである．それには触れず，電力会社からは原子力発電のコマーシャルが流されるが，我々には冷静に科学的に検討する態度が必要だ．さらに，廃棄物以外にも宣伝には疑問が多い．ここでは，それらの宣伝が正しいか考えてみよう．

● 「石油は間もなく掘り尽くしてしまう」というのは本当か．
　（検証）1960 年代には石油資源はあと 30 年で枯渇するといわれていた．しかし 1990 年代に石油がなくなったようには見えない．実は最近ではあと 45 年で枯渇するといわれている．これはいったいどうしたことか．実はこの数字はその年の確認埋蔵量をその年の石油生産量で割ったものである．確認埋蔵量とは石油会社が自分が確保している量を申請したものであり，各社がおよそ 20〜30 年分を確保しているのが普通である．そしてそれは技術や採算の問題で常に増えている．したがって 1930 年代から可採年数は 20，30，40 年と上がりつつ安定している．可採年数を用いての単純な議論はできないであろう．もちろん地球資源が有限であるのは当然で，有望視されているメタンハイドレードなどもあわせて見ていく必要があるのだが．

● 「現在日本の発電量の 3 分の 1 は原子力発電である．だから原子力発電を止めたらパニックになる」というのは本当か．
　（検証）1994 年の年間発電総量に占める割合は原子力 31.8 ％，水力 8.7 ％，火力 60 ％である．これを見ると，なるほど原子力の割合が大きい．しかし各設備利用率を見ると，それぞれの設備をフルに稼

働したときを 100 ％として，原子力 79 ％に対し水力 22 ％，火力 51 ％しか使用していない．要するに原子力はフル稼働しているのに他は半分以下しか発電に使っていないのである．なぜこのようになるのか．原子炉は簡単に出力調整ができないのである．あのスリーマイルの事故が，出力調整を試みたのが原因であったことを思い出そう．したがって原子力は常にフル稼働せざるを得ず，水力・火力は能力があるにもかかわらず遊ばせているのである．仮に全設備を動かしたとすると原子力 20 ％，水力 20 ％，火力 60 ％の割合で発電できる．したがって宣伝にはこのような嘘が含まれている．

　次に火力と水力だけで電力をまかなうことができるかを考えてみよう．電力はためておくことができないので，年間での最大消費電力を供給できるかどうかが問題だ．1980 年代半ばまでは水力と火力の発電量でこれが可能であった．つまり原発なしで供給できた．しかし現在では夏の最大消費量がついに火力・水力の合計を越えてきているのが事実である．これは夏の暑い日中の数時間のことであり，その原因は冷房，自動販売機(実際には企業の消費が大きいので土日は少ない)にほぼある．したがっていまのところ，夏の暑い日中だけ原発が必要ということになろう．

　以上，原発宣伝の嘘を暴いてきた．あとは我々の判断の問題である．冷房を維持するためだけに原発がやむを得ないと考えるか，他の発電手段を充実して解決するか，むしろ省エネを検討するか(安易な冷房や車が暑さ増大を促進しているのも事実だ)．たとえば住民投票で原発を閉鎖し，省電力電気製品と，エアコンを一定時間間隔で切るなどの電力需要削減や太陽発電などで成功したサクラメント電力公社の例などもある．ここでふれなかった CO_2 の問題も含め，人の言葉をうのみにせず科学的に検討することが必要だ．そのときに物理はみんなの役にたつ．

●参考文献……………………
藤田祐幸『脱原発のエネルギー計画』，高文研，1996.

［上條隆志］

119-高速増殖炉が危険なのはなぜか

●高速増殖炉とはどんなものか

限りあるエネルギー資源を有効に使うというのが，高速増殖炉のうたい文句である．「もんじゅ」と名付けられた炉が実用化に向けて実験を行なっていたが，1995年12月にナトリウム火災事故を起こし，中止せざるを得なくなった．獅子を知恵によって治めた文殊菩薩にあやかって「もんじゅ」と名付けられたのだったが．

一般的な軽水炉型原子炉はウランの中のウラン235を燃料として使用する．ウラン235は中性子がぶつかると核分裂してさらに中性子を出し，次々に連鎖反応が起こる．一方ウランの大部分を占めるウラン238は中性子がぶつかっても分裂しないが，中性子を吸収してプルトニウムに変わる．プルトニウムはウラン235と同じように連鎖反応を起こすのでこれを核燃料として使うことができる．高速増殖炉では，ウランとプルトニウムを燃料として使用し，その中のウラン238をプルトニウムに変えることによって，廃棄物の他に燃やした以上の燃料を生み出すように運転する原子炉のことである．このとき，軽水炉では核分裂を効率的に起こすために中性子を減速させる必要があるが，高速増殖炉では中性子を減速せずに高速のまま使用したほうが有利である．

●危険なナトリウムが冷却剤

高速増殖炉では，炉心の熱をボイラーに伝えるのに軽水炉の水の代わりに金属ナトリウムを使用する．しかし，金属ナトリウムは水や空気と激しく反応する．ほんのひとつまみの金属ナトリウムを水に落としただけで，激しく炎を上げて燃える．この実験を化学の授業で行なうので見たことのある人もいるかもしれない．その金属ナトリウムが

何百トンも使われるのである．1995年に「もんじゅ」で起きたナトリウム漏れ事故は記憶に新しい．同じような事故が空気中ではなく，炉心の近くや蒸気発生器の中などでおこったらどんなことになるだろうか．炉心の近くでナトリウムが漏れれば，放射能をもったナトリウムが漏れ出すことも十分に考えられるし，炉心自体が溶けてしまうような事故にもなりかねない．また，蒸気発生器の周辺で漏れれば，水と激しく反応して，水素爆発を起こすことも考えられる．事実，「もんじゅ」の事故のときも，一部の学者が水蒸気爆発の危険があったことを指摘している．

さらにナトリウムには熱衝撃という危険性も指摘されている[3]．ナトリウムは配管に使われているステンレスの3倍くらいも熱伝導が良い．このためナトリウムの温度変化はステンレスの表面に伝わるが内部には伝わりにくい．したがって表面と内部の温度差でひずみが生じる．特に温度が下がったときが危険でひび割れしやすい．

なぜこんなに危険なナトリウムを熱媒体に使うのだろうか．中性子がぶつかったとき，中性子のスピードを奪わないことが大切である．そのためには重い原子であることが必要だ．それを理解するにはボールが他の球にぶつかるとき，相手が軽ければ自分は遅くなって跳ね返るが，相手がうんと重ければほとんど同じ速さで跳ね返ることを考えてみればよい．しかし重ければ良いわけでもない．

適当な温度で液体になってくれなければ，パイプに流して蒸気に熱を移すことができない．金属としては低い融点98℃のナトリウムは数少ない候補者だ．しかしそれは危険と隣り合わせである．

●プルトニウムの毒性の強さと核兵器転用の危険

日本以外にも，かつてはアメリカ，イギリス，フランス，ドイツ，ソビエトなどが計画し，実際に高速増殖炉を作り実用化に向けての実験を行なっていた国もあった．しかし，日本以外のすべての国では計画を断念している．フランスでは1997年6月ジョスパン首相が高速増殖炉「スーパーフェニックス」の計画を将来的に放棄することを言明した．その主な理由には上のナトリウムの危険の他に次のものがあ

る[4].

① 少しの量でも非常に毒性の強いプルトニウムが外部にもれたら重大な環境汚染をもたらす．保存・運搬が大変だしコストも高い．

② プルトニウムは容易に原子爆弾に転用できる．プルトニウムをもつことは核兵器をもつこととほとんど同じと見なされている．もしどこでも簡単に核兵器ができるようになれば大変なことだ．

日本においてもこれらの問題の解決は困難である．

1997年3月，今度は核燃料再処理工場で火災・爆発事故が起きた[5),6)]．高速増殖炉と再処理工場はワンセットだが，1年近くの間にそのどちらも事故を起こしたことになる．

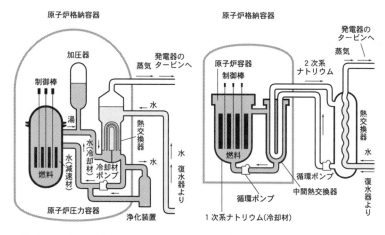

炉内の軽水が沸騰しないよう高い圧力をかけ，高温高圧水（280℃ 67kg/cm²程度）にし，これを熱交換器に通して蒸気を作りタービンへ送る．

加圧水型軽水炉

高温ナトリウムの熱を熱交換器で軽水に伝えて沸騰させる．冷却材にナトリウムを使い，中性子は減速しない．またウラン燃料の周囲に238Uを多数並べ，消費した以上の量のプルトニウムに変換する．

高速増殖炉

（友清裕昭『プルトニウム ― 超ウラン元素の正体』講談社より転載）

●参考文献……………………

1） 山口幸夫『新版 20 世紀理科年表』，岩波ジュニア新書 297，1998．

2） 小林圭二「もんじゅ事故が露わにしたもの」，科学，1996 年 3 月号．

3） 古川和男・中野不二男「「もんじゅ」なんていらない」，文藝春秋，1996 年 3 月号．

4） 友清裕昭『プルトニウム――超ウラン元素の正体』，講談社ブルーバックス B 1077，1995．

5） 高木仁三郎「動燃東海村再処理工場爆発事故について」，科学，1997 年 6 月号．

6） 読売新聞編集局『青い閃光――ドキュメント 東海臨界事故』，中央公論新社，2000．

[町田智朗]

「もんじゅ」は，その後のたび重なる事故により，再稼働は実現せず，2016 年 12 月 21 日に廃炉が正式に決定された．　　　　　　[編集委]

120―水爆は核融合なのに
なぜ放射能が出るのか

「太陽内部で起こる高温高圧の核融合反応を地球上で実用化できれば，その燃料となる重水は海水中に無尽蔵にある．そのうえ核融合反応では放射能の危険が少ないから，半永久的にエネルギー源の問題から人類は解放されるであろう」と，高校物理の教科書などに記述されてきた．この考え方は，水爆開発中の1951年に米国の宇宙物理学者スピッツァが提唱したもので，水爆をはじめとする核融合研究のための巨額な予算を獲得する方便に使われ，現在にいたっている．そのため，核分裂反応と比べ，核融合反応は放射能汚染のないクリーンなエネルギー源であると思い込んでいる人が多いのではないだろうか．

1954年3月1日太平洋マーシャル群島ビキニ環礁で行なわれた米国の水爆実験では，約190km離れた位置でマグロを捕っていた第五福龍丸が「死の灰」に見舞われ，23人の船員全員が急性放射能症になり，久保山愛吉さんは6ケ月後に亡くなった．南太平洋上で操業していた延べ270隻のマグロ漁船が同年3月下旬ごろから次々と日本に帰港したが，放射能で汚染された457トンもの「原爆マグロ」は土中に処分された．放射能汚染は魚だけにとどまらず，その年の5月には，そのまま飲むと危険なほど汚染された放射能雨が日本列島に降りそそいだ．5月5日に行なわれたビキニ水爆実験の死の灰が上層の気流に乗って日本にまでやってきたものだった．

水爆の原理は，原爆を用いて，核分裂反応を起こし，生じた約1億℃の火の玉の中で，高速の重水素と三重水素の原子核どうしを衝突させ，核融合反応を起こすというものだ．広島原爆の約1000倍のエネルギーが発生したビキニの水爆では，多量の残留放射能が発生した．主に原爆の核分裂生成物による「死の灰」は吹き飛んだサンゴ礁の破片に核分裂生成物が付着して降ってきたものである．また，核融

合反応によって発生した大量の中性子は，空気・海水・サンゴなどあらゆる物質を放射能化し，誘導放射能をつくり出した．放射性ナトリウムや塩素など放射能の半減期が短いものも考慮に入れると，実験直後の放射能はかなり強かったと予想される．

　現在，地球上で一番実現しやすいと考えられている核融合炉は，重水素と三重水素の核融合反応（D＋T →⁴He＋n ＋17.4 Mev）を利用するものである．この炉で用いる燃料の三重水素は β 線を出す半減期12年の放射性物質である．高温の三重水素は鉄やコンクリート製の壁を透過してしまうので，何重もの防護壁が必要となる．たとえ事故が起きても，三重水素が洩れ出さないような十分な対策が必要だ．この核融合反応で生じるものは，高速のヘリウム原子核と中性子だが，ヘリウム原子核は α 線であり，中性子は透過力が強くエネルギーのたいへん高い(14 Mev)放射線である．そのため，原子炉(核分裂炉)に比べ，核融合炉にはずっと厚い炉壁や防護壁が必要になる．また，高速中性子は炉壁の物質を構成する原子と衝突し，その原子を“はじき出し”てしまうため，材料の機械的強度をたちまち劣化させてしまう．仮に，それに耐える材料があっても，数年で炉壁を交換しなければならないだろう．また，炉壁は中性子により放射性化される．高レベルに汚染した巨大炉壁はどのように交換・処分したらよいのだろうか．

　「地上に太陽をつくる」核融合炉の夢は，技術的問題が山積しており，融合炉を設計するという段階にはまだほど遠い．現在は，いかにして核融合反応を持続させるか，いかに高温を維持するか，という基礎研究の段階なのだ．

●参考文献‥‥‥‥‥‥‥‥‥‥

武谷三男編『死の灰』，岩波新書，1963.
日本物理学会編『原子力発電の諸問題』，東海大学出版会，1988.

［桃井芳徳］

121–日本でなぜ原爆がつくられなかったのか
日本の原爆研究の歴史───

　戦時中の日本でも原爆製造に向けて研究が行なわれた．日本の研究はどのように進んだのか．それは日本の物理学の性格やその社会的基盤にも関わるだろう．

●出発点は同じ

　1939 年の核分裂の発見公表以後，その利用については誰しも関心を向けるところであった．同年アメリカではアインシュタインの手紙がきっかけで，ウラニウム諮問委員会ができたが，日本でも理化学研究所でサイクロトロンを使って追試し，ウランのほかトリウムでも核分裂が起こることを確めたし，京大の荒勝文策研では，ウランの分裂の際，中性子が平均 2.6 個放出されることをつきとめている．当時の日本の物理学は理論実験とも世界水準にあったといえるだろう．また原子兵器への注目もすでになされていた．

●日本の研究の開始

　日本の原爆研究は，陸軍と理研・仁科芳雄研による二号研究と，海軍と京大荒勝研による F 号研究の 2 つである．

　二号研究は 1940 年の陸軍航空技術研究所・安田中将の調査指示に始まる．1941 年 4 月理研に正式に研究委託．43 年には東条の指示も受けて二号研究は予算 100 万円が組まれる．陸軍研究費の 1 パーセントで，現在の価値で 10 億円にあたる．

　一方，海軍でも 1941 年に技術研の伊藤大佐らが原子力研究の必要性を説いた．はじめは推進用動力としても考えられていた．1942 年 7 月から予算 2000 円(現在の 200 万円にあたる)が組まれ，仁科，嵯峨根遼吉，阪大の菊池正士らで核物理応用研究委員会を組織し，検討

を進めたが，結論は「原爆はできるはずだが，米国といえども今度の戦争が終わるまでできない」というものだった．1943年に会は中絶し，以後，仁科研へ一本化することになった．

　これとは別に海軍のF号研究は1943年から委託されたが，基礎研究が主で，実際にウラン235の分離など現実的な計画となったのは終戦の年であった．

●日本にウランはあったか

　アメリカのように，コンゴやカナダから高純度のウランを手に入れられるという状態ではないが，日本にもあった．理研の飯盛里安博士らがウランをわずかに含む鉱石から取り出す方法を研究し，他の金属を採取した後の，黒砂，モナズ石，カルノー石などから，理研の足立，荒川工場がかなりの量を取り出し，蓄積もあったという．しかし，それらは実際に大量使用までいたらず，また荒勝研の実験には海軍が上海で購入したものが用意されたようである．

●日本のウラン濃縮の不成功

　原爆をつくるための主要な技術は何か．天然ウランの大部分はウラン238であり，核分裂を起こすのは中に0.7％混ざっているウラン235である．したがってこの比率を高めるよう濃縮しなければならない．ウラン235の分離は容易でないと思われた．なぜならこの2つは質量が異なるだけで同じウランとして化学的性質はまったく同じものだからである．考えられた方法は気体拡散，熱拡散，電磁分離，遠心分離の4つである．

　二号研究は仁科の指示を受けた竹内柾らが研究に入っていたが，検討の結果，熱拡散法1つに絞った．理由は装置が簡単で安いという経済的事情とすでに同じ方法での窒素の同位元素分離の経験があったことである．長さ5mの銅の二重の筒をつくり，内側はニクロム線で熱し外側は水で冷やすことにする．この間に6フッ化ウランガスを入れると対流が起こり，軽いガスは上に分離するというものである．1943年春から研究員わずか3人ではじめ，44年からは技術将校10人

も加わった．1944年7月より分離塔に入れる試験がはじまる．温度差は300度程度であった．狙いは5 m管4本で1日300 mg生産を目指す．だが銅とフッ素が反応するらしく，圧力が下がってうまくゆかない．濃縮の結果も誤差の範囲内でしかなく成功にいたらなかった．この分離塔は空襲で焼けたが，もしこの方式でうまくいったとして，資材の銅は日本軍の必要量のほぼ半分，電力は日本全体の$\frac{1}{10}$であり，見通しはほとんどないというのが実情であった．技術将校はさらに大阪大学と住友金属で分離塔をつくるが，動かぬまま戦争は終わり，両方とも川に捨てられた．後の木越邦彦たちの分子間力による計算では，この方法ではほとんど不可能なことが分かった．

　これとは別に嵯峨根研の宮本梧楼は海軍の研究費で電磁分離法による装置をつくった．これで一日に取り出せるウランは10 mgなので，原爆1個に必要な10～20 kgにするには3000年以上かかることになる．

　海軍のF号研究は1943年から終戦時まで60万円が支出されたが，金属ウランの作製やサイクロトロンの製作にまず中心があり，ウランの分離方法はようやく1945年に高速回転による超遠心分離器を考えたが，設計粗案と1945年7月の1回目の会合で終わり，実質的な進展はなかった．荒勝研は基礎研究に終始したといえよう．

●世界での技術の進展

　原爆開発が日程にのぼり，情報が公開されなくなった中で，原爆をつくる上で重要な進展が2つあった．

　1つは高速中性子による核分裂を用いた，臨界量の見直しである．ウランに中性子をぶつけて核分裂を起こさせるには，中性子のスピードを遅くしてやると起こる確率を格段に高くできる．したがって原子炉をつくるときは発生した中性子を減速材を使って遅くしてやる．しかし，これは原子炉ならよいが，爆弾では装置も大きくなるし，進行が遅いので十分反応が進まないうちに吹き飛んでしまう．そこで爆弾をつくるには，確率は低いが，吹き飛ぶ前に反応を十分に進ませるために，発生した高速中間子をそのまま使うことが必要になる．このと

きの連鎖反応の可能性は高速中性子の散乱断面積と反射材の質と量による．これについては1940年にパイエルスにより検討され，臨界量はゴルフボールくらいでいいことが分かり，運搬のできる爆弾の可能性が一気に高まった．

　もう1つはプルトニウムの発見．原子炉で中性子がウラン238にぶつかってできるプルトニウムが核分裂を起こすことが発見された．これはウランとは違う元素なので化学的に分離が可能になる．困難な分離の問題が解決され，原子炉でプルトニウムを十分生産できれば，より簡単に原爆をつくれるようになる．後述のアメリカ初の本格的原子炉はプルトニウムをつくることを主要な目的の1つとし，トリニティの名で知られるアラモゴードの第1回の原爆実験は実はウランでなくこのプルトニウムである．

●イギリス・アメリカでの進展

　アメリカも1939年の段階ではまだ天然ウランの爆発の可能性や，潜水艦の動力の可能性も考えている状態で，4tの黒鉛と50tの酸化ウランの供給と6000ドルの予算をつけたにすぎない．研究はイギリスが先行した．イギリスの働きかけもあってアメリカも1941年11月に爆弾開発を正式に決め，1942年以降本格的な生産態勢に入る．アメリカの特徴は分離方法のすべてを各チームごとに同時にしかも大規模に進めたことである．

　ウランと黒鉛の原子炉はフェルミらによってはじめて連鎖反応とその制御に成功した．350tの黒鉛，36.6tの酸化ウランと0.562tの金属ウランが用いられた．その後ハンフォードにつくられた最初の本格的原子炉はプルトニウム製造用の原子炉であった．このプルトニウムは1944年から送り出された．

　オークリッジに電磁分離と気体拡散のプラントがつくられ，またアーベルソンらが海軍のもとで熱拡散法を行なう（温度差を600度にして成功したといわれる）．いずれも大規模かつ相互に交流しあっていることが日本との大きな違いである．熱拡散は14.6mの管100本で行なわれ，これを濃縮したものをさらに電磁プラントの864基のカル

トロンで純度を上げるなどの方法がとられた．広島のリトルボーイの
ウランはこの1日200gを製造した電磁分離を通過したものがほとん
どである．全体計画に従事したもの，12万5000人（延べ50万人とも
いう），費用20億ドルといわれる．

●なぜ日本は成功しなかったか

　原爆の研究開発は，成功したアメリカの場合にもその中にさまざま
な問題を含んでいる（本書他の項も参照されたい）．しかしここでは，
日本でなぜつくることができなかったかということに限って考察しよ
う．

ア．もちろん経済力，工業の規模の差．

　分離方法にしても，アメリカのように同じものを並列でたくさん用
いればできることなど考えられなかった．

イ．先端的研究と技術の緊密な結びつきと，独創的研究を育てようと
する雰囲気の欠如．

　評価の定まらない実験段階からすぐに必要な投資を行なうことがで
きない．従事させる研究員が3人とか10人であったのは経済以前の
問題でもあろう．八木秀次と宇田新太郎の発明した八木・宇田アンテ
ナも日本で育つことはなかった（第1巻，p.5参照）．レーダーの原理
も1935年秋に日本で最初に気づかれ実証されていたが，海軍で実質
上レーダー開発が指令されたのは1941年8月で，イギリス，アメリ
カでは実用化されているという情報が入ってからであった．岡部金治
郎の発明したマグネトロンは，海軍で独自の方向に研究が続けられた
ものの，発信と受信を含むレーダー・システムの組み上げには難儀し
ていたのだ．

ウ．統制と役人仕事．

　なにより，資材入手の困難が統制と官僚主義によって増幅されてい
た．軍，航空本部は実験資材にまったくタッチせず，入手，運搬，仮
支払いは仁科研でやるようにといい，モーター1つ買うのに全部品の
資材一覧，はんだの成分までつくってメーカーへ行かねばならず，ま

たメーカーの担当資材係が材料ごとにひとりひとり違うという状態．秘密研究といっても特別扱いなしで待たされ，やっと配給切符をもらって指定業者へ行って受け取る．これら雑務をすべて研究者がこなさなければならなかった．こんな国家プロジェクトがあるだろうか．

エ．科学の裾野の狭さと無理解

　上のような状況の基礎はやはり科学の裾野の狭さであろう．「ウランは水に触れて水中で爆発するか」という，とんちんかんな軍の照会と陸軍技研の回答などが記録に残っている．軍の先端の研究担当の能力は高いとしても拡がりがなく，「神風」のような精神主義，人命軽視が主流で，科学が大切にされなかった．

オ．研究者の交流協力の不足

　竹内の覚え書きには，科学者の協力・チームワークが十分でないことが嘆かれている．自分より前，1939 年から研究が始まっているのに具体的なデータが引き継がれない．また近い分野のサイクロトロンの専門家は自分の研究にこもっていて関わらず，それぞれの専門家を加えようという進言も入れられなかった．これらは英米の科学者が集団的な協力体制をとり，各チームがいろいろな角度からウラン分離に取り組み，原爆開発に成功したのと対照的である．日本では専門を越えて協力して原子核エネルギーの研究を進めるにいたらなかったし，科学者としてその危険を明らかにし，国民に戦争の継続の危険を説くこともできなかった．

　しかし，また次のことにも触れておかねばならない．日本の研究者たちが原爆製造にどんな意識をもっていたかである．荒勝の覚え書きには，「戦争と無関係に研究を進めたかった．若い研究員が兵隊に引っ張られないよう残したいと考えた」ことが書かれ，「仁科も同じく原爆が目的でなくまず研究用に濃縮実験を考えたのだろう」と書かれている．戦争に関わりたくない，若い研究者を無駄死にさせたくない，あるいはもっと積極的に日本の侵略戦争に協力したくない，日本が原爆をもったらなにをするかわからない，という気持ちをもった研究者もあったと思われる．それが，英米では科学者が自主的に政府に働き

かけ，ナチスより先にと必死に取り組んだのに対し，日本では軍からの働きかけに始まりそれほど積極的といえない研究に終わった理由の1つでもあるのではないか．

　中心となった仁科らについては，開発に熱心であったという証言もあり定かではない．だが，一方において，小林稔の証言によれば，日独伊枢軸同盟が成立した日に仁科は「もう日本も世界のならずものの仲間入りか」と吐き捨てるように言ったと伝えられる．

●参考文献‥‥‥‥‥‥‥‥‥‥

R. ローズ『原子爆弾の誕生』，神沼二真・渋谷泰一訳，紀伊國屋書店，1995．

日本科学史学会編『日本科学技術史大系 13 ——物理科学』，第一法規，1970．

「幻の原爆開発」朝日新聞連載，1995．8．21．

玉木英彦・江沢洋編『仁科芳雄』，みすず書房，1991．

常石敬一「理研におけるウラン分離の試み」，物理学会誌 45 巻 11 号．

伏見康治『アラジンの灯は消えたか？』，日本評論社，1996．

ニールス・ボーア「国際連合への公開状」，自然，1951 年 1 月号．

松尾博志『電子立国日本を育てた男——八木秀次と独創者たち』，文藝春秋社，1992．

松尾貞邦「電波反射法による航空機用直読型対地高度計の研究」，電気学会誌 **56** (1936) 89．（1935 年 10 月 28 日受付）

河村豊「レーダー開発計画の決定過程——太平洋戦争直前期の旧日本海軍の取り組み」，科学史研究 **38** (1999) no. 211（秋号）．

同「旧日本海軍における科学技術動員の特徴——第 2 次大戦期のレーダー研究開発を事例に」，科学史研究，**39** (2000)，no. 214（夏号）．

同「1930 年代のマグネトロン研究と海軍技術研究所——伊藤庸二の多相高周波研究構想と実用マグネトロン開発」，科学史研究，**38** (1999)，no. 210（夏号）．

［上條隆志］

122–原水爆開発をめぐるスパイ事件

1949年9月ソビエト連邦(現ロシア)の原爆実験成功が公表され，それまで核兵器を独占していたアメリカの優位が揺るがされた．このころ原水爆と科学者に関わるスパイ事件がいくつか歴史に登場する．3つの大きな事件を取り上げてみよう．

●フックスの事件

クラウス・フックス(Klaus Fuchs, 1911-1988)はドイツ出身の物理学者．亡命したイギリスで博士号を取得，同じドイツ亡命者のパイエルス(R. E. Peierls, 1907-1995)に招聘され核分裂連鎖反応の研究に従事する．すでにイギリスでは1940年にモード委員会がつくられ核爆弾の検討に入っており，パイエルスとフックスは臨界量計算と，ウランの熱拡散法による分離に取り組んだ．1942年，英国市民となる．1943年の原爆製造協力の英米秘密協定調印後，パイエルスとともにアメリカに行き，原爆研究の中心ロスアラモスで，プルトニウム爆弾の理論的問題に取り組む．そこで彼は有名なファインマン(R. P. Feynman)と仲良くなっている．戦後フックスは英国に帰り，1946年にハーウェルの原子力機関に就任し，英国の核兵器や平和利用の研究の中心的役割を果たす．

彼は1950年2月に逮捕され，ソ連に情報を流したこと，プルトニウム爆弾の設計についての情報を提供したことを認めた．周囲を欺いて情報を提供したことは許されることではない．しかし彼の事件には普通のスパイ事件と異なる特徴が見られる．それは，

① 情報は流したが見返りとしてのお金は受け取ろうとしなかった．
② 彼が流したのは，盗んだ情報というより彼の研究や知り得たことが中心であった．特にはじめのうちは自分の研究成果のみに自ら限

り，パイエルスやほかの報告も流さなかった．

　ここから浮かんでくるのは次のような姿だろう．もともと彼はスパイが目的であったわけではない．しかし自分も関わる物理学の研究によって，世界にとって重大な転機が訪れようとしている．ナチズムに負けないためにこれを進めなければならないが，ともに闘っているソ連を除外して英米で秘密に行なわれようとしている．もともと自分はナチと闘い共産主義者として追われてイギリスに来た．自分は何に忠実であればよいのか．自分の科学の成果をどうすべきなのか．
　彼の行為は誤っていたかもしれないが，もともと人類全体のものであるはずの科学の成果が国家間の争いの中で機密の壁に閉じられるとき，科学者が直面する苦悩の一面を如実に表わしている．当時ボーアをはじめとしてソ連とも原爆計画で協力しあうべきだと主張する人々もいたのである．
　彼は1959年禁固14年の刑を受ける．死刑でないのは情報提供したのが敵国でなく同盟国だからである．結局9年6ヵ月間で出獄，東独へ去った．彼の情報でソ連の原爆は1，2年は早まったという意見がある．

●ローゼンバーグ夫妻の事件

　ソ連の原爆保有から朝鮮戦争開始後，アメリカでは反共の嵐が吹き荒れる．フックス逮捕の年1950年，マッカーシー上院議員らによる赤狩りが始まり，その中で9人が原爆情報をソ連に提供したスパイとして逮捕された．機械工場を経営するジュリアスとエセルのローゼンバーグ夫妻がここに含まれていた．この事件はフックス事件との関連の中で起こったものであるが，フレームアップ，いわゆるでっち上げの疑いが非常に強い．夫妻ともう1人のみが無罪を主張し，夫妻のみが死刑の判決を受けたが，物証はほとんどなく共犯者の証言が主要な証拠であったのはこの種の冤罪の典型でもある．当時より現在にいたるまで多くの研究著作が発表されているが，いずれも証拠の不自然さや証人の虚言癖などを明らかにしている．

しかし 1953 年 6 月 19 日，自白すれば命を助けるという取り引きを最後まで拒否して，アインシュタインら多くの人の全世界的抗議と助命嘆願もむなしく，死刑は執行された．後には 10 歳と 6 歳の息子が残された．死刑後も，1974 年に 2 人の遺児も加わってローゼンバーグ事件再審実現委員会が結成され，1982 年には議会の下院司法委員会小委員会で聴聞会が行なわれている．1973 年 1 月に ABC テレビは裁判の復元検討を行なっている．

●オッペンハイマーの追放

アメリカの原爆の生みの親といわれ，原爆研究を推進したロス アラモスの研究所長であり，またその後もアメリカの原子力計画の重要な担い手であったオッペンハイマー（Oppenheimer, 1904-1967）が，原子力委員会からの追放と国家機密からの遮断を口頭で伝達されたのは 1953 年 12 月 21 日である．翌日オッペンハイマーはこれを拒否し，全面的に反論した．グレイ委員会の審査は翌年，証人尋問を含んで行なわれ，結果は追放の結論を変えなかった．いわゆるオッペンハイマー事件である．

オッペンハイマーはいかなる理由で告発されたのか．それは，

① 恋人，夫人，弟夫妻は共産党員であり，消費組合など共産党に近い組織に属していた．自身が共産党員であった疑いがあり，また原爆計画に共産党と関係のある学者を雇用した責任者である．

② 友人を通して情報提供の働きかけがあったのを報告しなかった．

③ 水爆の計画に反対し計画を遅らせた．

これに対しオッペンハイマーは次のように弁明する．

ア．時事問題に無関心であった私も，ドイツにおけるユダヤ人の扱い，不況によって私の学生たちが職につけない事実から，政治経済や社会にもっと関わる必要を感じた．当時は統一戦線の時代であり共産党と他の組織が提携して活動し，私もそこに参加したが，私自身は共産党員ではなかった．

イ．我々の研究は緊急であり，その人の過去がどうあろうと誠実さと信頼性に確信がもてれば排除しなかった．ロス アラモスで私が当

時知っていた共産党員はただ１人，私の妻だ．

ウ．　私は原爆実験の成功には満足したが，戦争の終結につれてこれが未来に何を意味するか不安を感じるようになった．私は原子兵器の国際管理の有効な方法，戦争そのものをなくす方向に向かわせる方法を考案する仕事に熱中した．

エ．　ソ連の原爆成功の直後，原子力委員会は私が属する一般諮問委員会に水爆の開発を諮問してきた．我々は原子兵器の優位性を増大させる勧告はしたが，水爆開発の強行計画には多数が反対した．この計画はアメリカの地位を弱めるものと考えた．それについて説明や意見表明はしても，開発を妨害したことはない．

何が裁かれたのか．すでに審査ずみであった交友関係など問題になろうはずがない．とすれば追放の理由は，アメリカの原子力政策に影響を与え得る立場にいる彼が，核の危険から世界を救うためソ連とも提携して原子力の国際管理を唱え水爆に反対したことにほかならない．自らの思想信条にもとづいて核について見通しをもって語ろうとすることが政治によって排除されたことにほかならない．

　３つの事件を通して問われているのは，科学の民主性，自主性，公開性がどうあるべきかということではないだろうか．もし核の国際管理をやろうとすれば，基礎知識や情報の機密保持がいかに有害で，互いの交流が必要か，オッペンハイマーは講演の中で何回も力説している．核の国際管理の第一歩は情報の公開である．これはこれからの社会でどのように可能だろうか．

●参考文献……………………
ノーマン・モス『原爆を盗んだ男――クラウス・フックス』，壁勝弘訳，朝日新聞社，1989．

小此木真三郎『フレームアップ』，岩波新書，1983．

ローゼンバーグ夫妻『愛は死を越えて――ローゼンバーグの手紙』，光文社，1953．

J. R. オッペンハイマー『原子力は誰のものか』，中央公論社，1957.

中沢志保『オッペンハイマー』，中公新書，1995.

H. Kipphardt：*In der Sache J. Robert Oppenheimer,* Rowohlt, 1990.

藤永 茂『ロバート・オッペンハイマー——愚者としての科学者』，朝日選書 549,
　朝日新聞社，1996.

R. ユンク『千の太陽よりも明るく——原爆を造った科学者たち』，菊盛英夫訳，
　平凡社ライブラリー，2000.

ニールス・ボーア「国際連合への公開状」，自然，1951 年 1 月号.

［上條隆志］

123–原爆開発とアインシュタインの責任

●ナチス・ドイツ原爆への恐れと「諮問委員会」

　アインシュタインが原爆開発を進言する手紙をアメリカ大統領ルーズベルトに送ったことがきっかけとなって，原爆製造の大プロジェクト「マンハッタン計画」が組織され，ヒロシマ・ナガサキへの原爆投下にいたり，今日の核時代の扉を開いたといわれる．事実はどうか．

　1939 年 8 月 2 日付のアインシュタインの手紙がホワイトハウスに届いたのはヨーロッパで戦争(第二次世界大戦)が勃発してから 6 週間後の 10 月だった．ナチスの迫害を逃れてアメリカに亡命していたハンガリーの科学者シラードらは「もしもナチス・ドイツが原爆開発で先行したら，世界は破滅に瀕するに違いない」との恐れから，アメリカが原爆開発で優位に立つ必要があるとの考えに達した．大統領を動かすには著名なアインシュタイン(彼も亡命者のひとりであった)の名前が効果的であろうと考えた彼らは，アインシュタインに相談し，同意を得，署名をしてもらったのである．「我々はこの新しい武器をつくりだす手助けをしたのですが，それは人類の敵(ナチス)が我々に先んじてそれを完成するのを防ぐためでした」と，アインシュタインは 1945 年 12 月の昼食会の挨拶で述べている．

　この手紙は大統領の目にとまり，ウラン研究についての「諮問委員会」がつくられた．しかしこの委員会が 1940 年 2 月までの 4 ヵ月間に交付した金額はわずか 6000 ドルであって，開発が本格的にスタートしたといえる状況ではない(原爆製造計画の全経費は 20 億ドル！)．理論上の問題としても，手紙に書かれていた構想は天然ウラン爆弾であって，爆弾としては物理的に不可能なものであった．天然ウランでは中性子が衝突しても大部分を占めるウラン 238 との衝突で捕獲され，連鎖反応が途絶えてしまうのである．さらに政治的には「アメリカの

市民権をもたない者に機密事項を扱わせるのは好ましくない」との意見が出され、その年の6月に科学の軍事動員を本格的に進める国防研究委員会(NDRC)が組織されると、「諮問委員会」は亡命科学者たちを除いて「ウラン委員会」として再編成され、シラードらは研究を天然ウラン原子炉に限定され、実際に原爆製造につながる研究から切り離されてしまった。アインシュタインの手紙からの流れは、いったんここで途絶えることになった。

●原爆計画を決定づけたイギリス情報

　実際に爆発可能な原子爆弾を考案したのは、イギリスに亡命していた科学者たちである。パイエルスは臨界量(持続的に連鎖反応を引き起こすに足る質量)を、天然ウランを用いるとして1トン、最大40トンと算出した。大きすぎて爆弾としてつくれる規模ではない。イギリスの科学者らは核分裂について改めて検討し、核分裂に関与しているのは遅い中性子で、また天然ウラン中にわずか0.7％しか含まれていないウラン235だということを発見する。ウラン235の濃縮を研究していたフリッシュとパイエルスとは共同研究に入り、その結果、臨界量の研究と濃縮ウランの研究とが結びついて、爆発可能な高濃縮ウラン爆弾の構想が生まれたのである。この研究は1940年2月ごろにはまとまり、イギリス政府を動かして、原爆開発を目的とする「モード委員会」が設置される。イギリスは同盟関係にあったアメリカとの情報交換協定にもとづき、1941年7月にはモード委員会の報告書のコピーをアメリカに送った。

　アメリカの科学研究開発局(OSRD)の局長ブッシュはこれを読み、原子爆弾が戦争の帰趨を決する絶大な威力をもつことを認めた。全米科学アカデミーの検討、最高政策グループの議を経て、その年12月6日、ついに「原爆開発に全力をあげよ」との指示が出されるにいたった。

●原爆開発の進展と科学者たちの疑問

　1942年になると、シカゴ大学の「冶金研究所(暗号名)」に実験用

核連鎖反応炉がつくられ，夏には陸軍直轄のもと「マンハッタン計画」が発足する．ついで，テネシー州オークリッジのウラン分離工場，ワシントン州ハンフォードのプルトニウム製造工場，およびニューメキシコ州ロスアラモスの爆弾製作最終基地となる研究所の建設が始まり，原爆製造が本格的に展開されていく．動員された科学者たちは積極的に開発・研究に取り組んだ．「ナチス・ドイツに遅れをとってはならない」という大義名分があったからである．

　一方，政策決定者らは1944年初頭には「ドイツに原爆なし」の情報を得ていたが，この類例のない威力をもつ原爆を戦後の対ソ戦略の切札として保持しようと意図した彼らには，「マンハッタン計画」の中止など思いもよらないことだった．

　しかし，ドイツ降伏が時間の問題となった戦局を見て，科学者の一部には「原爆製造の理由はなくなった」として，それ以上の計画推進に疑問をもつ者も現われた．ロートブラットは1944年暮れにロスアラモスを離れ，シラードは1945年春，戦後の原爆管理の国際組織の必要性を説いた覚書きを大統領に出し，7月には，冶金研究所の科学者たちを中心に日本への無警告投下反対の請願署名運動が展開された．

　しかしながらついに，当初の目標であったドイツにではなく，日本の広島に8月6日，続いて8月9日長崎に2発目の原爆が投下されるにおよび，科学者たちの中には政府・軍への不信を表明する者も現われた．原爆を開発・製造し，これを使用することについての決定権が，科学者たちの手を離れてしまっていたことを，彼らは思い知らされることになった．

　こうして見てくると，アインシュタインのルーズベルト宛の手紙を，直接ヒロシマ・ナガサキにまで結び付けるのは，少々強引すぎるように思える．しかし彼は自分が原爆製造計画開始の一端を担ったことを，やむをえないものとしながらも，深く反省した．戦後の積極的な平和運動への関わりが，この反省に根ざしていることは確かであろう．

●参考文献………………………

S. R. ウィアート，G. W. シラード編『シラードの証言』，伏見康治，伏見 諭訳，
　みすず書房，1982.

[兵藤友博]

124―原子炉ではない容器の中で, なぜ核分裂連鎖反応が起こったのか

●その日，何が起こったのか

　1999 年 9 月 30 日(木)午前 10 時 35 分，茨城県東海村にある核燃料加工会社 JCO 東海事業所の核燃料製造工場で，原子炉内で起こるのと同じ，ウランの核分裂連鎖反応が起こるという臨界事故が発生した．

　工場内では，動力炉・核燃料開発事業団(動燃)が依頼した高速実験炉用の核燃料製造を行っており，酸化ウランから 6 フッ化ウランにしたものを再び燃料用の酸化ウランに転換する再転換工程をしていた．ウラン溶液を均一化する作業で，作業員 3 人がステンレスのバケツで 7 杯(約 43 ℓ)を，直径 45 cm の円筒形の沈殿槽に入れたとき連鎖反応が起こった．

　直接作業していた 3 人は推定被曝量それぞれ 18 Sv(シーベルト)[1]*)，10 Sv，2.5 Sv であり，多く浴びた 2 人がその後死亡した．

　事故後の経過を時間にしたがって見よう[3],[4],[1]．

　10：34　東海村消防本部に出動要請．かけつけた消防署員は臨界事故であることを知らされず被曝した．

　11：30　東海村に JCO から臨界事故の可能性の連絡が入る．

　12：30　「原子力事故が発生したので，屋内に入り窓を閉めてください」と東海村・村内の有線放送．また 200 m 以内立ち入り禁止の指示．

　13：43　東海村教育委員会は，村内の幼・小・中・高校に，放課後も安全の連絡があるまで屋内退避を指示．

　13：56　JCO が東海村に 500 m 以内の村民退避勧告．

　14：35　写真撮影班が 3 分間突入．撮影者が中性子線で 120 mSv 被曝．表で待機した車の運転者 0.8 mSv 被曝．

---

　*)　単位 Sv については，次ページの補足および「増補 9―放射線の強さはどう測るか」を参照．

補　足

JCO 東海事業所…

　独自の溶媒抽出法による 6 フッ化ウランから 2 酸化ウランへの転換技術を確立し，操業していた住友金属鉱山核燃料事業部東海工場が 1980 年に独立してできた．住友金属鉱山の子会社で 1998 年まで日本核燃料コンバージョンという社名．本業は原子力発電用の燃料(酸化ウラン粉末)製造で，年間処理能力約 700 トンの一方，年間生産量としては 0.04％だが，高速炉「常陽」のための燃料製造を行い，今回の臨界事故を起こした．2003 年ウラン加工業から撤退．

臨界事故…

　この項で詳しく述べるが，ウラン 235(^{235}U) がある濃度・量で集まると，そこに，中性子が飛び込む(自然にも起こりうる)だけで原爆・原子炉と同じ核分裂連鎖反応が生じる．その限界量を臨界量という．

動燃(動力炉・核燃料開発事業団)…

　1957 年原子燃料公社として設立．1967 年に改称．1995 年のもんじゅのナトリウムもれ，1997 年の東海村再処理工場の爆発後，核燃料サイクル機構と改称．特殊法人．

Sv(シーベルト)…

　放射線量及び被曝量の単位は次の通りである．1 秒間に 1 回の原子核崩壊があり放射線を 1 回出す放射性物質の量を 1 Bq(ベクレル)という．1 g のラジウム Ra は，その中で毎秒 370 億回の崩壊が起こるから，370 億 Bq である．これだけの崩壊がおこる放射性物質の量を 1 Ci(キュリー)ともいう．1 R(レントゲン)とは空気 1 kg 中に 2.58×10^{-4} C のイオンを作り出す照射線量をいう．1 rad(ラド)は物質 1 kg あたり 0.01 J のエネルギーを吸収するときの吸収線量である．生物の被曝吸収量を表すには 1 rem(レム)を用いる．これは rad に放射線により異なる係数をかける．1 Sv は 100 rem．広島・長崎では 6 Sv 以上被曝した人は死んだと考えられている．現在使われている年間許容量は一般のひとで 1 mSv(ミリシーベルト)，放射線従事者で 50 mSv．

　15：00　半径 350 m 以内の住民の退避を村が決断．半径 3 km 内の通行禁止．

　この間にも臨界が続いていることに気づかず，連鎖反応で発生した

中性子線は壁や空気を減衰しながら透過してまわりを照射し，また施設から放射性物質を含んだ気体が洩れて，この範囲の住民は 1 mSv を越える被曝をしたといわれる(周辺から直接の中性子照射によりできたナトリウム 24(^{24}Na)と，施設から洩れた揮発性のヨウ素 131(^{131}I)が見られた)．臨界が起こった瞬間に西に 2 km 離れた日本原子力研究所の施設で，通常の数倍の中性子を観測している．JCO は中性子の測定器を備えておらず，また技術者も臨界は短時間で終わると考えていたことが臨界の持続に気づかなかった原因といわれる．

16：30 臨界の持続に気づき，中性子線計測開始．

16：40 教育委員会から 10 km 以内の屋内退避解除と下校の指示が出て，生徒は下校したが，なんと雨の中であった．空中に飛散した放射性物質が雨とともに降下して被曝しやすい状況であったと考えられる．

22：30 茨城県が半径 10 km 圏内の住民 31 万人に屋内避難勧告．

10月1日

1：40 第 1 回現地対策会議．

まわりの冷却水が反射材となって臨界が持続していることがわかり，冷却水の抜き取りへ．被曝を覚悟した作業員が交代で作業．

6：15 水抜きが成功して臨界終了．その後中性子吸収用のホウ素水を注入．

結局 19 時間 40 分臨界が持続し，この間中性子による外部被曝と，洩れたヨウ素 131 を体内に取り込むことによる内部被曝が続いた．さらに事故直後から 12 日間も排気筒から放射性ガスが洩れたままであった．

この日は半径 10 km 以内の 227 校が臨時休校．

15：00 政府は，臨界の終息を宣言．16 時半には屋内退避解除．事故のレベルは 4 で国内最大事故．

10月2日(土)学校再開．東海高校では，全員を中央公民館で実施されていた住民の放射能検査に行かせる．10月8日に全生徒に健康アンケート．頭痛・吐き気・ノドの痛みなどあり，多数の生徒が不安．

最終的に死者 2 名，被曝 667 人．事故は刑事裁判となり，その判決

298

は 2003 年 3 月水戸地裁で出された.動燃と科学技術庁(当時)は免責.JCO は罰金 100 万,社員 6 人(うち末端社員 2 名)が有罪,執行猶予つきだった.

●核分裂連鎖反応とは何か

原子爆弾と原子炉で起こる反応は基本的に同じもので,ウラン²³⁵U またはプルトニウム²³⁹Pu の核分裂反応を利用している.ウランの原子番号は 92 であり,天然ウランの大部分は核分裂しない ²³⁸U であるが,中にわずか0.7%含まれている ²³⁵U の原子核は 92 個の陽子と 143 個の中性子からなる.この原子核に外から 1 個の中性子が衝突し,吸収されると一時的に 236 の質量をもつ原子核ができるが,不安定で激しく振動して,ほぼ同じ大きさの 2 つの原子核に割れる(図 1).

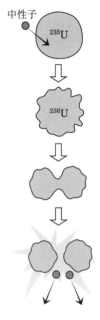

図1 ウランの核分裂反応

このときエネルギーが外に出る.2 つの原子核がクーロン反発力で大きな速度で走り出し,まわりの空気の原子核に衝突して,エネルギーを与えるのだ.とはいえ 1 個の原子核が分裂するだけではそのエネルギーは小さい(式(1)を見よ).ところが分裂と同時にまた 2,3 個の中性子が発生することが分かった.代表的な反応は

$$^{235}_{92}U + n \longrightarrow ^{142}_{54}Xe + ^{92}_{38}Sr + 2n + 4 \times 10^{-11} \text{ J} \tag{1}$$

である.

この飛び出した中性子がまたそれぞれウランの原子核に吸収されて核分裂を起こせば次々とねずみ算式に反応が起こり,莫大なエネルギーが得られる.これが連鎖反応である(次ページの図 2 参照).これが原子爆弾と原子炉を可能にした.

普通は飛び出した中性子は他の物質に吸収されたり(数の多い ²³⁸U は中性子を吸収して分裂せずプルトニウムになる),ぶつからずに外へ飛び去ったりしてしまうので,反応は持続しない.しかし,高い密度

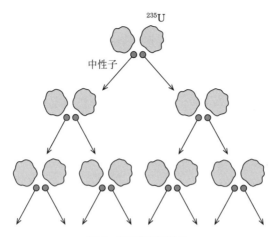

図2　核分裂連鎖反応

でウラン235がまわりに存在して，核分裂で発生した中性子がまた別のウラン235に吸収される確率が増えると，核分裂が連鎖的に生じるようになる．これが臨界状態である．

　臨界状態をどのように作り出すか．天然ウランは^{235}U が0.7%, ^{238}Uが99%なので，まず^{235}Uの濃度を3-4%に濃縮しなければならない．これが普通の原発で用いる低濃縮ウランである．

　ところで，核分裂で生じたばかりの中性子はエネルギーが高く速いものが多く，そのままでは他のウランが吸収する率が低い．減速材によって遅くしてやると他の核に補捉され核分裂が起こる確率が格段に高まる．また中性子が外に逃げないよう反射材を用いて閉じこめるのも有効である．現在普通に使われる軽水炉はこの両方を水で行っている．水の中の水素原子核は陽子1個で中性子とは質量がほとんど同じであることを考えれば，ぶつかった中性子が速度を失うのに効果的であることが分かる．

　ただし，原子爆弾や高速増殖炉はその目的のため高速中性子を使わざるを得ない．しかしそうすると他のウラン核に衝突する確率が小さくなるのでより高密度のウランを使う必要がある．

　JCOの臨界事故では約1 mgのウラン235が核分裂したと考えられる．これは $6.0 \times 10^{23} \times \dfrac{1.0 \times 10^{-3}\,\mathrm{g}}{235\,\mathrm{g}} = 2.5 \times 10^{18}$ 個のウランが核分裂したこ

とになる.(1)式を用いて1個の分裂で 4×10^{-11} J のエネルギーが生じるとすれば, これによって生じるエネルギーは

$$4 \times 10^{-11} \text{J} \times (2.5 \times 10^{18}) = 1.0 \times 10^8 \text{J} \tag{2}$$

となる.1 m³ の水の温度を1°上げるのに必要なエネルギーは 4.2×10^6 J なので,このエネルギーは1 m³ の水の温度を 24℃上げるエネルギーである.

●臨界状態が生じるに至った原因

バケツで臨界事故が起こったといわれるが, そうではない. ステンレスのバケツに酸化ウラン U_3O_8 粉末を入れ, 硝酸に溶かし, 硝酸ウラニルにし, これをビーカーで図3の沈殿槽に約 43 ℓ 入れ, 均一化する過程で事故は起こった. 沈殿槽は通常のウラン燃料の生成過程で使われていたもので, その濃度では臨界にならない.

問題はこのとき高速増殖炉用のもっと高濃度のウラン溶液を作っていたところにある. これは高速増殖実験炉『常陽』のためだった. 常陽[*)] は普通の軽水炉と違ってウラン 235 の割合を 18.8%に高めたウランと普通の原子炉から得られるプルトニウムを混ぜて燃料としている. このウラン燃料を動燃の依頼で JCO が製造していた.

濃縮度が 20%までのウラン水溶液は, 臨界状態が起こらないよう, 次のように管理されている.

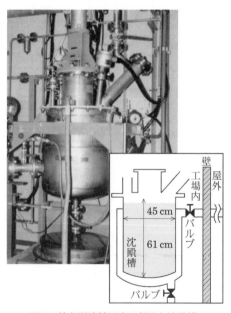

図3　核分裂連鎖反応の起きた沈殿槽

(出典:(社)茨城原子力協議会:原子力広報『あす』No.101(1999年11月)および科学技術庁(現・文部科学省)ニュースレター(1999年10月15日))

まず容器の形状管理があり，円筒容器の場合は太さ 17.5 cm 以内，球状の場合は容積 9.5 ℓ 以内としている．また形状管理をしない場合は質量制限を設けウラン 2.4 kg 以内**) とすることになっている．

しかし連鎖反応が起こった沈殿槽は直径 45 cm 深さ 61 cm であり（図 3），ここに 16.6 kg のウランを入れてしまった．通常の低濃縮核燃料なら 16 kg でも臨界に達せず，この沈殿槽を使うことができたが，18.8% の燃料では無理であるのにそれが管理されていなかった．

なぜこのような工程を行ったかというと，この仕事を依頼した動燃は，はじめは JCO にウラン酸化物の精製粉末を納入させていたが 1986 年から粉末と溶液の両方の納入に契約変更し，その溶液の仕様を「精製ウラン酸化物を硝酸に溶かしウラン 380±30 g/ℓ 以下の濃度で 40 ℓ を 1 ロットとする」とした．また動燃は契約以外にこの溶液の濃度を均一化するよう注文[3]した．ウラン量を 4 ℓ 10 本で納入することになっていたのにその全体を均一化するということは，個別に濃度を測らずにすむように，ということであると推測される．JCO は，はじめは，一度の行程ではウラン 2.4 kg 以内で扱うという規定通り行い，形状管理されている直径 17 cm の溶解塔で連続的に溶解して，4 ℓ の容器 10 本に分ける作業をしていた．途中から能率を上げるため，18 ℓ 入りのステンレスのバケツで 6.5 ℓ 程度ずつ溶解し，撹拌機のついている沈殿槽に 40 ℓ 入れて均一化しようとした．沈殿さえ生じなければ大丈夫と考えていた，と述べている．

そしてそこで臨界に達し連鎖反応が起こった．

●臨界の条件の検討——中性子の減速

直径 45 cm の容器でなぜ連鎖反応が生じたかを物理的に考察しよう***)．

---

*) ナトリウム冷却の高速増殖炉で出力 14 万 kw．中性子が ^{238}U に吸収されるとさらにプルトニウムができる．現在は 2007 年発生の不具合で停まっており，2021 年も停まったままである．

**) ここで扱われた溶液はウラン濃度 380 g/ℓ なので，球形容器の 9.5 ℓ の場合にはウランは 3.6 kg になる．2.4 kg というのは容器の形状に制限を付けてないため，安全を見込んだ数値である．

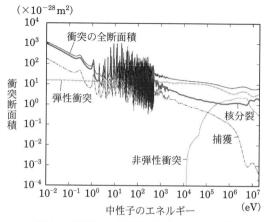

図4　中性子のエネルギーとウラン235の衝突
　　　断面積の変化

　連鎖反応は飛び出した中性子が別のウランの原子核に衝突して起こ
る．中性子から見た，的としてのウランの原子核の大きさを衝突断面
積という．ウランの衝突断面積は，日本原子力開発機構が発表してい
るJENDL-4.0というデータがあるので，以下ではこれを用いること
にしよう[2]．

　図4を見ると，衝突断面積は中性子のエネルギーにより異なり，高
速中性子に対して$1 \times 10^{-28}\,\mathrm{m}^2$だが，低速(熱)中性子に対しては$500 \times 10^{-28}\,\mathrm{m}^2$くらいである．これは中性子が遅くなるとウラン核につか
まって核分裂が起こる確率がいちじるしく大きくなることを意味す
る．ここで熱中性子というのは，その温度で外界とほとんど平衡状態
にあるようなエネルギー($\frac{3}{2}kT = 4 \times 10^{-2}\,\mathrm{eV}$, $T = 300\,\mathrm{K}$に対し
て，$k = 1.38 \times 10^{-23}\,\mathrm{J/K}$はボルツマン定数)の中性子である．

　さて，核分裂で発生した中性子の持つエネルギーは次ページの図5
のようで，0.05-7 MeV くらいに分布し，平均2 MeV である．

　このエネルギーをJ単位に換算すると，$2\,\mathrm{MeV} = (2 \times 10^6\,\mathrm{eV}) \times (1.6 \times 10^{-19}\,\mathrm{J/eV}) = 3.2 \times 10^{-13}\,\mathrm{J}$である．

***)　以下の分析は江沢　洋が東京都立小石川高校(当時)で行った公開講義の
内容に準じている．

このままでは衝突断面積が小さ
いが，熱中性子のレベルまで減速
すると衝突の確率が上がる．原子
力発電所の多くを占める軽水炉は
水を中性子の減速剤として用い
る．水にある水素の2個の陽子と
の衝突が減速に有効に働く．東海
村で連鎖反応が続いたのは，溶液
中の水が中性子を減速し，また容
器のまわりにあった冷却水も反射
材として，中性子が逃げるのを妨
げていたからである．

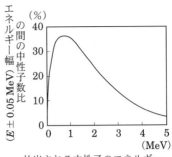

放出される中性子のエネルギー

図5 核分裂で放出された中性子の
エネルギー分布
（出典：W. マーシャル編『原子炉
技術の発展（上）』裳華房，p.16）

中性子がどのくらい走れば減速が十分になるだろうか．質量が等し
い粒子が弾性衝突すると，平均的に見ればエネルギーが等分される．
つまりエネルギーが半分ずつになる[5]．温度 T の理想気体の分子のエ
ネルギーは $\frac{3}{2}k_B T$ である（ただし $k_B = 1.38 \times 10^{-23}$ J/K はボルツマン
定数）．したがって $T = 300$ K として，n 回の衝突で中性子のエネル
ギーがこれくらいになり，つまり熱中性子になるとすれば

$$(3.2 \times 10^{-13} \text{ J}) \times \left(\frac{1}{2}\right)^n = \frac{3}{2} \times (1.38 \times 10^{-23} \text{ J/K}) \times 300 \text{ K} \qquad (3)$$

より $n=26$ 回の衝突で熱中性子になる．

これだけの衝突の間に中性子はどのくらいの距離走るだろうか．中
性子と陽子の衝突断面積は，これも JEDNL-3.3 によれば，中性子が
2 MeV のときは 3×10^{-28} m² であるが，10^4 eV 以下では 20×10^{-28} m²
でほとんど一定になる（次ページの図6）．

衝突断面積として 20×10^{-28} m² を用いると，1 m³ の水の質量は
1000 kg なので，水1モルの質量18 g から求めた分子数をかけると
1 m³ あたりの中の衝突断面積の和は次のようになる．

$$(6 \times 10^{23}) \times \frac{10^6 \text{ g/m}^3}{18 \text{ g}} \times (20 \times 10^{-28} \text{ m}^2) \times 2 \qquad (4)$$

ただし水の分子1個の中に水素分子2個があるので2倍した．中性子

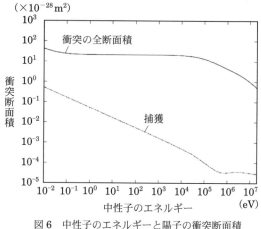

図6　中性子のエネルギーと陽子の衝突断面積

が水素と衝突するまでに走る距離の平均値を平均自由行路という[6]. 平均自由行路を λ と書けば,

$$(6\times10^{23})\times\frac{10^6\,\mathrm{g/m^3}}{18\,\mathrm{g}}\times(20\times10^{-28}\,\mathrm{m^2})\times2\lambda = 1 \tag{5}$$

となるはずである. これから $\lambda = 0.0075\,\mathrm{m}$ となる. もし衝突断面積として $2\,\mathrm{MeV}$ のときの $3\times10^{-28}\,\mathrm{m^2}$ を用いても $\lambda = 0.05\,\mathrm{m}$ である.

n 回の衝突を繰り返したとき, 衝突後の運動方向はまったく不定であるとすれば, これはいわゆる酔歩の問題であり, はじめの位置から $\lambda\sqrt{2n}$ 離れると考えられる[6]. そうすると長くても $0.05\,\mathrm{m}\times\sqrt{2\times27.5}$ $= 0.37\,\mathrm{m}$, すなわち $37\,\mathrm{cm}$ 程度で熱中性子になると考えることができる. 実際にはもっと小さくなる. したがって図3の沈殿槽なら十分に減速される.

●この容器と臨界の条件

次に図3の沈殿槽で, 熱中性子とウラン235の衝突が, 連鎖反応が生じるのに十分なほど起こりうるかを考えよう.

この事故ではバケツ7杯, 約 $43\,\ell$ のウラン溶液が沈殿槽に入れられた. 溶液は $1\,\ell$ あたり $380\,\mathrm{g}$ のウランを含んでいたのでウランの総量は $380\,\mathrm{g/}\ell\times43\,\ell = 16.3\,\mathrm{kg}$ となるが実際は $16.6\,\mathrm{kg}$ のウランが入れ

られたと評価されている．ここにはウラン238やそれ以外も含まれている．ウラン235の濃縮度を18.8％とすると，容器内のウラン原子の個数は

$$^{235}\text{U 原子数} = \frac{(16.6\times10^3\text{ g})\times0.188}{235\text{ g/mol}}\times(6.02\times10^{23}\text{ 個/mol}) \tag{6}$$
$$= 8.0\times10^{24}\text{ 個}$$

となる．溶液の体積を$43\times10^{-3}\text{ m}^3$とすればウラン原子の密度は$1.86\times10^{26}$個$/\text{m}^3$である．

中性子が熱中性子になっているとして，衝突の確率が1になる距離，すなわち平均自由行路を求めてみよう．熱中性子のエネルギーはまわりの温度と熱平衡になっているとすれば，$T = 300\text{ K}$として

$$\frac{3}{2}k_B T = 6.21\times10^{-21}\text{ J} = 3.9\times10^{-2}\text{ eV} \tag{7}$$

となるので，このエネルギーに対するウラン235の衝突断面積は図4より約$500\times10^{-28}\text{ m}^2$とすれば

$$(5\times10^{-26}\text{ m}^2)\times1.86\times10^{26}\text{ 個/m}^3\times\lambda_\text{U} = 1. \tag{8}$$

これから$\lambda_\text{U} = 0.11\text{ m}$．これが平均自由行路になる．

したがって，直径45 cmの円筒容器は十分に連鎖反応が起こりうると言える．

また沈殿槽を取り巻く冷却水が反射材となったことも，水を抜くまで臨界を20時間近く続けた理由である．

●周辺の中性子線照射量

周辺の被害は，核分裂で発生した中性子によるものと洩れたヨウ素などの放射性元素からの放射線による．特に後者は呼吸などで体内に取り入れてしまうとそこから被曝するので深刻である．しかしここでは前者について，やはり衝突断面積を用いて見積もることにする．沈殿槽から出た中性子は空気中の原子と衝突して減衰しながら進む．中性子に対する酸素原子^{16}Oと窒素原子^{14}Nの衝突断面積をやはりJENDL-3.3のグラフから読み取る．変動が激しく難しいが，中性子の

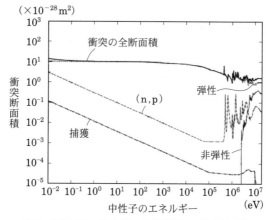

(×10⁻²⁸ m²)

図7 中性子のエネルギーと窒素¹⁴N の衝突断面積

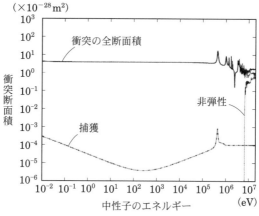

図8 中性子のエネルギーと窒素¹⁶O の衝突断面積

平均 2 MeV 付近で見ると，1.0 から 1.5×10^{-28} m² の範囲である（図7，図8）．

　今，どちらも 1.0×10^{-28} m² として計算する．両方とも 2 原子分子なので 2 倍し，1 m³ 中の分子数をかければ

$$1\,\mathrm{m^3}\,中の的の断面積 = 2 \times 1.0 \times 10^{-28}\,\mathrm{m^2} \times \frac{6.02 \times 10^{23}\,個}{22.4 \times 10^{-3}\,\mathrm{m^3}}$$

$$= 5.4 \times 10^{-3}/\mathrm{m}.$$

(9)

平均自由行路を λ_{air} とすると，λ_{air} 進む間にこれが1になればよいのだから

$$\lambda = \frac{1}{5.4 \times 10^{-3}\,\text{m}^{-1}} = 185\,\text{m} \tag{10}$$

となる．原研の発表している平均自由行路は $\lambda = 208\,\text{m}$ である．おおむねよさそうだ．

　原研の方の値を用いて $1\,\text{m}^2$ を通過して沈殿槽から距離 r のところまで到達する中性子数を求めてみよう．

　1次元で考えたとき，中性子が距離 x 走ってぶつからず生き残っている確率を $p(x)$ とすれば，$p(x) = Ae^{-\frac{x}{\lambda}}$ である（「131—宇宙線——霧箱で見える飛跡は何？　何本見える？」の項参照）[6]．よってはじめに単位時間あたり N_0 個の中性子が出たとして，空間に球対称に広がることを考慮すれば，距離 r まで到達する単位面積単位時間あたりの数 N は

$$N(r) = N_0 \frac{1}{r^2} e^{-\frac{r}{\lambda}} = N_0 \frac{1}{r^2} e^{-\frac{r}{208\,\text{m}}} \tag{11}$$

となる．これを発表された実測値のグラフ図9[4]と比べる．線量当量については「125—放射線の強さはどう測るか？」を参照．このグラフは1時間あたりの線量当量を示しているので線量当量率となっている．

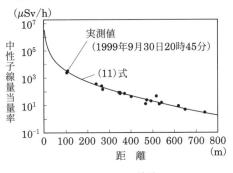

図9　周辺の線量

　定数 N_0 をデータに合うように決めてやると，(11)はよく実測値を再現している．

●人間への被曝の影響

最後に，辛いことだが，被曝の影響はどのように現れたかを記す．

推定被曝量 18 シーベルト[1]を受けた大内 久さんは東大病院へ入院した．入院時は強く日に焼けた程度で元気に見えたと看護師が述べている．

しかしやがて，まず皮膚細胞が再生しなくなり，体液が滲みだして 1 日 10 リットルの水分が失われるようになる．全身をガーゼで覆うことになる．眼からも出血する．体内の細胞の原子が壊されまた放射化されており，次第に内臓の細胞が壊れる．59 日目にいったん心臓が停止．免疫細胞が白血球を攻撃するようになる．81 日目にそれ以上の蘇生措置を停止し，1999 年 12 月 21 日，83 日目に亡くなられた．

放射線が人体に与える影響は，人体の内部の細胞の原子を電離して傷つけることによる．人体の細胞は絶えず死んでは再生しており，例えば赤血球は骨髄で作られ，幹細胞 1 個から約 4000 個の細胞が分裂してできる．したがって元の細胞が壊れると古い細胞が死んだとき新しい細胞ができない．細胞の寿命は白血球で数日，赤血球で 120 日程度，皮膚は 1 か月程度ということを考えると，悲しいことだがその科学的予想通りの経過をたどったということが言える．

なお，本項を執筆中に東日本大震災が発生した．同時に，福島第 1 原発でも甚大な被害が起こり，原子炉内からと疑われる放射性物質洩れも発生している．これに関連して「125 項」を見てほしい．

●参考文献……………………

1) 広河隆一『原発被曝』，講談社(2001)．

2) K. Shibata *et. al.* JENDL-4.0 A New Library for Nuclear Science and Engineering, *J. Nucl. Sci. Technol.* **48**(1), 1-30(2011)．

3) 槌田 敦＋JCO 臨界事故調査市民の会『東海村『臨界』事故』，高文研 (2003)．

4) 原子力資料情報室編『恐怖の臨界事故』岩波ブックレット，No. 496．

5) 江沢 洋・中村孔一・山本義隆『演習詳解 力学［第 2 版］』，日本評論社 (2011)，p. 173．

6) 江沢 洋『現代物理学』，朝倉書店(1996)，pp. 147-157．なお本書「131 項」も参照．

［上條隆志］

125–放射線の強さはどう測るか？

物質中を荷電粒子あるいはガンマ線といった放射線が通過するとき，その放射線の量を rad という単位ではかる(p.296)．SI 単位系では，物質 1 kg あたり D J のエネルギーを与える(それだけ吸収される)放射線の量を吸収線量 D J/kg という．J/kg を Gy(グレイ)と書く．

しかし，「1 kg に 1 J のエネルギーを与える」といわれても，分からない．たとえば，1 kg の水を考えてみよう．これは底面積 1 cm²，高さ 10 m の直方体かもしれない．あるいは，底面積 100 cm²，高さ 10 cm の直方体かもしれない．これらを放射線が通って同じだけのエネルギー吸収がおこるだろうか？

●荷電粒子の吸収線量

エネルギー E の 1 個の荷電粒子(たとえば α 粒子)が物質中を距離 dx 走る間に失う(物質に吸収される)エネルギー $-dE$ ならわかる．物質中を走る間にまわりの電子たちを蹴散らして，それらにエネルギーを与えるのである．失うエネルギーの量 $-dE$ は，dx はもちろん，まわりにどれだけたくさんの電子がいるかに比例するだろう．つまり，まわりの単位体積の中にいる電子の数 n と dx に比例する：

$$-dE = C(v)\,n\cdot dx. \tag{1}$$

比例定数 $C(v)$ は荷電粒子の速さ v によってきまる[1]．

放射線の強さというときには，1 個の放射線を考えているのではない．いくつもの放射線粒子が束になって次々と流れてくるという状況を考える．その流れに垂直な単位面積を単位時間に I 個の粒子が流れすぎるとき，この放射線の流束(flux)は I であるという(図1)．この放射線の粒子たちが，放射線に垂直な面積 dS を単位時間に通過する数は IdS である．その放射線が距離 dx を走る間に，各々の粒子が物質

に与える(吸収される)エネル
ギーは(1)であるから，放射線の
束の全体(粒子 IdS 個)が dx を
走るあいだに物質に与える全エ
ネルギーは，単位時間あたり

$$\frac{d\varepsilon}{dt} = C(v)\,ndx \cdot IdS$$
$$= C(v)\,nI \cdot dSdx \quad (2)$$

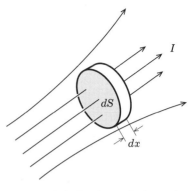

となる．単位時間あたりだから
$d\varepsilon/dt$ と書いた．

図1　放射線の強さはどう測るか

(2)を見ると，$d\varepsilon/dt$ は図1の
柱の含む全電子数 $ndSdx$ に比例している．全電子数は次のようにし
て計算される．物質が原子番号 Z，質量数 A の原子からできていると
しよう．この原子の質量は，原子質量単位 $m_u = 6.7\times10^{-27}\,\mathrm{kg}$ を用い
て Am_u であるから，この物質の密度が ρ ならば，単位体積の中に $\rho/$
(Am_u) 個の原子を含む．原子1個は Z 個の電子を含むから，この物質
は単位体積の中に

$$n = \frac{Z}{A} \cdot \frac{\rho}{m_u}\text{ 個の電子}$$

を含むのである．よって，(2)と結んで，放射線の束が物質の柱 $dSdx$ を
通るとき物質に与える全エネルギーは，単位時間あたり

$$\frac{d\varepsilon}{dt} = C(v)\,I \cdot \frac{Z}{A}\frac{\rho}{m_u}\,dSdx \tag{3}$$

となる．ここで，$\rho dSdx$ は柱の質量 dm である．もうひとつ Z/A は，
大雑把の話だが，物質によらず $1/2$ と見ることができる．ゆえに(3)は

$$\frac{d\varepsilon}{dt} = \frac{1}{2m_u}\,C(v)\,I \cdot dm \tag{4}$$

となる．これを，放射線を浴びる時間 T にわたって積分すると，物質
の質量 dm が吸収するエネルギーの全量が得られる：

$$\frac{d\varepsilon}{dm} = \frac{1}{2m_u}\int_0^T C(v)\,Idt \tag{5}$$

これで時間 T の間に物質に当たった放射線の量を測る．これが吸収線

量である．こうして測る放射線の量は，放射線の通る物質によらない！

●ガンマ線の吸収線量

物質によるガンマ線の吸収は様子がちがう．角振動数 ω の単色のガンマ線を考える．ガンマ線の流束(flux)が I なら，ガンマ線に垂直な面積 dS を単位時間に通過する光子 $\hbar\omega$ の数は IdS である．

ガンマ線が物質中で距離 dx を走ると流束が $dI = -I\cdot\alpha dx$ だけ増加($-dI$ だけ減少)する．ガンマ線に垂直な面積 dS を単位時間に通過する光子の数でいえば $I\cdot\alpha Sdx$ の減少である．単位時間あたり，これだけの数の光子が柱 $dSdx$ に食われる．エネルギーでいえば

$$\frac{d\varepsilon}{dt} = \hbar\omega I\cdot\alpha Sdx$$

だけ食われる．

物質の密度を ρ として，$dSdx$ を柱の質量 $dm = \rho dSdx$ に直せば

$$\frac{d\varepsilon}{dt} = \hbar\omega I\cdot\lambda dm \qquad \left(\lambda = \frac{\alpha}{\rho}\right) \tag{6}$$

となる．λ の値を見ると(表1)，光子のエネルギー $\hbar\omega$ によるのは(3)の $C(v)$ が v によることに対応するが，ガンマ線が通過する物質によっても違う．これが荷電粒子の(3)と大いに違うところである．

最初に書いたように，$D = \frac{1}{dm}\int_0^T d\varepsilon$ の放射線の量を線量，正確には吸収線量(単位 Gy)というのだが，(6)の右辺に見るとおり，これは同じ強さ $\hbar\omega I$ のガンマ線でも通過する物質によって値が違う．水を通過させたとき 3 Gy の吸収線量の $\hbar\omega = 0.5mc^2$ のガンマ線でも，鉛を通過させたときには $3\,\text{Gy}\times(0.4/0.124) = 9.68\,\text{Gy}$ に見える．

表1　ガンマ線の減衰係数 $\lambda/(\text{cm}^2/\text{g})$[2)]
mc^2 は電子の静止エネルギー

$\hbar\omega/mc^2$	空気	水	アルミ	鉛
0.1	0.168	0.186	0.31	
0.5	0.112	0.124	0.11	0.4
1	0.087	0.095	0.081	0.15
5	0.039	0.043	0.037	0.042
10	0.027	0.030	0.028	0.042

●シーベルト

放射線の生体に対する影響は，吸収線量 D が同じでも種類によって強弱が異なるので線質係数 Q をかけ線量当量 QD にして測る．その単位は Sv（シーベルト）である[3]．線質係数は，基本的には水中でのエネルギー損失 $-dE/dx$ から表 2 のように定める．

表 2　線質係数は次の点を通る滑らかな関数

$(-dE/dx)/(\text{keV}/\mu\text{m})$	<3.5	7.0	23	53	175
Q	1	2	5	10	20

便宜的には，次の表 3 の値を用いる．

表 3　線質係数

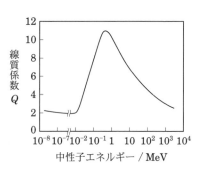

体外被曝	X 線，γ 線	1
	電子	1
	低エネルギー電子	>1
	中性子	右の図
	核分裂破片	20
体内被曝	X 線，γ 線	1
	α 粒子	1.8
	核分裂破片	10
	自発核分裂からの中性子	8

（縦軸：線質係数 Q，横軸：中性子エネルギー / MeV）

被曝の線量当量の限度は，国際的に，また国内法でも一般公衆に対して 1 mSv/年とされる．放射線作業者の場合 50 mSv/年（その根拠は文献[3] の pp.729-30 に説明されている），緊急時には 100 mSv/年だったが，2011 年 3 月の福島原発事故のとき 250 mSv/年とされた．

●参考文献……………………

1) 江沢 洋・中村孔一・山本義隆『演習詳解 力学［第 2 版］』，日本評論社（2011），問題 4-12. 古典力学的な計算．量子力学的には少し修正される．

2) H. A. Bethe and J. Ashkin, Passage of Radiation through Matter, in *Experimental Nuclear Physics*, ed. E. Segre, Wiley(1953), p. 343.

3) 原子力ハンドブック編集委員会編『原子力ハンドブック』，オーム社(1989)，pp. 72-73.

［江沢 洋］

XIII 誰もが知りたい
宇宙の「なぜ?」

126—どうやって星までの距離を測るのか

最近のニュースで，これまで考えられていた宇宙の年齢より星の年齢の方が古いという測定結果が出てきて，新たに宇宙の年齢を推定しなおそうという議論も紹介されている．では，宇宙の年齢はどうやって推定されたのだろう．ビッグバン理論をその基礎とすると，現在の星雲間の距離とそれらが互いに離れていく速度を知ることによって，宇宙の年齢と大きさを推定することができる．したがってそれは星雲，いや結局は星の距離をどうやって測定するかによって大きく変わってしまう．だからこそ，星までの距離をどうやって測るかを知り，理解することはとても大事なことだ．

●三角測量

まず手の届かない場所までの距離を測る方法として古くから用いられたのは三角測量である．図のように川の向こうのC地点までの距離を測るには，こちら岸にA，Bの2地点をとり，その2つを結んだ基線に対し，角度を測定する．後は基線の長さと角度から三角形ができ，相似形などを用いて簡単に求めることができる．

この方法では基線を長くとるほど遠くまでの距離が測れることは明白だ．したがって遠くの星までの距離を測る場合，太陽を中心とした地球

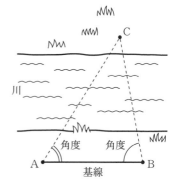

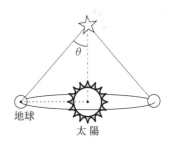

の公転半径を基線にとる。このとき角度 θ が1秒になる距離を1パーセクと呼ぶ。しかしこれではせいぜい30〜40パーセクが限界である。一番近い恒星でも角度0.8秒くらいであり、星の大部分はこれで測ることはできない。

●セファイド変光星による測定

　それでは三角測量では及ばない遠くをどうやって測るのか。宇宙には周期的に明るくなったり暗くなったりするセファイド変光星と呼ばれる種類の星が存在する。このうち一番地球に近いのは北極星で90パーセクのところにあり変光の周期は3.97日である。第一次大戦前にハーバード大学天文台のリービットは、マゼラン雲にある、多くは周期が1日より大きい変光星を観測し、周期と見かけの明るさに一定の関係があることを発見した。マゼラン雲の星はどれも地球からほぼ同じ距離と考えていいから、これは絶対的な明るさと周期の間に関係があることを意味する。逆にいえば、あるセファイドの周期が観測できればそれから絶対的な明るさが分かり、さらに星の明るさは距離の2乗に反比例して減るので、その星までの距離を出すことができる。これで距離を測る有望な方法がみつかった。もちろんセファイドが宇宙のどこでも同じ性質をもつとしてである。しかし絶対的な明るさを決定するためには、他の方法で距離の分かっているセファイドをみつけて基準としなければならない。さて、それはどうやって？

　それは、ほとんど同じ明るさであると考えられる星のグループの運動を観察することによって得ることができた。まずその星が近づけば星からの光の振動数がドップラー効果で上がって紫の方にずれる。遠ざかれば赤い方にずれるから、こうして視線方向の速度を決めることができる。一方で視線と直角の方向の速度を写真で調べることができるがそれは距離によって変わり、同じ運動をしていれば距離が大きいほど小さくなる。星の運動は平均すればどこでも同じだと仮定すれば、視線方向の速度の分布と視線と直角方向の速度の分布を比較すれば距離のおよその基準が得られよう。1913年にデンマークのヘルツシュプルングが、近くにある13個のセファイドから6.6日の周期のセフ

ァイドに対して −2.3 等の絶対光度を見いだした．この周期と光度の尺度はシャプレイによって銀河系の大きさの見積もりに，さらにハッブルたちによって遠い星雲と赤方偏移の観測に応用されていく．

　しかしやがて矛盾が生じる．ハッブルとバーデの観測にこの尺度を適用すると，アンドロメダ星雲の星は我々の銀河系に比べて暗すぎる．実はセファイドには2つの種族があることが戦後バーデによって明らかにされた．渦巻き銀河の腕の中にある若いセファイドと，銀河の中心近くの球状星団に属する老いたセファイドである．この2つの周期光度関係を区別することによりアンドロメダまでの距離も大きさも2倍になった．それまでの一定の成功は若いセファイドが銀河系の平面近くにあり，ごみやガスによってさえぎられ，暗くなって老いたセファイドに近くなっていたという偶然によるものであった．セファイドによる距離の決定は今では星の表面温度の観測による補正によってより精密化されてきている．

●再び三角測量（VERA 計画）

　セファイドによる観測は間接的であり，いつも検討が必要だ．それに対して直接的な三角測量がまた見直されている．基線として公転を用いるのは前と同じだが，セファイドや星生成領域に多い電波源(天体メーザー)からの電波を用いること，また相対 VLBI と呼ばれる，電波望遠鏡を2台1組にした手法が使われる．1台で電波源を観測しもう1台で近接するクェーサーを同時観測し共通する大気の揺らぎを取り除き従来の 1000 倍以上に飛躍的に精度を上げる．国立天文台は口径 20 m の電波望遠鏡を岩手県水沢，小笠原父島，鹿児島県入来，沖縄県石垣島に4組設置し，地球の自転の揺らぎや地殻の運動も測定し，精度を上げる計画が 2003 年から始まっている．宇宙の大きさと年齢は，このような科学技術の発展とともにより正確なものとなっていくだろう．

●参考文献⋯⋯⋯⋯⋯⋯⋯⋯
ロバート・クラフト「宇宙の大きさと年齢」，自然，1959 年 10 月号．

[直井富士春・上條隆志]

127–なぜ惑星はみんなほぼ同じ平面上を 回っているのか

　太陽系には地球を含めて現在8個の惑星が知られている．惑星以外にも惑星を回る衛星，小惑星，彗星，隕石，チリなどで太陽系が構成されている．不思議なのはどの惑星も楕円軌道に沿って，ほぼ同一面内を同一方向に回っていることである．（図1，表を参照）（一番ずれ

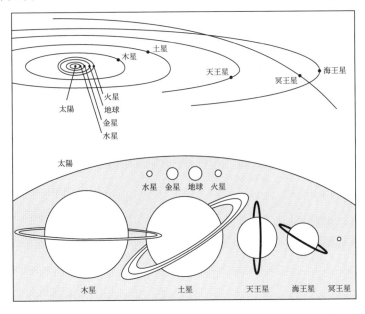

図1　（加藤万里子『新版100億年を翔ける宇宙』恒星社厚生閣，116ページより）

ている冥王星が地球の軌道面と17.2度，他の惑星は数度以内である，ただし現在は，冥王星は惑星ではなく，準惑星に区分されている）違う方向の面上を回り，あるいは反対向きに回ることも物理法則上ではあり得るのに，なぜ惑星の運動はそうならないのか？　このことを考えるためには，太陽系の誕生までさかのぼらなければならない．

太陽は恒星の1つなので他の恒星と同様な過程でできたと考えられる．宇宙には水素を主成分とする星間ガスと，シリケイトや氷の微粒子からなるダストという物質が広がっている．この物質間に働く主な力は重力である．この力は引力しかない．電磁力みたいな斥力（反発する力）がないので，物質の分布が一様であっても，そこに引力が働くと集まり始めたところに集中するので，分布に小さな濃さ（密度）のムラができやすい．濃いところはさらに物質が集まってきて固まり，天体ができるのである．

太陽系もこの星間空間に漂うガスとダストが自らの引力によって集まりだしたことによって始まる．このガスは中心部分に集中し，原始太陽をつくる．このとき，もし太陽系のガスの塊に回転がまったくなければ，働く力は引力だけなのでガスは中心部分に集まり，太陽系はただの丸い星になる．逆に回転が速かったらガスの塊は遠心力（慣性の働き）によってリング状になり分裂して，太陽系は連星系になったと考えられる．太陽系のガスの塊は弱く回転していたので，大部分のガスは中心部分に集中したが，回転する成分をもったガスは遠心力のために原始太陽まで落ちきれずに周りを回転する．収縮すると重力のエネルギーが放出されて，3000度くらいに熱くなるが，重力落下が一段落すると今度は熱を放射するだけで冷えていく．一度蒸発したダストも再び凝結する．

回転があると原始太陽とガス間に働く重力と遠心力の合力の垂直方向の力（図2）により，ガスは太陽の赤道面付近を回転する薄い円盤状になっていく．ガスの中にできている岩石物質や氷などの固体粒子は重いために沈

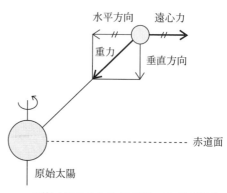

原始太陽のまわりを回転している物質は赤道面上へ重力の垂直方向の力によって引きつけられていく

図2

み，さらに円盤の中心面上に集中し地球軌道付近では 1 cm くらいの
ダストボールになっている．そしてこの固体粒子が固体層をつくる．
この固体層に固体粒子がどんどん集中してくる．しかし，小さい空間
に多く集まりすぎると重力により引きあう力が大きくなり，形を保っ
ていられなくなる．そして固体層はリング状に何重にも分裂する．そ
れぞれのリングはさらに塊に分かれる．この破片は半径数 km の大
きさで，その数は 1 兆個にも及ぶと計算されている．この破片を微惑
星とよんでいる．多数の微惑星は星間ガスの中をガスと同じ方向に回
っている．しかし時折，微惑星同士が衝突をすることがある．このと
き衝突する速度が遅かったり，また重力の大きさが十分であれば合体
をし，しだいに大きくなっていく．長い間に微惑星は半径 1000 km
くらいの原始惑星に成長する．大きくなりだした原始惑星は質量が大
きくなり，自分の重力圏が広がり，さらに近くのガスや微惑星を引き
寄せてどんどん大きくなる．すると近くのガスや微惑星がなくなる．
大きい原始惑星ほど重力圏が大きいので，近くに他の原始惑星が成長
できない．1 つの領域には 1 つの原始惑星しか成長することができな
い．このようにして 100 万年くらいで今のような惑星に成長すると考
えられている．

　木星，土星，天王星，海王星などの大惑星は大きい一方で密度が低
く，ガスに近い．外側の惑星はなぜこのような星が多いのか．これら
の惑星は芯の回りに星間ガスを集積してできたと考えられている．こ
れにはこんな説もある．原始太陽の成長過程で太陽より高速の粒子を
吹き出すことが知られている．内惑星の周りのガスはこれによって吹
き飛ばされ，成長した外惑星がガスを吸い込んだと見る説だ．

　後には惑星と微惑星が残される．残された微惑星は惑星に衝突した
り，あるいは惑星の衛星として，または高速で衝突して砕けて小惑星
として残っているものがある．このようにして現在の太陽系が誕生し
たと考えられている．

　このように考えていくと，惑星たちが，ほとんど同一の平面上を同
じ向きに公転しているのは原始太陽系星間ガスが回転していたために
赤道面上の平たい円盤状になったことによる．惑星の自転に関してい

うと，その向きは原始惑星が成長しているときに各惑星ごとに決まったので，あまり規則性はみられない．自転速度も各惑星ごとに異なっている(下の表を参照)．

　現代の惑星形成理論のもとになる考えを初めて提出したのは 18 世紀後半の大哲学者カントや数学・物理学者のラプラスである．

　このように，惑星たちがなぜ同一平面上を運動しているかといえば，それは物理法則だけでなく太陽系生成の歴史によって決まったのである．物理学を固定的・機械的にとらえる見方にときどき出会うが，物理学では自然を歴史的に見る視点も重要であることを示している．

太陽系惑星の公転・自転の性質

	水星	金星	地球	火星	木星	土星	天王星	海王星	(冥王星)
軌道面[注1] 傾斜角(度)	7.005	3.395	0.001	1.850	1.303	2.489	0.773	1.770	17.145
自転周期 (日)	58.65	243.01	0.9973	1.0260	0.414	0.444	0.649	0.768	6.387
赤道傾斜角 (角)	～0	177.3	23.44	25.19	3.1	26.7	97.9	29.6	121.9

注1　軌道面傾斜角，赤道傾斜角は地球公転面を基準にとってある．

(『理科年表』丸善より)

●参考文献………………………

加藤万里子『新・100 億年を翔ける宇宙』，恒星社厚生閣，1989，新版，1998.
　重度視覚障害者用パッケージ(1998)も出されている．

松井孝典『宇宙誌』，徳間書店，1993.

『現代総合科学教育大系，Sophia 21 第 1 巻』，宇宙・銀河・太陽系，講談社，
　1984.

『理科年表』，丸善

観山正見「見えてきた太陽系外の惑星系形成現場」，『日本物理学会誌』，vol 48,
　no 7, p 513-520, 1993.

中沢 清・中川義次「太陽系形成の理論」，『自然』，中央公論社，1997 年 11 月号．

[大西 章]

128-われわれの体は超新星の残骸からできたというのは本当か？

我々の体は細胞を基本単位としているが，その細胞を作る物質は何かということを問題にすると，話は星の進化にまで広がっていく．

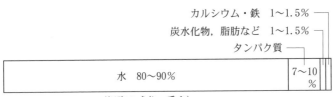

（細胞の成分―重さ）

図1　一般的な生物の体をつくる成分

上の図1から，我々の体の約4/5は水であり，残りは蛋白質や糖質・脂質という有機物，それに鉄やカルシウムなどの無機物であることが分かる．これらを，構成原子で見て行くと，

水	H と O	蛋白質	C, H, O, N
糖質（炭水化物）	C, H, O	脂質	やはり C, H, O
無機質	P, Ca, Fe, S, Na, K		

となり，その量の多い順に並べると，表1のようになる．

我々は，この地球上に生まれ，育ち，この地球の上で死ぬ．生きている間，地球上の物を飲み食いしている．だから，我々の体は地球上の物質からできていることになる．原子の多い順番を比較すると人体と海の原子組成がかなり似ているので，生命は海に誕生したと考えられる．いずれにしろ地球上の生物すべてが地球上の物質からできているといっていいだろう．となると，地球自体が46億年前に星間物質が集まってできたものだから，我々を作る原子ももとを辿れば，星間物質に行き着く．

そして，その星間物質は恒星という星の一生の間に，恒星の内部で

表1　原子組成の比較 [1]

多い順	原子組成			
	人体	宇宙	海	地表
1	H	H	H	O
2	O	He	O	Si
3	C	O	Cl	H
4	N	C	Na	Al
5	Ca	N	Mg	Na
6	P	Ne	S	Ca
7	S	Mg	Ca	Fe
8	Na	Si	K	Mg
9	K	Al	C	K
10	Cl	Fe	N	Ti
11	Mg	S	…	…

作られている.

　恒星とは太陽のように自ら光を放つ星である.夜空の星は惑星や衛星を除いてほとんどが恒星だ.恒星の一生は次のように進む.

1．星間物質が重力で集まり収縮して恒星ができる.恒星の中心部は収縮により高温高密度になり,星間物質の主成分の水素原子は陽子と電子がバラバラになり,ぶつかり合う.中心の温度が1000万度を越えると4個の陽子からヘリウムができる核融合反応に火がつき,莫大なエネルギーを出して光る.これが「主系列星」の時代で今の太陽もそれに属する.

2．燃えるにしたがって中心部にヘリウムがたまり,発生するエネルギーも減ってくると,外のガスが再び中心に向けて落ち込んでくる.そのため中心部の温度が上がり,1500万度になると,今度はヘリウムが核融合をおこして燃え,さらに重い元素に変わる.燃えて熱くなるため再び星は膨張を始める.赤色巨星というのはこういう星だ.太陽ならこのとき地球の軌道まで飲み込んでしまうだろう.

3．ヘリウムが燃えた結果,酸素と炭素が残る.次の段階はこれが燃えるかどうかだが,それは重力で収縮して核融合反応に火をつけるために十分な質量があるかどうかで,さらに次のように分かれる.

①　太陽の3倍より小さい質量の星は燃えることができず,どんどん収縮し地球程度まで縮む.原子核と電子はバラバラになり,1 cm³が1000 kgにもなる高密度の白色わい星となる.

②　①より大きい場合は収縮により温度が4億度を越えると,炭素が反応を開始する.この反応が進むと,コントロールがきかなくなり,星全体が跡形もなく吹き飛ぶ.

③　②よりもっと大きい星では炭素は暴走せずに燃え,次第に重い

元素ができて，ついに最も安定な原子核である鉄になっていく．この段階で星はゆっくり収縮し，中心部が40億度を越えると鉄は急激にヘリウムに分解される．そのときは多量の熱を吸収するので中心部の圧力が下がり，星は崩壊する．つぶれて密度が $1\,cm^3$ あたり100億kgにもなると，それまで別々だった電子と陽子がひとつに押し込められて中性子になる．それがさらに収縮すると中性子同士が反発し合って爆発を起こす．これによって星の大半は吹き飛ばされるが，その後には中性子のかたまりである中性子星が残る．これは $1\,cm^3$ あたり1兆kgという高密度の超小型の星である．

④　質量がもっと大きい星は中性子の反発力より収縮が勝り，果てしなく収縮し「黒い穴＝ブラックホール」となる．

②③がいわゆる超新星爆発である．超新星爆発では星の内部で作られた原子核が空間に吹き飛ばされる．また爆発時の大量の中性子流の中で中性子が陽子と電子，ニュートリノへベータ崩壊を起こし，かつ中性子，陽子が結合して重い原子核の合成が生じる．この他にも①の赤色巨星のときにも表面から物質が少しずつ放出されている．

星間空間にばらまかれた諸々の原子核が星のもとになる星間物質である．それは $1\,cm^3$ あたり1個〜100個の原子からなるもので，星間ガスともいう．

右にある図2は，星の一生をまとめて描いたものである．この研究を進めていく上で，1つの指針となったのが，1956年に日本の3人の科学者

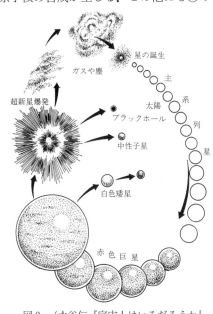

図2　（水谷仁『宇宙人はいるだろうか』岩波書店より転載）

(武谷三男，畑中武夫，小尾信弥)によって発表された"THO理論"（その内容については，文献10)を参照）で，当時は「と(T)てもほ(H)んとはお(O)もえない」と言われたりしたが，基本的に正しいこ

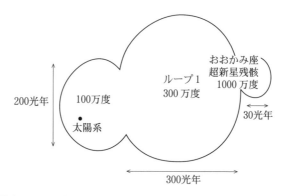

図3　太陽系をとりまく熱いガスの海には，ループＩと呼ばれるさらに巨大な泡が連なっている．そのむこうにも，おおかみ座超新星残骸が連なっているようだ．（池内了『宇宙のかたちをさぐる』岩波書店より転載）

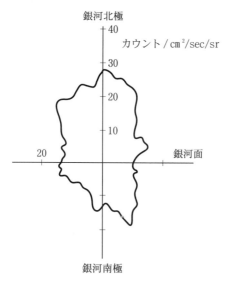

図4　太陽系を中心(座標原点)にディフューズ軟Ｘ線源の強度をプロットしたもの(田中ら1977)．この広がりが太陽系をとり囲む高温ガスの大きさに対応する．（松岡勝『Ｘ線でみた宇宙』共立出版より転載）

とが40年後の今，証明されている．

　その1つは，太陽系は，超高温（約100万Ｋ)のきわめて薄いガスに包まれていることがＸ線天文学によって明らかにされたことである(図3)．約100万年前の超新星爆発の名残りから強いＸ線が放出されているのが観測されたということだ(図4)．つまり，超新星爆発の

ときに生じる衝撃波(音より速く物体が動くとき生じる)が，宇宙空間を伝わるときに星間物質を集めるので，そこの密度が大きくなり，互いが引き合って，そこに新しい星が生まれていく．したがって，我々の太陽もおよそ50億年前の超新星爆発のときに生じた衝撃波がきっかけとなって，星間物質が集まり，そこに新しい星(我が太陽)が生まれたというシナリオである．

さて，我々の体を作る星間物質はどの位の量だろうか？ 体重が50 kgの人はもちろん50 kgの星間物質からできているのだけれど，それはどの位の体積の星間物質を集めたのかと言うことを考えてみることにする．

星間物質の主成分は，水素Hである．水素原子は6×10^{23}個で1 gになるから，星間物質1 cm^{3}中に水素原子10個とすれば，星間物質1 gの体積は，

$$1 \text{ cm}^3 \times \{(6 \times 10^{23}\text{個})/10\text{個}\} = 6 \times 10^{22} \text{ cm}^3$$
$$(6 \times 10^7 \text{ km}^3, \quad 6 \text{ 千万 km}^3)$$

である．したがって，50 kgでは，

$$6 \times 10^{22} \text{ cm}^3/\text{g} \times (5 \times 10^4 \text{ g}) = 3 \times 10^{27} \text{ cm}^3$$
$$= 3 \times 10^{12} \text{ km}^3 = 3 \text{ 兆 km}^3$$

になる．

ただし，我々の体の物質組成は星間物質と同じではないことを思い出そう．主成分の炭素C・酸素O・窒素Nなどは全部合わせても星間物質中に2～3％程度で，水素Hは約70％だから，実際に我々の体を作る星間物質は上の値より約30倍増えて，

$$9 \times 10^{28} \text{ cm}^3 \quad (9 \times 10^{13} \text{ km}^3, \quad 90 \text{ 兆 km}^3)$$

となる．

その値を地球の体積と比べてみる．

地球の体積は，$4\pi(6400 \times 10^5 \text{ cm})^3/3 = 1 \times 10^{27} \text{ cm}^3$だから，

$$9 \times 10^{28} \text{ cm}^3 / 1 \times 10^{27} \text{ cm}^3 = 90$$

つまり地球90個分の体積の星間物質が集まって，我々人間一人の体を作っていることになる．

　人の命の「重み」をちょっと別の面からも感じとれるのではないだろうか．

●参考文献……………………

1）　水谷仁『宇宙人はいるだろうか』，岩波ジュニア新書，岩波書店，1986．

2）　野本陽代『超新星 1987 A に挑む』，ブルーバックス，講談社，1989．

3）　池内了『宇宙進化の構図』，大月書店，1989．

4）　松岡勝『X 線でみた宇宙』，共立出版，1986．

5）　海部宣男『宇宙の謎はどこまで解けたか』，新日本出版社，1995．

6）　『理科教室』，新生出版．"特集：天体の学習"，1982 年 7 月号，"特集：地球と宇宙"，1990 年 10 月号，"特集：子どもが知りたい宇宙"，1992 年 11 月号．

7）　杉本大一郎編『星の進化と終末』，現代天文学講座，恒星社厚生閣，1992．

8）　宮本昌典編『銀河系』，現代天文学講座，恒星社厚生閣，1980．

9）　池内了『宇宙のかたちをさぐる』，岩波ジュニア新書，岩波書店，1988．

10）　甲斐敬造『太陽のドラマ』，岩波ジュニア新書，岩波書店，1980．

11）　稲田晃「星空のロマンから科学的ロマンへ」，理科教室，新生出版，1982 年 7 月号．

　　　　　　　　　　　　　　　　　　　　　　　　　　　　［和田敏明］

129−宇宙に果てはあるのか

　我々の宇宙の果てはどうなっているのか．それはまだはっきりわかっているわけではない．現在の物理学ではどこまで考えることができるだろうか．

　宇宙の果てについては2つの問題がある．1つは，実際の宇宙の果てがどうなっているかということ，もう1つは，私たちが見ることのできる限界があるかということである．

●宇宙のモデルと宇宙の果て

　前提として，我々の宇宙では次のことが成り立つとする．

　①　アインシュタインの一般相対性理論が成り立つ．

　②　宇宙はどの場所でも一様，どの方向にも同じである（もちろん
　　　銀河をたくさん含むような大きい範囲についてのことである）．

　この仮定は現在の観測事実，物理の法則によく合っている．その下でどんなことがいえるか．一般相対性理論は時空の変化を記述する．空間が球対称で時間が一様な場合の時空の様子を表す計量はロバートソン-ウォーカー(Robertson-Walker)計量とよばれ，次の形に書ける．

$$ds^2 = c^2 dt^2 - R^2(t)\left\{ \frac{dr^2}{1-kr^2} + r^2(d\theta^2 + r^2 \sin^2 \theta d\varphi^2) \right\}$$

ここで r は無次元の動径変数，R は長さの次元をもつ．

　むずかしそうに見えるが，こういうことである．なじみのユークリッド空間なら，2点間の距離の2乗 $dx^2 + dy^2 + dz^2$ は極座標を用いて $dr^2 + r^2(d\theta^2 + \sin^2 \theta d\varphi^2)$ とかける．これとの違いが空間のゆがみを表しているのである．なお，第1項があるのは相対性理論によって時間座標が加わったからである．ds が時間空間を含む距離になる．光線が時間とともに延びてゆく有様(世界線)は $ds^2 = 0$ で定まる．

フリードマン(A.Friedmann,1888-1925)はこの計量に基づいて R の方程式を作り，解いて宇宙のモデルを示した．解は 3 種に分かれる．

① $k=-1$：　開いた無限の宇宙で永遠に膨張を続ける．2 次元のモデルで考えると馬の鞍のような面（負の曲率）．もし曲面上で平行線を引けば間隔がどんどん大きくなる．三角形を

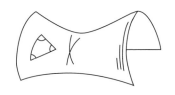

作れば，内角の和は 180 度より小さくなる．このような宇宙は膨張の運動エネルギーが引き戻す重力のエネルギーより大きいときにできる．

② $k=0$：　平坦な空間だが，無限に膨張を続ける．R が時間 t の 3 分の 2 乗に比例して増加する．アインシュタイン - ド・ジッター(Einstein-de Sitter)模型と呼ばれる．

③ $k=1$：　閉じた有限の宇宙で膨張しているが，やがて収縮に転じる．端がないが有限である．これは奇異に感じられるだろうが，2 次元のモデルでは球面のような面（正の曲率）で表面積は有限だが境界はない．もし平行線（ここでは大円）を引けば必ず交わり，三角形の内角の和は 180 度より大きい．このような宇宙は膨張のエネルギーより引き戻す重力のエネルギーの方が大きい場合である．

どのモデルにも「果て」はない．R は宇宙の半径のように見えるが，$k=1$ のときに宇宙が 4 次元空間の半径 R の球の表面と見なせるというだけで，他の場合には「典型的長さ」という意味しかない．もともと「宇宙のどこで観測しても，またどの方向を観測しても全く同じ」というものであるから，はじめから「端がない」ことを仮定してしまったとも言える．宇宙膨張について実際にハッブルがこの予測通りの発見をしたとき，フリードマンはすでに亡くなっていた．

どのモデルが実際に適合するかは観測で確かめるしかない．S. バールハムッター，B. シュミット，A. リースは，超新星爆発の観測から，宇宙の加速膨張を発見し，2011 年度ノーベル物理学賞を受賞した．加速膨張の原因として，ダークエネルギーが検討され研究が続けられている．

●我々が見ることのできる宇宙の限界

　望遠鏡で空をどこまでも見ることができるだろうか．実は見える範囲に制限があり，そこから先はどんなに性能の良い望遠鏡を作っても決して見ることはできないという，宇宙の地平線が存在することが考えられる．それは膨張する宇宙の遠くで発した有限の速さの光が，現在の地球に到達できるかという問題になる．

　光の伝播は一般相対性理論で考えなければならない．先のロバートソン‐ウォーカー計量で角度の変化を 0 とし，r 方向だけ考えれば，

$$ds^2 = c^2dt^2 - R^2(t)\frac{dr^2}{1-kr^2}$$

となる．この空間での光の進行は

$$ds^2 = 0 \qquad すなわち \qquad c^2dt^2 = R^2(t)\frac{dr^2}{1-kr^2}$$

から定まる．したがって光が時刻 $t=0$ に $r=0$ を出て時刻 t に r に達したとすると

$$c\int_0^t \frac{dt'}{R(t')} = \int_0^r \frac{dr}{\sqrt{1-kr^2}}$$

が成り立つ．$r=0$ と r との同時刻 t における「固有距離」は

$$l_{\mathrm{prop}}(t) = R(t)\int_0^r \frac{dr}{\sqrt{1-kr^2}}$$

で与えられ

$$l_{\mathrm{prop}}(t) = R(t)\int_0^t \frac{cdt'}{R(t')}$$

に等しい．この距離を求めれば，それが光が伝わってくる範囲の限界を与える．計算の結果は次のとおり：

　① $k=0$ のアインシュタイン‐ド・ジッター モデルでは

$$R(t) = R_0\left(\frac{3}{2}H_0t\right)^{\frac{2}{3}}$$

であり，これを用いると $l_{\mathrm{prop}}(t) = 3ct$．よって t_0 を宇宙の年齢とすれば $3ct_0$ が宇宙の地平線までの固有距離になる．これはしかし宇宙の年齢とともに広がっていく．光が $3c$ で伝わったように見えること

330

に注意.

② $k=1$ の場合. 計算は参考文献によって行うが, そこに出る減速パラメーター q_0 を1とおけば

$$l_{\text{prop}}(t_0) = \frac{\pi c}{2H_0}$$

が得られる. l は c/H_0 の程度になる. ただし H_0 はハッブル常数で, H_0^{-1} は 13×10^9 年程度なので, 見える範囲も 10^{10} 光年くらいということになる.

③ $k=-1$. この場合も①と同じように地平線は時間とともに広がっていく.

このように, 見える限界も宇宙の様子で決まる.

H_0^{-1} は宇宙の年齢と見なされるので, 上のすべての場合について, 宇宙の年齢を t_0 年とすれば, 見える範囲は t_0 光年となる.

我々がまわりの世界を見るとき, それは現在の姿を見ていると思っているが, 実は距離が遠いほど昔の姿を見ている. いま友達があちこちにいるとして, 遠くの人ほど若い姿を見ている. そう考えると, 現在の私と関係してい

A　　B　　C

るのは, いま握手している A 君だけということにもなる. これは現在の状態はそこに接触しているものによって決まるという場の考え方でもある.

●参考文献

S. Weinberg, Gravitation and Cosmology, Wiley and Sons, 1972.
A. ウンゼルト『現代天文学』, 小平桂一訳, 岩波書店, 1978.

[森岡　隆・上條隆志]

130−究極の理論は存在するか

　化学の基本法則に質量保存の法則があり，化学反応の前後で反応に
関与した物質の質量は保存していると述べている．しかし，原子核の
反応では質量保存の法則は成り立たない．原子は，質量のほぼ 100 ％
を担う，大きさが原子の 10^{-5} ほどの原子核と，それをとりまく電子
からなっている．原子核は陽子と中性子からできているが，これらの
結合力は化学結合に比べ桁違いに強く，また相対論によればエネルギ
ーは質量でもあるので，その結合エネルギーの寄与が無視できないか
らである（「質量とは何か」の項目を参照）．化学反応で成り立った法
則もよりミクロな世界の原子核反応では成り立たず，より普遍性のあ
るエネルギーの保存の法則に置き替わる．
　法則は人類が限られた経験から抽出したもので，その法則を抽出し
た経験領域を越えて適用すると，適用限界に遭遇することがある．上
の質量保存の法則がこの例である．また，ニュートン力学は光速に比
べ十分に低速な惑星の運動や地球上の物体の運動から抽出されたもの
で，光速に近い運動には相対論を使わねばならず，また原子のミクロ
の世界も 19 世紀までは未経験の世界であって，そこではニュートン
力学とまったく異質な量子力学と呼ばれる法則が支配していることを
20 世紀の初頭に科学者は知ることになる．
　自然法則は経験法則である以上，未経験の世界に適用できる保証は
どこにもない．こういうと神秘主義者や反科学論者に悪用されそうで
あるが，ここでいう未経験の世界とは何を意味するのかを正確に理解
しておく必要がある．前に述べた化学反応の質量保存の法則は無数に
あるすべての化学反応について確かめられたわけではない．では，未
検証の化学反応については何もいえないのであろうか．これは否であ
る．「質量とは何か」の項目で説明してあるように，この法則の背景

には素粒子の世界でのエネルギーの保存の法則があり，化学結合のエネルギーが静止質量エネルギーに比して無視できれば成り立つ法則であることを知っている．

　この例からも分かるように，理論的に掘り下げて理解され，ほかの法則と組み合わせると，未経験と呼ばれる範囲は神秘論者が喚（わめ）くほど広くはない．たとえば地球上の物質は分子，原子からできているのはよいとして，手にしたことのないほかの星々の物質はどうであろうか．温められた原子・分子のガスは，その分子・原子固有の光を出し，冷えたガスは，その分子・原子によって決まった波長の光を吸収することが分かっている．このことを使うと光を放つ星々はそれらが発する光やその吸収スペクトルを分析することにより，我々と同じ原子からできていることが分かる．

　では観測したことのない星はどうであろうか．これには次のような議論が解答を与える．星々は遠い星ほど我々から早く遠ざかっているという観測事実からビッグバン理論が生まれたが，この学説は，今から約100億年ほど前に我々の宇宙は大変な高温・高密度の状態にあって，それが急速な膨張を始め今も膨張を続けている，と述べている．初めクォークのスープであった物質がある程度まで膨張して冷却すると，クォークが結合して中性子ができ，さらに時間がたつと中性子は一部崩壊して陽子と電子が生まれる．さらに時間が経過すると陽子や中性子が反応していろいろな原子核ができて，さらに冷却するとプラスの電荷をもった原子核は負の電荷をもった電子を獲得して中性化し現在の原子ができた，とこの学説はいう．この説に従えば宇宙にある水素原子とヘリウム原子などの存在比率が計算できる．これは観測事実をよく説明している．そのほかにもこのビッグバン宇宙論の予言は我々の宇宙の性質をよく説明するので，細部は別として基本的な道筋は正しい理論と考えられている．そしてこの説が正しければ，宇宙の物質の構成要素は我々の地球のものと同時につくられたのであるから同じであると考えられる．アンドロメダ星雲に惑星があってもそこでは地球上と同じ法則が支配しているといってよい．しかし，ビッグバン初期のような高温・高密度で成り立つ法則は知らない．いわんやビ

ッグバン以前については理論的にも経験的にも発言できる知見は現時点では何もない．

　これで分かったように，未経験の世界とは，経験したことのない高エネルギーの世界とか，高密度や超ミクロの現象のように物理的条件で表わされる極限現象の世界のことである．このような極限現象を考えれば法則に適用限界が現われると考えられる．しかし，世の科学者には最終法則や究極物質があると考える人もいる．ここから先は自然観や哲学に属す部類の議論で，経験科学である自然科学の議論では黒白はつけられない．しかし最終法則があるとすると何が生じるのかは議論できる．液体の水の運動は水の比重や粘性の度合いを決めれば具体的形が決まる流体方程式で記述される．しかし，水の粘性などはこの方程式からは決まらない．これを決めるには水が何からできているのかの議論がいる．これを記述する方程式は，水を構成する原子核や電子の性質を決めれば具体的形が決まる量子力学の方程式である（この世界ではもはや水の概念はないので流体方程式の適用限界を越えた世界である）．では，原子核をつくる陽子や中性子の質量はいかにして決まるかと問えば，陽子はクォークからできているのでクォークを記述する方程式が必要になる．もし最終方程式があったとすると，なぜこの方程式がこの形をしているのかが説明できない．あえて説明するには神をもち出す必要が出てくる．最終法則自身がその形を決めているのであると強弁する人がいるが，たとえそうだとしても，そこに登場する概念が登場せねばならぬ理由が説明できない．

　私は自然にあるできごとはいつでも自然になぜかと問えるとの唯物論の立場をとっているので，最終法則，最終構成要素は存在せず，理論には必ず適用限界があるものと考えている．

　　　　　　　　　　　　　　　　　　　　　　　　　［益川敏英］

131−宇宙線──霧箱で見える飛跡は何？ 何本見える？

●宇宙線とは何か？　どのようにして発見されたか？

　ガラスを絹でこするなどして物体を帯電させることができる．帯電した物体をそのまま放っておくと，まわりとしっかり絶縁しておいても電気はだんだんなくなっていく．この原因のひとつには，空気中にある湿気のために空気が電気を伝えて逃げていくということがある．しかし乾燥した空気中でも電気は逃げていく．

　近傍の空気が何らかの理由でイオン化されていると，そのイオンが物体につくと電荷が中和されて帯電は減少していく．空気に放射線を当てるとこのイオン化(電離)作用が強く起こるので，地面にあるラジウムなどの放射性元素から出てくる放射線がこの原因だとはじめは考えられた．しかし，調べてみると，海の上でもエッフェル塔の上でも，同じように電離作用が起きていることが分かり，また1912から1915年頃の気球による観測によって，地面から離れると最初は減少するものの，高空へ行くと逆にこの作用が強くなることが確かめられた．地面からの放射線だけではなく，上空から降ってくる放射線があることの発見である．これが宇宙線だ．はじめのうち，それはX線やγ線のような電磁波だろうと考えられていたが，実はそのほとんどは荷電粒子であることが分かった．

　宇宙線は大別して1次宇宙線と2次宇宙線に分かれる．1次宇宙線とは外から地球にぶつかってくる放射線の総称である．その大部分は陽子で，残りはアルファ線であるヘリウムの原子核，リチウムの原子核，ベリリウムの原子核などなど，その他いろいろな元素の原子核である(337ページの表1参照)．鉄の原子核よりさらに重い元素の原子核まで含まれている．その他に重い原子核の1/100くらいの高エネルギーの電子と低い強度のγ線もある．

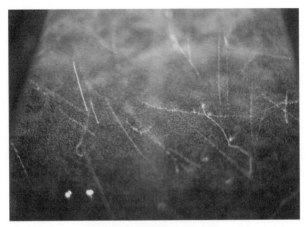

図1　科学博物館地下の霧箱

　この1次宇宙線が地球の大気に突入すると，空気の分子と衝突し，たくさんの粒子を作り出す．そこで生まれる粒子を総称して2次宇宙線という．

　では1次宇宙線はどこから来るのか．宇宙線は太陽から来るのではないかという考えもあったが，日食のとき観測しても宇宙線は減らないので，ある部分は太陽から来るものの，ほとんどはそうではない．表1のように陽子とその他の原子核は宇宙空間に存在しているのでそれらが飛来していると考えられる．このうち重い原子核は主として超新星爆発で形成されるので，おそらく超新星がその源として重要な役割をもっていると考えられている．宇宙線がどこから来るのか，またどのような仕組みで高いエネルギーをもつようになるまで加速されるのかについては現在も研究が続けられている．

　宇宙線を見るにはどうしたらよいだろうか．宇宙線の粒子は目に見えないが，通った後の飛跡は目に見ることができる．図1は上野の国立博物館にある霧箱である．白い飛行機雲のようなものが宇宙線の飛跡だ．

　水蒸気で飽和した空気の中を飛行機が飛ぶと，その後に水が凝縮して飛行機雲ができる．それと同じように，霧箱の中を水またはアルコールの蒸気で満たし，急激にピストンを動かして断熱膨張で温度を下げ

(あるいは液体窒素などを接触させて温度を下げ)るなどすると過飽和状態ができ，その中を宇宙線の粒子が通過すると(イオン化された空気の分子を核にして)霧粒ができるのである．霧箱は宇宙線を見る手段のひとつで我々でも簡単に作れる．図1の国立科学博物館の霧箱ではアルコールの蒸気を満たして，下から液体窒素で冷却して過飽和状態を作り出し，横から照明を当てて，宇宙線の飛跡を見ている．霧箱を見ていると次々に飛跡が現れる．この飛跡をつくっているものの正体は何で，一体どのくらい地上に降ってくるのだろうか．

●霧箱で見える飛跡は何？　何本見える？

次ページの図2に大気の頂上からの深さ z（そこまでの，単位断面積の空気柱の質量）の関数として，そこの単位面積を鉛直上方から単位立体角1strを通って単位時間に通過する宇宙線の陽子，μ粒子，電子の数を示す[1]．これは地磁気緯度50°での値だから北海道より北になるが，大目に見ていただく．

この図では高度は地上からの距離ではなく，大気の頂上からの深さで表している．その単位は空気の単位面積あたりの質量kg/m²，すなわち大気圧/重力加速度である．

大気の頂上 $z = 0$ から地球に降り注ぐ1次宇宙線は90%強が陽子pである（表1）．図2によれば，その数は約 10^3 個/(m² s str)であり[*]，入射1次線は等方的だから，あらゆる方向からの入射を総計するために立体角 2π str をかければ約 6×10^3 個/(m² s)となる．だいたい1cm²あたり毎秒1個である．

いま，$E = 10^{15}$ eV の陽子が大気に鉛直に入射したとしよう[3]．簡単のために大気は酸素だけからできているとすれば，深さ z までの大気中の酸素原子の数/m²は

$$N(z) = \frac{z}{(16 \times 10^{-3}\,\mathrm{kg})} \times (6.02 \times 10^{23})$$

---

[*] str は立体角の単位，steradian．点 O に頂点をもつ錐が，O を中心とする単位半径の球面から単位面積を切りとるとき張る立体角のこと．

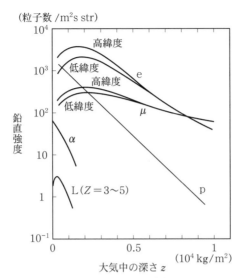

図2 宇宙線成分の鉛直強度，大気の深さ z の関数として示す．地表は $z = 1.01325 \times 10^4\,\mathrm{kg/m^2}$ である（標準大気）．e: 10 MeV 以上の電子，陽電子，μ: μ 粒子（あらゆるエネルギー），p: 運動エネルギー 400 MeV 以上の陽子，L: 軽い原子核（小田稔『宇宙線』裳華房より）

表1　元素の存在比[2]

元素	宇宙線	太陽	銀河
p	94.1	92.5	92.1
α	5.5	7.4	7.8
O	1.4×10^{-1}	8.2×10^{-2}	8.5×10^{-2}
C	1.6×10^{-1}	4.7×10^{-2}	4.9×10^{-2}
B	4.4×10^{-2}	2.2×10^{-8}	2.2×10^{-8}
N	4.4×10^{-2}	8.6×10^{-3}	8.7×10^{-3}
Mg	3.4×10^{-2}	3.7×10^{-3}	3.8×10^{-3}
Ne	3.2×10^{-2}	8.2×10^{-3}	8.5×10^{-3}
Si	2.4×10^{-2}	3.5×10^{-3}	3.6×10^{-3}
Fe	1.8×10^{-2}	3.1×10^{-3}	3.3×10^{-3}

であるから，酸素の原子核（質量数 $A = 16$）との衝突断面積を原子核の断面積 $\sigma = \pi (1.5 \times 10^{-15}\,\mathrm{m}\ A^{1/3})^2$ とすれば，陽子が酸素の原子核と衝突するまでの平均の深さ（平均自由行路）z は，$N(z)\sigma = 1$ から

$$z = \frac{16 \times 10^{-3}\,\mathrm{kg}}{(6.02 \times 10^{23}) \cdot \pi (1.5 \times 10^{-15}\,\mathrm{m} \cdot 16^{1/3})^2} \tag{1}$$
$$= 5.9 \times 10^2\,\mathrm{kg/m^2}$$

となる[5]．これは気圧にすれば，重力の加速度を g として $P = gz = 5.8 \times 10^3\,\mathrm{Pa}$ である．標準大気の表[4]から，これは地表からの高さ

$$h = 19.7\,\mathrm{km} \tag{2}$$

の位置になる．成層圏であるが，飛行機の飛ぶ高さのおよそ2倍だ．

　この核衝突の結果，核子，反核子などの生成とともに中間子の多重発生がおこり，核子の静止エネルギーを Mc^2 として，およそ

$$\left(\frac{E}{Mc^2}\right)^{1/4} = \left(\frac{10^{15}\,\mathrm{eV}}{938\,\mathrm{MeV}}\right)^{1/4} = 30\,\text{個} \tag{3}$$

の中間子（主として π）が生ずる．衝突する陽子のエネルギー E のおおよそ半分が多重発生につかわれるので，中間子の平均エネルギーは $10^{15}\,\mathrm{eV}/(2 \times 30) \sim 10^{13}\,\mathrm{eV}$ となる[*]．

　多重発生する中間子のおよそ $1/3$ は中性パイ中間子 π^0 で，平均寿命 $8.4 \times 10^{-17}\,\mathrm{s}$ で2つの光子に崩壊する．その光子は空気の原子核に当たって電子-陽電子の対をつくり，その電子，陽電子は原子核に当たって光子をだす．その光子がまた電子-陽電子の対をつくり，…というくりかえしで電子と陽電子が増殖する．図2の示す電子成分はこうして生まれるのである（カスケード）．もちろん，増殖のたびに電子のエネルギーは減るから，やがて増殖は止み電子は空気の原子核と衝突をくりかえしてエネルギーを消耗し，宇宙線から脱落する．図2の電子成分の強度が高度が下がるにつれていったん増え，それから減少に転じる（極大をもつ）のはそのためである（340ページの図3）．

　多重発生する荷電 $\pi^{\pm}$ 中間子はというと，エネルギー ε の中間子は $\varepsilon = (140\,\mathrm{MeV}) \cdot \gamma$ できまるローレンツ因子 γ をもち，寿命が，静止しているときの $\tau_0 = 2.6 \times 10^{-8}\,\mathrm{s}$ に比べて $\gamma\tau_0$ に延びる．そのために，高いエネルギー ε の $\pi^{\pm}$ 中間子は崩壊する前に空気の原子核に衝突し

---

[*] 本当は，重心系に移って考える．重心系で後ろ向きに出た中間子は，実験室系では低エネルギーのグループになる．

て，これを破壊し再び中間子などを発生させる．低いエネルギーの $\pi^{\pm}$ 中間子は，核衝突をする前に崩壊する：

$$\pi^+ \longrightarrow \mu^+ + \nu_\mu, \qquad \pi^- \longrightarrow \mu^- + \bar{\nu}_\mu$$

ν_μ はニュートリノ，$\bar{\nu}_\mu$ は反ニュートリノである．こうして生まれた μ 粒子は寿命が 2.2×10^{-6} s と長く核とも相互作用しないので，地上に降り注ぎ，地中深く突き通ってゆく[*]．ただし，μ は電荷をもっているので，それを通して空気や地殻の原子と衝突し，エネルギーを消耗する．図2で μ の強度が z の増加とともに減少するのはそのためである．ただし，質量が大きいだけに消耗は電子ほどではなく，強度の減少も電子よりは緩やかである．

　いま，$\pi^{\pm}$ のエネルギーを高い/低いで区別したが，その境界はどのへんにあるだろう？　標準大気の表によれば $h = 19.7$ km あたりの空気密度は 0.1 kg/m^3 の程度だから，$\pi^{\pm}$ の核衝突の断面積を $\pi(1.5 \times 10^{-15}$ m $\cdot A^{1/3})^2$ とすれば，$\pi^{\pm}$ の平均自由行路 λ は

$$\lambda = \left(\frac{(0.1 \text{ kg/m}^3) \cdot (6.02 \times 10^{23})}{16 \times 10^{-3} \text{ kg}} \cdot \pi(1.5 \times 10^{-15} \text{ m} \cdot A^{1/3})^2 \right)^{-1}$$
$$= 5.9 \times 10^3 \text{ m} \tag{4}$$

となる．この距離をローレンツ因子 γ だけ延びた寿命 $\tau_0 = 2.6 \times 10^{-8}$ s の間に光速 c で飛ぶとすれば $c\gamma\tau_0 = \lambda$ から

$$\gamma = \frac{\lambda}{c\tau_0} = \frac{5.9 \times 10^3 \text{ m}}{(3 \times 10^8 \text{ m/s})(2.6 \times 10^{-8} \text{ s})} = 7.6 \times 10^2$$

となる．したがって，高/低を分ける $\pi^{\pm}$ のエネルギーは

$$\varepsilon_c = (140 \text{ MeV}) \cdot (7.6 \times 10^2) = 1.1 \times 10^{11} \text{ eV} \tag{5}$$

である．これは(3)の下で示した平均エネルギーよりかなり低いが，338

---

[*] 寿命が 2.2×10^{-6} s であれば，たとえ光速で動いたとしても 6.6×10^2 m しか進めないと思うかもしれないが，相対性理論にでてくるローレンツ因子 $\gamma = \sqrt{1 - \left(\frac{v}{c}\right)^2}$ を用いれば，速さ v で運動しているものの上では地上の時計で時間 t がたつあいだに時間は γt しか進まない．たとえば μ 粒子が 5×10^8 eV のエネルギーを持つと平均寿命は 10.4×10^{-6} s に伸びてその間に平均 2.98 km 進む．高空で作られた μ が地上，あるいは地下まで到達するのはこの寿命の延びのためである[6]．

ページの脚注で注意したように中間子には低エネルギーのグループがある.

読者は不審に思っているだろうか？ ローレンツ因子による寿命の延びを π^0 のときには考えなかった. それでよかったのか？ もちろん，いけない. しかし，π^0 の静止寿命は 8.4×10^{-17} s という短さである. これを γ で延ばした時間に光速 c で(4)の距離 λ を飛ぶためには，$\gamma = 2 \times 10^{11}$ が必要で，π^0 のエネルギーは 3×10^{19} eV となり，最初の陽子のエネルギー 10^{15} eV をはるかに超えてしまう. これは不可能である.

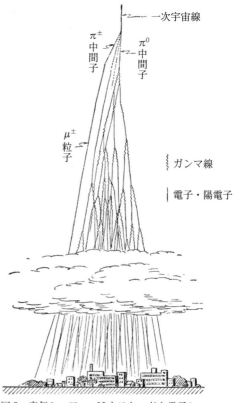

図3 空気シャワー. N カスケードと電子シャワーからなる（朝永振一郎編『宇宙線の話』岩波新書，p.166 より）

こうして高エネルギーの一次宇宙線(陽子)が空気の原子核に衝突すると何がおこるか，その概略はわかった. 衝突では π 中間子に加えて核子，反核子などが奔流のようにつくりだされジェットとよばれる. 核子，反核子とエネルギーが(5)の ε_c より高い $\pi^{\pm}$ は，再び核衝突をしてジェットをつくる. これらは N 粒子と総称され，これらがおこすジェットの消長は N カスケードとよばれる. これは π^0 に始まる電子シャワーをともなう.

地上に到達する N カスケードは半径が高々数メートルの程度であ

るが，電子シャワーは半径100メートルにおよぶ（図3）．ここでは10^{15} eV の陽子にはじまるシャワーを考えたが，もちろんエネルギーのもっと高い衝突もあれば低い衝突もある．

地上で霧箱で見ると

　図2にもどろう．地上で，たとえば霧箱で見ると，見えるのは主にμで，屋根のないむき出しのところでは，その1/3くらいの電子が見えるだろう．図2によれば，地上$z \sim 100\,\mathrm{kg/m^2}$での$\mu$の鉛直強度は100個$/(\mathrm{m^2\,s\,str})$である．強度の天頂角分布は$\cos^2\theta$だというから，あらゆる方向からの入射を総和すれば

$$10^2 (\mathrm{m^2\,s\,str})^{-1} \cdot 2\pi \int_0^\pi \cos^2\theta \sin\theta\,d\theta = 200/(\mathrm{m^2\,s}) \tag{6}$$

となる．だいたい霧箱の断面積$1\,\mathrm{cm^2}$に1分あたり1個と思えばよい．

●参考文献⋯⋯⋯⋯⋯⋯⋯⋯⋯

1) 小田 稔『宇宙線』，裳華房．p.208.

2) 早川幸男『宇宙物理学』，岩波講座・現代物理学の基礎，p.14 と p.374 の表から計算した．

3) 朝永振一郎編『宇宙線の話』，岩波新書．以下は，この本の p.167-169 の筋書きを計算でチェックすることになっている．図3は p.166 からとった．

4) 国立天文台編『理科年表』，丸善．

5) 衝突断面積および平均自由行路については，江沢 洋『現代物理学』，朝倉書店の p.147-153 などを参考にしてほしい．p.153 の(6.22)式にここで出てきた平均自由行路の式が与えられている．なお『原子炉ではない容器の中で，なぜ核分裂連鎖反応が起こったのか』の項も参照．

6) 江沢 洋『相対性理論とは』，日本評論社(2005)，p.79-84

［江沢 洋］

増補4─光の色について，ニュートンが考えたこと

●光の色についての，ニュートン以前の理論

　古代ギリシャのアリストテレスの時代から 17 世紀までは，純粋な光の色は白であると考えられていた．白色の太陽光が物質を通り抜けたり，反射するとき，物質がもつ「闇」が混ざり合うことによって，青や赤や，いろいろな色の光ができると考えられた（**光の変容説**または**光の変化説**）．加わる闇が増えていくにしたがって，白から黄，赤，紫，緑，青，黒の順で光の色が変化していく．ろうそくの光が赤いのは，もとの火の白色光にススの闇が加わるからだとされた．

　三角プリズムに太陽光を入射させると，反対側の壁に虹色のスペクトルを見ることができる．それを，この古い考え方では次のように説明した．プリズムは透明に見えるが，そこにも実は多少の闇が含まれていて，太陽光がプリズムを通過するとき，内部の闇が加わり色が変わる．光の色はプリズム内を通過する距離で決まり，薄い部分を通った光は加わる闇の量が少ないので赤くなり，厚い部分を通った光は，闇を多く含み紫になる．つまり光はもともと白色だが，反射や屈折・透過によって色が生じるという考えである．

●ニュートンの色の革新的理論とそれを裏付けた実験

　ニュートンはこの理論を否定し，光はもともと異なる固有の色を持つ，要素的な光が集まってできていることを示した．単色光のあつまりである太陽光は，白色に見えているが，プリズムに入射するとそれぞれの光の屈折率が違うので，屈折率の大きな紫の光は大きく屈折し，屈折率の小さな赤の光は小さく屈折し，異なる向きに進み分かれて壁に虹をつくる．**ニュートン**は多くの実験をとおしてこの事実を示した．

　ニュートンは光の粒子説の代表的人物とされているが，このときは

光の正体をどう考えていたのか．**ニュートンの『光学』**（1704 年の初版は英語版）で，ニュートンは次のように，光の最小単位を「射線」と定義した（文献 2．島尾永康訳）．

定義 1　光の射線とは，**光の最小粒子**であって，異なる直線上で同時に存在するばかりでなく，同一の直線上で相継いで存在するものとする．

　この色の「最小粒子」の原語は part であって particle ではない．ニュートンは，そう考えた理由として，光のある部分を他の部分と無関係に止めたりすることができるということをあげている．したがって最小部分がありその part を「射線」と呼んだので，「粒子」とはっきり書かれているわけではない．

●ニュートンの実験の再現をする

　ニュートンは，太陽光を光源とし，ありふれた 1 シリング程度の安価なクラウンガラスのプリズムを用いて実験を行った．筆者は，アクリル板で，図 1 のような大きな三角柱をつくり，中に水を入れてプリズムとした．ニュートン自身もガラス板でつくったものも使用している．また光源は，太陽は高度が時間につれて変化するので，筆者

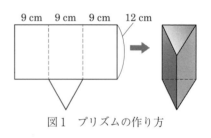

図 1　プリズムの作り方

は安定した光源として RGB のビデオプロジェクターを使用し，これにパソコンをつないで，パソコン上でいろいろな色や図形の画面をつくり，出力して投影できるようにした．プロジェクターとプリズム間の距離は 0.5 m 程度，プリズムから投影するスクリーンの白い紙までの距離は 4 m 程度である．

・実験1「色の異なる光は屈折性の度合いも異なる」（ニュートン『光学』第Ⅰ編 第Ⅰ部 命題Ⅰ 定理Ⅰ）

　ニュートンは，赤と青の紙に太陽光をあてて，プリズムを通して見ると，青と赤の位置がずれることを確かめた．ここでは図2のように，パソコン画面上に赤と青と半分ずつになった画面をつくり，縦のスリットを通した後で**プリズム**で屈折させ投影する．赤と青で屈折率が異なるので，細長い像がここでは左右にずれる．

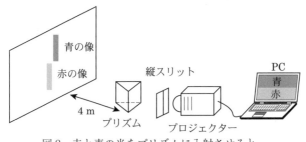

図2　赤と青の光をプリズムに入射させると，
　　　赤と青の像がずれる

・実験2-1　「太陽の光は屈折性の異なる射線からなる」（第Ⅰ部 命題Ⅱ 定理Ⅱ）

　ニュートンは太陽光を丸い穴を通してプリズムにあてると，像は丸くならず，両端はぼんやりと半円形をしているものの全体は長い短冊状になることを観察した．白色光は屈折角の異なる多くの成分からできていて，屈折角が異なるから細長く伸びるというわけである．ここでは図3のようにパソコンで白色画面をつくりそれをプロジェクターから丸い穴を通してプリズムで屈折させスクリーンに投影する．細長い虹の像ができる．虹ができるのは白色光は多くの色の集まりでできているからである．

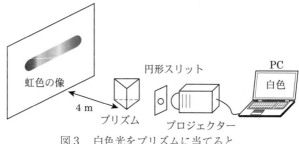

図3　白色光をプリズムに当てると，
　　　細長い虹色の像ができる.

・**実験 2-2**　前項の命題の補強で，プリズムで分かれた光の部分を取り出してまたプリズムで屈折させても，色と屈折角は全く同じ.

　白色光をなす，各色の光成分はそれだけ取り出すと決まった性質をもつ不変な成分であることを示す. この実験をニュートンは色の理論の「決定的証拠」と言ったと伝えられる. ニュートンは太陽光をプリズムで屈折させて**分光**した中から一か所の光を選んでもう一度プリズムで屈折させたが，筆者は，図4のように，簡易版で，はじめからパソコンの赤い画面を作り，プロジェクターの赤い光を，スリットを通してプリズムで屈折させた. 赤い光の色は変わらずまた屈折角もいつも同じであることが示される.

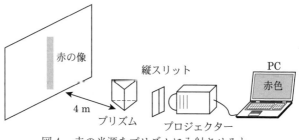

図4　赤の光源をプリズムに入射させると，
　　　赤色の像になる.

・実験3 「屈折光または反射光における色の現象は，光と影のさまざまな境界に応じて，さまざまに加えられた光の新たな変改によって引き起こされるのではない」（第Ⅱ部 命題Ⅰ定理Ⅰ）ことの証明.

　この命題自体は，従来の理論の否定を述べたものだが，ここでニュートンは，プリズムによって虹に分光した光をレンズによってスクリーン上に集めると白色光に戻り，スクリーンを傾けると色が変わるという決定的な実験を示した.

　筆者は図5のように，パソコンの白い画面をプロジェクターに出力し，その光を，丸い孔を通してプリズムで屈折させ，一度虹に分けた光を，レンズで焦点に集めると，再び白色になった．フレネル・レンズを使うと大きくて薄いものがあるので便利である．フレネル・レンズは読書用などでよく売られている.

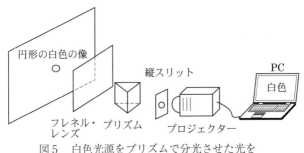

図5　白色光源をプリズムで分光させた光を
　　　フレネルレンズで集めると，白色に戻る.

●参考文献……………………
1）渡辺正雄編『ニュートンの光と影』，共立出版，1982.
2）ニュートン『光学』，島尾永康訳，岩波文庫，岩波書店，1983.

[川島健治]

増補5−重力が光線を曲げる！
一般相対性理論の予言

●一般相対性理論の衝撃——1919年の観測

1915年の A. アインシュタインによる一般相対性理論の完成後，それを裏付ける歴史的な発見が次々とあった．なかでも太陽による光の湾曲の観測は，理論の名を大きく広めた．

アインシュタインの一般相対性理論によれば，質量 M の球体の中心から距離 r_0 だけ離れたところを通過する光は

$$B = \frac{4GM}{c^2 r_0} \tag{1}$$

という角度だけ曲がる．これを湾曲角という．太陽のそばを通る光の場合，c は真空中の光速 3.00×10^8 m/s，重力定数 $G = 6.67 \times 10^{-11}$ m³/kg s²，太陽質量 $M = 1.99 \times 10^{30}$ kg，太陽半径 $r_0 = 6.96 \times 10^8$ m とすれば湾曲角は，単位を秒に直して

$$B = \frac{4 \cdot 6.67 \times 10^{-11}\ \text{m}^3/\text{kg s}^2 \cdot 1.99 \times 10^{30}\ \text{kg}}{(3.00 \times 10^8\ \text{m/s})^2 \cdot 6.96 \times 10^8\ \text{m}}$$

$$= 8.47 \times 10^{-6} \cdot \frac{360 \cdot 60 \cdot 60}{2\pi}\ \text{秒}$$

$$= 1.75\ \text{秒}$$

である．この予想を受けて，ケンブリッジ大の A. エディントン率いるグループが1919年の皆既日食を利用して観測を行った．月に隠れて暗くなった太陽の縁に見える恒星の位置が，普段とどれだけ変わって見えるのかを観測したのである．見かけの角度の変化は 1.98 ± 0.16 秒だった．これが一般相対性理論を裏付けるニュースとして，世界中を駆け巡った．

●なぜ光は重力場の中で曲がるのか

　アインシュタインは，一般相対性理論によれば光の速さはその場所
場所の重力場の大きさによって異なるので，太陽の近くを通過する光
線は，太陽の重力場によって，その進路を曲げられると推測した．

　光は波である．波の波面が，ある時刻に図1の x 軸上にあったと
する．波面上の各点は同じ位相で，この波面上の各点からさらに波が
拡がり，それらの波の同位相の面が重なって次の波面が形成される
（ホイヘンスの原理）．光速を γ として，それが場所 x によるとすれ
ば，図のように Δt 後の波面は $\Delta\theta$ だけ傾いて進行方向が曲がる．図
から単位時間あたりの光の屈曲角は（図1の式の極限をとって）

$$\frac{d\theta}{dt} = \frac{\partial\gamma}{\partial x}.$$

と表される．光が単位長さすすむ間に曲がる角度は，速度 γ で割っ
て

$$\frac{d\theta}{\gamma dt} = \frac{1}{\gamma}\frac{\partial\gamma}{\partial x}. \tag{2}$$

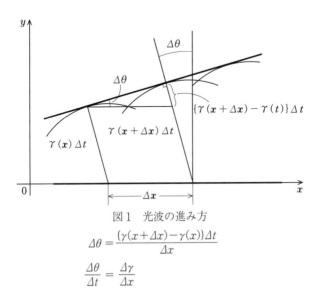

図1　光波の進み方

$$\Delta\theta = \frac{\{\gamma(x+\Delta x)-\gamma(x)\}\Delta t}{\Delta x}$$

$$\frac{\Delta\theta}{\Delta t} = \frac{\Delta\gamma}{\Delta x}$$

●シュヴァルツシルト計量

一般相対性理論では，世界は曲がった4次元時空であり，事象は4つの座標（$x^0 = ct, x^1, x^2, x^3$）で指定される．近くの2つの事象間の世界距離 ds は，時空の歪みを表現する $g_{\mu\nu}$ を用いて

$$(ds)^2 = g_{\mu\nu}dx^\mu dx^\nu.$$

と定義される．μ, ν については $0, 1, 2, 3$ すべてにわたる和をとる．$g_{\mu\nu}$ は空間に分布する質量（星たち）やその時間的変化から複雑な微分方程式を解いて決定されるが，ここでは K. シュヴァルツシルトが解いた次の簡単な場合を引用するに留めよう．それは，1つの球形の星（質量 M）が，そのまわりにつくりだす静的な（時間によらない）重力場．それ自身が球対称で，空間部分に極座標 (r, θ, φ) を用いれば

$$(ds)^2 = \left(1 - \frac{\alpha}{r}\right)(cdt)^2 - \left(1 - \frac{\alpha}{r}\right)^{-1}(dr)^2 - r^2(d\theta)^2 - r^2\sin^2\theta(d\varphi)^2$$

となる．ここに $\alpha = \dfrac{2GM}{c^2}$．この $g_{\mu\nu}$ をシュヴァルツシルト計量という．$g_{\mu\nu}$ があたえられた空間において，与えられた2点を結ぶ最短の曲線を測地線という．光の経路は測地線になる．太陽の縁をかすめて通る光線の場合，

$$\alpha = \frac{2 \times 6.67 \times 10^{-11}\,\text{Nm}^2/\text{kg}^2 \times 1.99 \times 10^{30}\,\text{kg}}{9.0 \times 10^{16}\,\text{m}^2/\text{s}^2} = 3.0 \times 10^3\,\text{m}$$

なので，r を太陽半径 7.0×10^8 m にとれば $\dfrac{\alpha}{r} = 4.0 \times 10^{-6}$ で小さい．

いま，光が図2のように $r = r_0$ を通り，y 軸に平行に xy 平面を進むなら，$\theta = \dfrac{\pi}{2}$，$d\theta = 0$ であり，その経路はシュヴァルツシルト計量

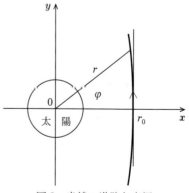

図2　光線の進路と座標

$$0 = (ds)^2 = \left(1 - \frac{\alpha}{r}\right)(cdt)^2 - \left(1 - \frac{\alpha}{r}\right)^{-1}(dr)^2 - (rd\varphi)^2 \qquad (3)$$

をもつが，これは直交座標 (x, y) を使う方が扱いやすい．$x = r\cos\varphi$,
$y = r\sin\varphi$ から

$$dx = \cos\varphi dr - r\sin\varphi d\varphi, \qquad dy = \sin\varphi dr + r\cos\varphi d\varphi.$$

これを逆に解けば

$$dr = \cos\varphi dx + \sin\varphi dy, \qquad -rd\varphi = \sin\varphi dx + \cos\varphi dy.$$

これらを (3) に代入し，また $\left(1 - \frac{\alpha}{r}\right)^{-1} \approx \left(1 + \frac{\alpha}{r}\right)$ として整理すると

$$0 = \left(1 - \frac{\alpha}{r}\right)(cdt)^2 - \left(1 + \frac{\alpha x^2}{r^3}\right)(dx)^2 - \left(1 + \frac{\alpha y^2}{r^3}\right)(dy)^2$$
$$- \frac{2\alpha xy}{r^3}dxdy \qquad (4)$$

となる（アインシュタインの 1916 年の論文ではこの形式が用いられ
ている[1]）.

●光の速さ

このシュヴァルツシルトの場での光の速さを求める．光線はほとん
ど曲がらずに y 軸に平行に進むので，dy と比べて $dx \approx 0$ とすると
(4) は

$$0 = \left(1 - \frac{\alpha}{r}\right)(cdt)^2 - \left(1 + \frac{\alpha y^2}{r^3}\right)(dy)^2$$

これから

$$\left(\frac{dy}{cdt}\right)^2 = \frac{1 - \dfrac{\alpha}{r}}{1 + \dfrac{\alpha y^2}{r^3}}$$

したがって光の速さを γ とすると，$\dfrac{\alpha}{r}$ の 1 次までで，

$$\gamma/c = \frac{dy}{dt}\bigg/ c = \frac{\left(1-\dfrac{\alpha}{r}\right)^{\frac{1}{2}}}{\left(1+\dfrac{\alpha x^2}{r^3}\right)^{\frac{1}{2}}} = \left(1-\frac{1}{2}\frac{\alpha}{r}\right)\left(1-\frac{1}{2}\frac{\alpha y^2}{r^3}\right)$$

$$= 1 - \frac{1}{2}\frac{\alpha}{r} - \frac{1}{2}\frac{\alpha y^2}{r^3}. \tag{5}$$

●光線の屈曲角を求める

（2）の右辺を計算する．$\dfrac{\alpha}{r}$ の 1 次までの近似を考えれば，分母の $\gamma \approx c$ としても結果は同じなので

$$\frac{1}{c}\frac{\partial \gamma}{\partial x} = -\frac{\alpha}{2}\frac{\partial}{\partial x}(x^2+y^2)^{-\frac{1}{2}} - \frac{\alpha}{2}\frac{\partial}{\partial x}(y^2(x^2+y^2)^{-\frac{3}{2}})$$

$$= \frac{\alpha x}{2r^3} + \frac{3\alpha x y^2}{2r^5}.$$

この結果は図 2 のように座標をとったとき，光が $x=r_0, y=0$ を通るときの曲がり方であるが，アインシュタインは，この近似では，これを y について $-\infty$ から ∞ まで積分して湾曲の角度を求めた．$x \approx r_0$ に固定して，湾曲角を B とおけば

$$B = \int_{-\infty}^{\infty} \frac{1}{c}\frac{\partial \gamma}{\partial x} dy$$

$$= \frac{\alpha r_0}{2} \int_{-\infty}^{\infty} \left[\frac{1}{(y^2+r_0{}^2)^{3/2}} + \frac{3y^2}{(y^2+r_0{}^2)^{5/2}}\right] dy \tag{6}$$

第 1 項を積分すると

$$\int_{-\infty}^{\infty} \frac{1}{(y^2+r_0{}^2)^{3/2}} dy = \left[\frac{y}{r_0{}^2(y^2+r_0{}^2)^{1/2}}\right]_{-\infty}^{\infty} = \frac{2}{r_0{}^2}$$

第 2 項も積分すると $\dfrac{2}{r_0{}^2}$ となる．したがって

$$B = \frac{\alpha r_0}{2}\frac{4}{r_0{}^2} = \frac{2\alpha}{r_0} = \frac{4GM}{r_0 c^2}$$

ここでシュヴァルツシルトの定数 $\alpha = \dfrac{2GM}{c^2}$ を用いた．これを太陽

のそばを通過する光線として計算して $B = 1.75$ 秒を得た. より詳しい計算[2]でも, $\frac{\alpha}{r}$ の 1 次までで同じ結果になる.

●光を粒子だとしてニュートン力学で落下を計算すると

　光線の屈曲は, 光を光速に近い速さで動く彗星のようにみなしてニュートン力学で扱うことも考えられ, ドイツの数学者・測量技師ゾルトナーによって 1801 年に実行された. この場合には, アインシュタインの式に似た結果が得られるが, 屈曲角の大きさは(1)の半分にとどまる[3]. 1919 年の測定はニュートン力学でなく一般相対性理論を支持したことになる.

●アインシュタインの最初の論文

　アインシュタイン自身も, 1911 年の論文[1]では, 光線の屈曲角として正しい値の半分である 0.83 秒と計算している. このときはまだ一般相対性理論が完成しておらず, 等価原理を用いて, 重力ポテンシャルの低い点に置かれた時計ほど進み方が遅いことを導き, この時間の変化から光速の変化を求めた. その考えを再現してみると, (3)で時間部分だけは重力による変化を残して, 空間部分は普通のユークリッド空間とする. このとき

$$0 = (ds)^2 = \left(1 - \frac{\alpha}{r}\right)(cdt)^2 - (dx)^2 - (dy)^2$$

と表せ, 光の速さは

$$\gamma' = \sqrt{\frac{(dx)^2 + (dy)^2}{(dt)^2}} = c\left(1 - \frac{\alpha}{r}\right)^{\frac{1}{2}} \approx c\left(1 - \frac{\alpha}{2r}\right)$$

となる. この γ' を用いて, 屈曲角 B' は

$$B' = \int_{+\infty}^{\infty} \frac{1}{c} \frac{\partial \gamma'}{\partial x} dy$$

$$= \frac{\alpha r_0}{2} \int_{+\infty}^{\infty} \frac{1}{(y^2 + r_0{}^2)^{3/2}} dy$$

と計算できる. この値は(6)の第 1 項と等しく, また(6)の第 1 項と第

2項の計算結果は等しいので，$B' = \frac{1}{2}B$ となり，正しい値のちょうど半分になることがわかる．時間の遅れだけからは屈曲角の半分が出て，空間のゆがみも考えることで残りの半分も得られることになる[4]．彼が訂正したのは 1916 年の論文においてである．

●以後の発展

　日食時の星による観測は，1952 年までに 380 個の星について行われ，結果は 1.3 秒から 2.7 秒まで広がっていた．最近では 1974 年に行われ，アインシュタインの理論値に近い値を得ている．

　新しい発展は電波を使うことである．C. カウンセルマンらは 1972 年にアンテナ 2 つずつを 845 km 離して設置して観測の基線とし，3C279 という電波源が太陽による星食を受けたとき，8 GHz の電波を観測した．基線が長いほど角度の測定も精度良くできる．高い周波数の電波を使うのは太陽コロナによる屈折を減らすためである．

　さらに H. ヒルらは，光学的観測だが，恒星ではなく近い惑星を対象にしようと試みている[5]．

●参考文献………………………

1）A. アインシュタイン『アインシュタイン選集 2』，内山龍雄訳，湯川秀樹監修，共立出版，1970.

2）S. Weinberg : Gravitation and Cosmology, John Wiley & Sons, 1972.

3）M. ボルン『アインシュタインの相対性理論』，林 一訳，東京図書，1968.

4）C. メラー『相対性理論』，永田恒夫・伊藤大介訳，みすず書房，1969.

5）*Albert Einstein* 1879-1979 *Relativity, Quanta and Cosmology*, edited by Francesco de Finis, Johnson Reprint Corporation.

[鴨下智英]

増補6─電流が流れる導線の外を 流れるエネルギー

●電場を電気力線・等電位線で表す

　電荷どうしの相互作用は空間にひろがる場によって伝えられる．その場をファラデーは力線で表した（例えば[1]，本書 86，87 項）．図1は正負の大きさが等しい電荷の電場である．電池の両極は正負に帯電しており，そのまわりの電場もおおよそはこのようなものになる．電場を表すには等電位線を用いることもできる．電場は等電位線と直交する．

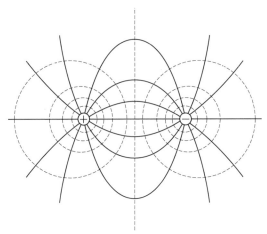

図1　正負の大きさが等しい電荷の電気力線（実線）
と等電位線（破線）

●電流が流れているときの電場・等電位線

　電池の両極を導線でつなぐと，定常電流が流れる．導線の抵抗が一様であれば，導線内部では電場 E はどこでも一様で電流の方向を向いており，オームの法則 $V = RI$ を $V = El$，$R = \dfrac{l}{\sigma S}$ を用いて書き

換えるとその大きさは $E = \dfrac{I}{\sigma S}$ となる.ここで l は導線の長さ,S は導線の断面積,σ は電気伝導率と呼ばれる量である.導線内の等電位線は電場すなわち電流に垂直で,電位差を等分割すれば,等間隔になる.

導線の外部ではどうなるか.電池の両極間の電位差も同じく等分割すれば,各等電位線はそこから空間にひろがって導線内の同じ電位の等電位線につながっているはずである(図 2).そうすると次のこともわかる.等電位線に垂直な方向が電場 E の方向であり,また電流によって生じる磁場 H は電流のまわりに右回りで,図では紙面に垂直であるから,結局エネルギーの流れを表すポインティング・ベクトル $S = E \times H$ の流れの方向はこの等電位線と一致し,つまりエネルギーは電池からこの等電位線に沿って,空間を導線へと流れこみ,ジュール熱となって散逸する.高橋秀俊『電磁気学』に次のような記述がある.

「ところで,エネルギーはこの場合,電池から導線の中を伝わっていくように考えるのがむしろ普通である.しかるに近接作用的に考察すると,エネルギーは実は導線の外の空間を伝わっていき,導線はただそのエネルギーを集めてジュール熱に変える役をするだけである.この考えに従えば,我々の家庭へ発電所から電気を送る送電線そのものも,エネルギーを通すものではなくて,ただエネルギーを導く仲介として働くものであるということもできる.このような考え方は一見はなはだ奇妙に見える.しかし,電磁波のような現象も含めて,一貫した取り扱いをするためには,必然的にこのように考えなければならなくなるのであって,また実際に電池に針金をつないだ瞬間からの経過を追って考えれば,この考え方は必ずしも不可解ではなく,むしろ最も正しい考え方であることがわかる.」[2]

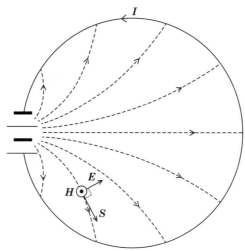

図2　回路内の等電位線（破線）とポインティン
グ・ベクトル *S* が示すエネルギーの流れ

●導線の表面での電場

マクスウェルの法則から，導線表面での境界条件は

1. 電場の接線成分 $E_\parallel$ は表面内外で変わらない．

2. 電場の法線成分 $E_\perp$ は表面電荷密度が ω のとき $\frac{\omega}{\varepsilon_0}$ だけ変化する．

である．定常電流での接線成分は導体内部で $\boldsymbol{E}_\parallel = \dfrac{I}{\sigma S}$ であるから，

導体外部もこれに等しい．法線成分は，導線内部では $\boldsymbol{E}_\perp = 0$ なので，

もし導体表面に ω の電荷密度で荷電があれば外向きに $\boldsymbol{E}_\perp = \dfrac{\omega}{\varepsilon_0}$ の電

場がある．これに応じて等電位線の向きも図3のように変わる．

　導線表面に電荷分布はあるか？　回路を作る導線は，さまざまな形
をしているが，どこでも常に電流の方向に電場が向いていなければな
らない．そこで，定常電流の電場をうまく作るために電荷が動いて分
布するのは自然である．それは，A. 異なる電気伝導率の抵抗が回路
中に接続している場合，それぞれの内部の電場は電気伝導率によって
異なるので，その違いを生み出すために，2つの抵抗の境界面に電荷

が分布する, B. 回路が曲がっているところで, 電場を常に電流の方向に大きさ一定にするために, 導線表面に生じる電荷分布が付加的電場を作っている2つの場合がある.

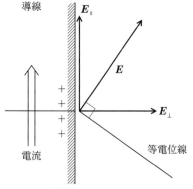

図3 導体表面の電荷分布があるときの等電位線の傾き

●電流へのエネルギーの流れ込み

半径 a の円形断面をもつ, 無限に長い直線状の導線の表面でを考えてみよう. 表面電荷がある場合は $E_\perp$ が存在し, $S = (E_\parallel + E_\perp) \times H = E_\parallel \times H + E_\perp \times H = S_\perp + S_\parallel$ となる. 電流のまわりの空間には $H = \dfrac{I}{2\pi r}$ の右回りの磁場が存在し, H は $E_\parallel$ にも $E_\perp$ にも垂直なので, $E_\parallel$ による方を $S_\perp$, $E_\perp$ による方を $S_\parallel$ とすると, 導線表面に垂直な向きの $S_\perp$ が, 導線をぐるっと包んでのエネルギーの流れ込みを表す. その大きさは $S = \dfrac{V}{l} \times \dfrac{I}{2\pi a}$ で, 長さ l の導線部分に単位時間あたり空間から流れ込むエネルギー量は VI となり, そこで消費されるジュール熱に等しい. $S_\parallel$ の方のエネルギーは導線に沿って進むことになる.

実際の回路は形も単純ではなく, 等電位線や表面電荷を解析的に求めるのは難しい. その試みは続けられていて, B. デイヴィス, L. カプランは, 断面が円形でリング状の導線について表面電荷と等電位線, ポインティング・ベクトルを求めている[3]. またR. ミューラーはここまでのことを踏まえ, およその等電位線をフリーハンドで描く試みをしている[4]. もしうまく描ければ, 等電位線と導体の交わる角度から表面電荷の正負が予測できる.

●参考文献·······················

1）今井 功『電磁気を考える』，サイエンス社，1990.

2）高橋秀俊『電磁気学』，物理学選書3，裳華房，1959，p.321.

3）Basil S.Davis and Lev Kaplan：Poynting vector flow in a circular circuit, *Am. J. Phys.*, **79**, 11（2011），1155.

4）Rainer Müller：A semiquantitative treatment of surface charges in DC circuits *Am.J.Phys.*, **80**, 9（2012），782.

[鴨下智英]

増補7−太陽系外惑星はどのようにして 観測されるか

●はじめに

　太陽以外の恒星のまわりを回る惑星は，太陽系外惑星あるいは系外惑星と呼ばれる．惑星は暗い上に，近くには自身が回る恒星が輝いているため，系外惑星を直接観測することは極めて困難である．

　系外惑星の最初の発見は，1995 年にマイヨールとケロッツによってなされた（2019 年，ノーベル物理学賞受賞）．彼らは，惑星が恒星のまわりを回ることによって生じる，恒星の視線方向の動きを，恒星が発する光のドップラー効果による波長変化によってとらえた．この方法は，視線速度法あるいはドップラー法と呼ばれる．

●視線速度法の概要

　恒星のまわりを 1 個の惑星が回っているとする．恒星の質量は惑星の質量に比べて圧倒的に大きいので，通常は恒星が静止しているとする．しかし，実際には，両者の重心（質量中心）O のまわりをそれぞれが同じ周期で回っている．このため，恒星もわずかに動くことになる．以下ではこの恒星の動きを重心系（図1のOに固定された座標系）で考える．

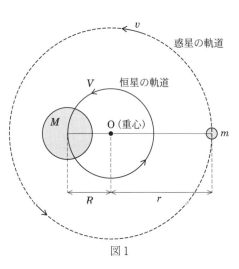

図1

　図1において，実線は恒星の軌道を，破線は惑星の軌道を表す．た

だし，恒星の動きを強調して描いている.

　恒星および惑星の軌道は一般には楕円であるが，ここでは簡単のために円とする．また，軌道面と地球との関係は，実際にはいろいろな場合があり得るが，地球もこの軌道面内にあると仮定する.

　恒星の質量および公転半径をそれぞれ M, R とし，惑星の質量および公転半径をそれぞれ m, r とする．また，両者の距離を a $(= R+r)$，角速度を ω とおく.

　恒星の法線方向の運動方程式は，万有引力定数を G として次式で与えられる.

$$MR\omega^2 = G\frac{mM}{a^2}. \tag{1}$$

O が恒星と惑星の重心であることから，次の関係がある.

$$MR = m(a-R). \tag{2}$$

　さらに恒星（および惑星）の公転周期を T，恒星の公転の重心系における速さを V とすると，次の2式が成り立つ.

$$\omega = \frac{2\pi}{T}, \tag{3}$$

$$V = \frac{2\pi R}{T}. \tag{4}$$

　(1)〜(4)から，ω, R, a を消去して整理すると，次式が得られる.

$$\frac{TV^3}{2\pi G} = \frac{m^3}{(M+m)^2}. \tag{5}$$

　惑星の質量は，恒星の質量に比べて十分小さく，$m \ll M$ であるから，(5)の右辺の分母を M で置きかえ，m について解くと，次式が得られる.

$$m = \left(\frac{T}{2\pi G}\right)^{\frac{1}{3}} M^{\frac{2}{3}} V \tag{6}$$

　また，(2)と(4)から R を消去すると，次の(7)が得られる.

$$a = \frac{1}{2\pi}\left(1+\frac{M}{m}\right)VT \tag{7}$$

　恒星の公転周期 T，質量 M，軌道運動の速さ V が測定できれば，

(6)と(7)から惑星の質量および惑星と恒星の距離が求まる.

このうち恒星の質量 M については,恒星の光度を測定すれば「質量-光度関係」から推定できる.次項では V を求める方法を述べる.

●視線速度の測定

図2は重心系で見た恒星の動きに注目したものである.地球が図の下方に位置するとすれば,視線速度の大きさの最大値が,軌道運動の速度の大きさ (V) に等しいことがわかる.

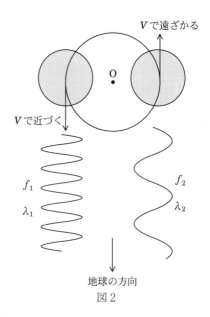

恒星から出る波長 λ,振動数 f の光を考える.光速を c とすると,これらの量の間には次の関係がある.

$$\lambda = \frac{c}{f} \qquad (8)$$

図2

恒星が左の位置に来たときに出た光が,地球に到達したとき,静止している観測者が観測する振動数は,次式で表される[注].

$$f_1 = \frac{c}{c-V} f \qquad (9)$$

したがって波長変化は次のようになる.

$$\varDelta\lambda = \lambda_1 - \lambda = -\frac{V}{f}$$

同様に,右の位置に来たときに出た光の波長変化は次のようになる.

$$\varDelta\lambda = \lambda_2 - \lambda = \frac{V}{f}$$

波長変化の絶対値を改めて $\varDelta\lambda$ とすれば,(8)と合わせて次式が得られる.

$$\frac{\Delta\lambda}{\lambda} = \frac{V}{c} \tag{10}$$

ところで，上の計算では恒星・惑星の軌道と同一平面内に地球があると仮定した．この仮定の下では，恒星は図2の左の位置で地球にまっすぐに近づき，右の位置ではまっすぐに遠ざかる．

しかし，一般には地球は軌道平面からずれているはずである．したがって，図の2つの位置にあるとき，恒星は斜めに近づき，斜めに遠ざかるため，Vの値は実際の値より小さく見積もられる．すなわち，(6)から得られる質量は，惑星質量の下限値ということになる．

さらにいうと，地球で視線速度を観測するとき，地球の運動（自転および公転）の速度が足されている．だから実際の軌道運動の速度Vを知るためには，(9)式から得られた値から，地球の速度を引いた値を用いる必要がある．

● 51Pegb の観測

マイヨールらは1995年，51Peg（ペガスス座51番星）に惑星があることを発見した．この惑星はそれが属する恒星の名前にbをつけて 51Pegb と呼ばれる（惑星が2個以上の場合，それぞれc, d, …を付ける）．

図3はマイヨールらによる 51Peg の視線速度のグラフである．ただし，波長変化から求めた速度から地球の速度を差し引いた値が記されている．

横軸は一周期を単位として描かれている．当時の観測では，周期は約4.2日と見積もられた．

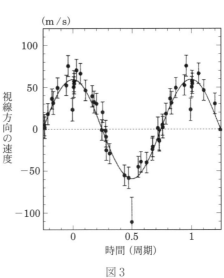

図3

　現在ではさらに詳しく調べられており，そのデータは Exoplanet.eu というウェブサイトで見ることができる．これによると，

　　$M = 1.11\, M_{\mathrm{sun}}$　　$T = 4.2308$日　　　速度振幅$V = 55.65\,\mathrm{m/s}$

　　$m = 0.46\, M_{\mathrm{J}}$　　$a = 0.052\,\mathrm{au}$

なお，記号の意味は下記の通り．

　　M_{J}：木星質量（$= 1.8985 \times 10^{27}\,\mathrm{kg}$）

　　M_{sun}：太陽質量（$= 1.9891 \times 10^{30}\,\mathrm{kg}$）$= 1047\, M_{\mathrm{J}}$

　　$1\,\mathrm{au}$：地球・太陽間の距離（$= 1.4959 \times 10^{11}\,\mathrm{m}$）

　上の $M,\ T,\ V$ の値を(6)(7)に代入して m および a を求めると，確かに上記の値が再現できる．

　（注）光源が観測者から遠ざかる場合のドップラー効果は正確には次式で表されるが，恒星の速さ V が光の速さ c に比べて十分小さいので，非相対論的な式(9)と一致する．

$$f' = \frac{1-\beta}{\sqrt{1-\beta^2}}f, \qquad \beta = \frac{V}{c}.$$

●参考文献………………………
井田茂他『系外惑星の事典』，朝倉書店，2016.

田村元秀『太陽系外惑星』，日本評論社，2015.

2019年のノーベル物理学賞のサイト Exoplanet.eu，http://exoplanet.eu/catalog/

［松本節夫］

あとがき

　高校生と話すと「自分が何に向いているか」という話題になることがある。私は「理解の遅い」・「融通の利かない」・「人の言うことを信じない・聞かない」人が物理に向いていると言いたい。この本ではわれわれも自分たちが納得のいくまでこだわったつもりである。中には「結局、いろいろな可能性が考えられて、結論はいま出ない」というのまであるのだから。

　いま「若者の理科離れ」が話題になっている。その対策として、「楽しくおもしろい実験」を見せたり、やらせたりすることがよく行われている。それはもちろん大切な要素のひとつではあるが、ときとして、その珍しさ、ショー的な面が強調され、「なぜ？」は問題にしないという場面に出くわす。物理はおもちゃやお菓子のようなものではない。物理の楽しさは客観対象に対し、「なぜか」「こうではないか」と思考をすすめ、自分で実験を考え試みるところにある。その本質的な楽しみなくして「理科離れ」を止めることはできないだろう。

　この本を作るにあたって仲間として加わってくださった江沢先生の示唆を受けて、いまは廃刊された科学雑誌『自然』をはじめとして、かつて日本で生まれた科学の著作・記事・教科書のいろいろに触れた。それはひとつの驚きでもあった。こんなに優れたものが日本にあり、そしていまでは忘れられている。そこには、身近かな「眼の中で見えるゴミのようなものは何か」というような話題から、「物理と人間・物理と社会」の問題までもが論じられていた。本書でとり上げたその一端に触れていただけるだけでも本望である。「文化としての科学」に誰でも触れることができる、こんな雑誌の出版や社会的な活動がいまできないものか。若者の「理科離れ」が問題なのではなく、大人と

社会の「科学離れ」こそ実は問題なのである．

　最後に，私事にわたり感慨を述べることをお許し願いたい．ずっと東京物理サークルの代表をつとめ，本書の編集の代表者でもあった西岡佑治氏は志半ばにして1995年8月2日急逝された．本書の完成を心待ちにしておられたであろう氏と残された最愛の奥様とお嬢様に本書を捧げ，改めて哀悼の意をここに表したい．

　彼は1964年から都立工芸高校を振り出しに教師生活に入り，早くから，討論と実験により生徒の自主性を引き出す楽しい授業に取り組んだ．筆者もはじめて彼の授業を参観し，彼のぼそぼそした一見さえない語り口にもかかわらず，生徒が熱中して討論・実験するさまに驚嘆した覚えがある．また教職員組合の教育研究集会から生まれた東京物理サークルを作り上げた．寡黙ながらねばり強くたゆまず活動し続ける彼がいなければ物理サークルはなかったであろう．

　彼はまた生涯平和運動にも取り組み続けた．1977年にキューバへ，1980年に「生存のための動員」でアメリカへ，1987年に第3回国連軍縮特別総会いわゆるSSD IIIのために再びアメリカへその足跡を記し，住んでいた世田谷区の非核都市宣言の実現にも力を尽くした．

　奥様の入院看護に尽くされながらも参加された，被爆地広島の科学教育協議会の夜に，翌日の「平和と科学教育分科会」の司会準備をされながら，彼が突然の死を迎えられたことは象徴的である．最後まで平和運動と若者へ科学を普及する活動につくされた．

　私は彼の死後いっさい追悼の文を書いてこなかった．いま，はじめてここに書かせていただいた．西岡さん，いつか私たちが後から行ったらまた存分に物理の話でもしましょう．いやいや，本書の一節にあったように，いつかまた私たちを構成していた素粒子が超新星爆発を経て宇宙のどこかで出会う日が来るかも知れませんね．

『なぜ？』編集委員会　東京物理サークル

上條隆志

索引

　＊①②はそれぞれ第①巻，第②巻を表しています．

執筆者一覧

●編集委員会

江沢　洋…………学習院大学　　c 2,32,35,64,67,80,81,114,115,125,131

浦辺悦夫…………都立工芸高校　　10,18,33,34,40,49,56,62,98,99

上條隆志…………都立小石川高校　　2,c 1,c 4,17,19,20,23,28,32,45,47,c 7,
　　　　　　　　　　50,52,57,60,66,68,69,増 2,70,71,72,74,75,82,85,実 3,89,
　　　　　　　　　　90,92,96,実 5,実 6,106,107,112,118,121,122,124,126,129

西岡佑治…………（故人）　　76

松本節夫…………芝中学・高校　　9,15,73,87,実 8,112,増 7

宮村　博…………都立戸山高校　　c 8,c 9,増 1,実 2

山口浩人…………攻玉社中学　　68,69,82,実 7,113

吉埜和雄…………都立小山台高校　　21,100

和田敏明…………大東学園高校　　11,128

●執筆者

蟻正聖登…………岡山県立岡山朝日高校　　29

有元則夫…………都立日野台高校　　48

伊藤盛夫………… 70

猪又英夫…………都立砂川高校　　77

岩下金男…………神奈川県立中央農業高校　　117

右近修治…………神奈川県立城郷高校　　19,27,43,84

内山智幸…………青森県立三本木高校　　51

閏間征憲…………都立世田谷工業高校　　30

大西　章…………慶應義塾高校　　127

小笠原政文………首都高速道路公団　　83

岡本正有…………都立足立新田高校　　32,c 10

小野義仁…………都立篠崎高校　　31

小幡順子…………板橋区立上板橋第一中学　　39

笠原良一…………岡山県笠岡市役所　　111

片桐　泉…………創価高校　　実 1

鴨下智英…………都立江戸川高校　　36,増 5,増 6

川島健治…………法政大学中学高校　　増 3,増 4

喜多　誠…………慶應義塾高校　　54,60,61

山口博司…………6

山本明利…………神奈川県立湘南台高校　　86

横田憲治…………渋谷教育学園幕張高校　　8

吉岡有文…………都立明正高校　　4,5

吉倉弘真…………都立大森高校　　46,78

吉和　淳…………岡山県立岡山大安寺高校　　12

渡邉雅人…………関東学院中学・高校　　実4

渡辺留美…………山梨県上野原町立甲東小学校　　56,57

＊所属は執筆当時のもの，そのあとの数字は担当の項目番号（c 1，c 2 はコラム，実 1，実 2 は実験，増 1，2 は増補）を表わしています．

東京物理サークル…東京物理サークルは 1960 年代後半から東京都の高校教員を中心に，授業研究や実践発表を行っているサークルです．会合では，権威をつくらず，科学の真理と生徒への実践に基づいて議論するというのがモットーです．誰でも参加することができます．http://tokyophysics.org/

物理なぜなぜ事典　増補新版 ②——場の理論から宇宙まで

2000 年 10 月 15 日	第 1 版第 1 刷発行
2011 年 5 月 30 日	増補版第 1 刷発行
2021 年 5 月 25 日	増補新版第 1 刷発行

編著者　　江沢 洋・東京物理サークル

発行所　　株式会社 日 本 評 論 社
〒 170-8474 東京都豊島区南大塚 3-12-4
電話　(03) 3987-8621　［販売］
(03) 3987-8599　［編集］

印　刷	精文堂印刷株式会社
製　本	井上製本所
装　幀	海保 透
イラスト	巽 亜古

Ⓒ 江沢 洋・東京物理サークル 2021 年
Printed in Japan　　ISBN 978-4-535-78927-2